新时期小城镇规划建设管理指南丛书

# 小城镇发展与规划指南

李建钊　主编

**图书在版编目(CIP)数据**

小城镇发展与规划指南/李建钊主编．—天津：天津大学出版社，2014．6

（新时期小城镇规划建设管理指南丛书）

ISBN 978-7-5618-5091-6

Ⅰ．①小…　Ⅱ．①李…　Ⅲ．①小城镇—城市规划—中国—指南　Ⅳ．①TU984．2-62

中国版本图书馆CIP数据核字(2014)第118317号

| | |
|---|---|
| 出版发行 | 天津大学出版社 |
| 出 版 人 | 杨欢 |
| 地　　址 | 天津市卫津路92号天津大学内(邮编：300072) |
| 电　　话 | 发行部：022-27403647 |
| 网　　址 | publish.tju.edu.cn |
| 印　　刷 | 北京紫瑞利印刷有限公司 |
| 经　　销 | 全国各地新华书店 |
| 开　　本 | 140mm×203mm |
| 印　　张 | 12 |
| 字　　数 | 301千 |
| 版　　次 | 2014年7月第1版 |
| 印　　次 | 2014年7月第1次 |
| 定　　价 | 28.00元 |

# 小城镇发展与规划指南

## 编委会


主　编：李建钊

副主编：李彩艳

编　委：张　娜　孟秋菊　梁金钊　刘伟娜

张微笑　张蓬蓬　吴　薇　相夏楠

桓发义　聂广军　李　丹　胡爱玲

# 内 容 提 要

本书根据《国家新型城镇化规划（2014—2020 年）》及中央城镇化工作会议精神，按照《中华人民共和国城乡规划法》和城镇化建设的相关要求，系统论述了小城镇发展与规划相关理论和实践应用的相关知识。全书主要内容包括绪论、小城镇的发展、小城镇规划概述、小城镇总体规划、小城镇专项规划、小城镇详细规划、小城镇规划建设管理等。

本书内容丰富、涉及面广，而且集系统性、先进性、实用性于一体，既可供从事小城镇规划、建设、管理的相关技术人员以及建制镇与乡镇领导干部学习工作时参考使用，也可作为高等院校相关专业师生的学习参考资料。

# 前言

城镇是国民经济的主要载体，城镇化道路是决定我国经济社会能否健康、持续、稳定发展的一项重要内容。发展小城镇是推进我国城镇化建设的重要途径，是带动农村经济和社会发展的一大战略，对于从根本上解决我国长期存在的一些深层次矛盾和问题，促进经济社会全面发展，将产生长远而又深刻的积极影响。

我国现在已进入全面建成小康社会的决定性阶段，正处于经济转型升级、加快推进社会主义现代化的重要时期，也处于城镇化深入发展的关键时期，必须深刻认识城镇化对经济社会发展的重大意义，牢牢把握城镇化蕴含的巨大机遇，准确研判城镇化发展的新趋势新特点，妥善应对城镇化面临的风险挑战。

改革开放以来，伴随着工业化进程加速，我国城镇化经历了一个起点低、速度快的发展过程。1978—2013 年，城镇常住人口从 1.7 亿人增加到 7.3 亿人，城镇化率从 17.9%提升到 53.7%，年均提高 1.02 个百分点；城市数量从 193 个增加到 658 个，建制镇数量从 2 173 个增加到 20 113 个。京津冀、长江三角洲、珠江三角洲三大城市群，以 2.8%的国土面积集聚了 18%的人口，创造了 36%的国内生产总值，成为带动我国经济快速增长和参与国际经济合作与竞争的主要平台。城市水、电、路、气、信息网络等基础设施显著改善，教育、医疗、文化体育、社会保障等公共服务水平明显提高，人均住宅、公园绿地面积大幅增加。城镇化的快速推进，吸纳了大量农村劳动力转移就业，提高了城乡生产要素配置效率，推动了国民经济持续快速发展，带来了社会结构深刻变革，促进了城乡居民生活水平全面提升，取得的成就举世瞩目。

根据世界城镇化发展普遍规律，我国仍处于城镇化率30%～70%的快速发展区间，但延续过去传统粗放的城镇化模式，会带来产业升级缓慢、资源环境恶化、社会矛盾增多等诸多风险，可能落入“中等收入陷阱”，进而影响现代化进程。随着内外部环境和条件的深刻变化，城镇化必须进入以提升质量为主的转型发展新阶段。另外，由于我国城镇化是在人口多、资源相对短缺、生态环境比较脆弱、城乡区域发展不平衡的背景下推进的，这决定了我国必须从社会主义初级阶段这个最大实际出发，遵循城镇化发展规律，走中国特色新型城镇化道路。

面对小城镇规划建设工作所面临的新形势，如何使城镇化水平和质量稳步提升、城镇化格局更加优化、城市发展模式更加科学合理、城镇化体制机制更加完善，已成为当前小城镇建设过程中所面临的重要课题。为此，我们特组织相关专家学者以《国家新型城镇化规划（2014—2020年）》、《中共中央关于全面深化改革若干重大问题的决定》、中央城镇化工作会议精神、《中华人民共和国国民经济和社会发展第十二个五年规划纲要》和《全国主体功能区规划》为主要依据，编写了“新时期小城镇规划建设管理指南丛书”。

本套丛书的编写紧紧围绕全面提高城镇化质量，加快转变城镇化发展方式，以人的城镇化为核心，有序推进农业转移人口市民化，努力体现小城镇建设“以人为本，公平共享”“四化同步，统筹城乡”“优化布局，集约高效”“生态文明，绿色低碳”“文化传承，彰显特色”“市场主导，政府引导”“统筹规划，分类指导”等原则，促进经济转型升级和社会和谐进步。本套丛书从小城镇建设政策法规、发展与规划、基础设施规划、住区规划与住宅设计、街道与广场设计、水资源利用与保护、园林景观设计、实用施工技术、生态建设与环境保护设计、建筑节能设计、给水厂设计与运行管理、污水处理厂设计与运行管理等方面对小城镇规划建设管理进行了全面系统的论述，内容丰富，资料翔实，集理论与实践于一体，具有很强的实用价值。

本套丛书涉及专业面较广，限于编者学识，书中难免存在纰漏及不当之处，敬请相关专家及广大读者指正，以便修订时完善。

# 目录

第一章　绪论 …………………………………………………………… (1)

第一节　小城镇与小城镇体系 ………………………………………… (1)

一、小城镇的概念 ……………………………………………………… (1)

二、小城镇的特点 ……………………………………………………… (1)

三、小城镇的作用和意义 ……………………………………………… (2)

四、小城镇体系 ………………………………………………………… (3)

第二节　小城镇的分类 ………………………………………………… (4)

一、按地理特征分类 …………………………………………………… (4)

二、按主要职能分类 …………………………………………………… (4)

三、按空间形态分类 …………………………………………………… (5)

四、按发展模式分类 …………………………………………………… (6)

第三节　小城镇的性质和规模 ………………………………………… (7)

一、小城镇的性质 ……………………………………………………… (7)

二、小城镇的规模 ……………………………………………………… (9)

第二章　小城镇的发展 ………………………………………………… (22)

第一节　小城镇发展的历程、现状及重点 …………………………… (22)

一、我国小城镇建设的历程 …………………………………………… (22)

二、我国小城镇发展现状 ……………………………………………… (24)

三、制约我国小城镇发展的根本原因 …………………………… (25)
四、我国小城镇发展的重点 ………………………………………… (26)
五、国外小城镇发展的经验与启示 ……………………………… (26)
**第二节　我国小城镇发展的战略措施和途径** …………………… (30)
一、发展战略的概念 ………………………………………………… (30)
二、小城镇发展战略的作用与意义 ……………………………… (31)
三、加快我国小城镇发展的战略性措施 ………………………… (31)
四、加快小城镇健康发展的有效途径 …………………………… (33)
**第三节　我国小城镇发展问题及其对策** ………………………… (34)
一、我国小城镇发展存在问题 …………………………………… (34)
二、我国小城镇发展对策 ………………………………………… (35)
**第四节　小城镇发展的动力机制** ………………………………… (39)
一、小城镇的发展动力 …………………………………………… (39)
二、小城镇发展动力产生的复杂性 ……………………………… (39)
三、小城镇发展动力机制的构成 ………………………………… (40)
四、不同地区小城镇发展动力机制 ……………………………… (41)
**第五节　小城镇可持续发展制度创新** …………………………… (43)
一、乡镇产业的集聚发展 ………………………………………… (43)
二、区域基础设施共建共享 ……………………………………… (45)
三、城乡居民点的集中建设 ……………………………………… (46)
四、建设行政管理体制创新 ……………………………………… (49)
**第六节　中国城镇化发展** ………………………………………… (51)
一、城镇化概念及发展阶段 ……………………………………… (51)
二、我国城镇化发展的历程 ……………………………………… (53)
三、我国城镇化发展的特点 ……………………………………… (57)

第三章　小城镇规划概述 ……………………………………………… (59)
第一节　小城镇规划的工作内容、指导思想 ………………………… (59)
一、小城镇规划的概念 ……………………………………………… (59)
二、小城镇规划的工作内容 ………………………………………… (59)
三、小城镇规划的指导思想 ………………………………………… (60)
第二节　小城镇规划的特点、依据和原则 …………………………… (60)
一、小城镇规划的特点 ……………………………………………… (60)
二、小城镇规划的依据 ……………………………………………… (61)
三、小城镇规划的原则 ……………………………………………… (62)
第三节　小城镇规划资料收集及制图 ……………………………… (63)
一、小城镇规划所需的基础资料 …………………………………… (63)
二、小城镇规划资料收集及表现形式 ……………………………… (66)
三、小城镇规划成果编制 …………………………………………… (74)

第四章　小城镇总体规划 ………………………………………………… (96)
第一节　镇域村镇体系规划 ………………………………………… (96)
一、镇域村镇体系的概念 …………………………………………… (96)
二、镇域村镇体系的结构层次 ……………………………………… (96)
三、建立村镇体系的意义 …………………………………………… (97)
四、镇域村镇体系规划的内容 ……………………………………… (97)
五、镇域村镇体系规划的步骤 ……………………………………… (98)
六、镇域村镇体系规划应考虑的因素 ……………………………… (98)
七、镇域村镇空间结构规划 ………………………………………… (100)
第二节　小城镇总体布局 …………………………………………… (101)

一、小城镇总体布局的概念 …………………………………………（101）
二、小城镇总体布局的原则 …………………………………………（101）
三、小城镇总体布局的方案比较 ……………………………………（102）
四、小城镇总体布局形态类型 ………………………………………（104）
五、影响小城镇总体布局形态的主要因素……………………………（104）
**第三节　小城镇总体规划结构** ……………………………………（106）
一、规划结构的概念……………………………………………………（106）
二、规划结构的要点……………………………………………………（107）
**第四节　小城镇用地** …………………………………………………（108）
一、小城镇用地的属性和价值 ………………………………………（108）
二、小城镇用地的建设条件分析和综合评价…………………………（109）
三、小城镇用地布局……………………………………………………（112）
**第五节　小城镇近期建设规划** ……………………………………（130）
一、镇区近期建设规划的内容 ………………………………………（130）
二、确定近期建设项目应考虑的因素 ………………………………（131）
三、近期建设项目顺序的安排 ………………………………………（132）

**第五章　小城镇专项规划** …………………………………………（133）

**第一节　公用工程设施规划** ………………………………………（133）
一、给水工程规划………………………………………………………（133）
二、排水工程规划………………………………………………………（143）
三、供电工程规划………………………………………………………（150）
四、燃气工程规划………………………………………………………（156）
五、供热工程规划………………………………………………………（162）
六、工程管线综合规划 ………………………………………………（164）

**第二节　防灾减灾规划** ……………………………………………… (169)
一、消防规划 ………………………………………………………… (169)
二、防洪规划 ………………………………………………………… (172)
三、抗震防灾规划 …………………………………………………… (175)
四、防风减灾规划 …………………………………………………… (177)
**第三节　小城镇生态环境规划** ……………………………………… (177)
一、小城镇生态规划 ………………………………………………… (177)
二、小城镇环境规划 ………………………………………………… (185)
三、小城镇生态环境的主要问题 …………………………………… (199)
四、小城镇生态环境的主要影响因素 ……………………………… (200)
**第四节　历史文化村镇保护规划** …………………………………… (204)
一、历史文化村镇的特征和类型 …………………………………… (204)
二、历史文化村镇保护规划原则、内容和界限划分 ……………… (205)
三、历史文化村镇保护规划编制 …………………………………… (208)
四、历史文化名村镇历史风貌和传统格局保护 …………………… (210)
五、历史文化村镇传统文化的保护 ………………………………… (214)
六、历史文化村镇保护规划的成果 ………………………………… (215)
七、历史文化村镇的新区建设 ……………………………………… (216)
八、历史文化村镇规划相关政策措施 ……………………………… (219)

**第六章　小城镇详细规划** …………………………………………… (221)

**第一节　小城镇居住小区规划** ……………………………………… (221)
一、居住小区规划的任务与原则 …………………………………… (221)
二、影响小城镇居住区规模的因素 ………………………………… (225)
三、住宅建筑的类型和规划布局 …………………………………… (226)

四、住宅建筑设计要求 …………………………………………… (236)
五、公共服务设施规划 …………………………………………… (237)
六、居住区道路及停车场规划 …………………………………… (238)
七、绿地休闲设施规划 …………………………………………… (243)
八、室外场地与环境小品规划 …………………………………… (248)
**第二节　小城镇中心与集贸市场规划** ……………………………… (252)
一、小城镇中心规划 ……………………………………………… (252)
二、小城镇集贸市场规划 ………………………………………… (257)
**第三节　小城镇园林绿地与广场规划** ……………………………… (263)
一、小城镇园林绿地规划 ………………………………………… (263)
二、广场规划 ……………………………………………………… (269)
**第四节　小城镇工业园区规划** ……………………………………… (277)
一、小城镇工业园区的特点 ……………………………………… (277)
二、小城镇工业园区的主要类型 ………………………………… (278)
三、小城镇工业区规划内容 ……………………………………… (278)
四、小城镇工业区总体规划 ……………………………………… (279)
五、小城镇工业区规划成果 ……………………………………… (279)
**第五节　小城镇旧镇区改造规划** …………………………………… (280)
一、旧城区改造原因 ……………………………………………… (280)
二、旧村镇整治的意义 …………………………………………… (280)
三、旧村镇整治的原则 …………………………………………… (281)
四、旧镇改造的发展模式 ………………………………………… (282)
五、旧镇区改造的方式 …………………………………………… (283)
六、旧镇区改造步骤 ……………………………………………… (284)
**第六节　小城镇竖向规划** …………………………………………… (289)

一、竖向规划的任务 …… (289)
二、竖向设计前所需资料 …… (289)
三、竖向设计形式与步骤 …… (290)
四、总体规划阶段的竖向规划 …… (292)
五、详细规划阶段的竖向规划 …… (293)
六、小城镇建筑用地和建筑竖向布置 …… (297)

**第七章　小城镇规划建设管理 …… (305)**

**第一节　小城镇规划建设管理概述 …… (305)**
一、小城镇规划建设管理目标 …… (305)
二、小城镇规划建设管理任务 …… (306)
三、小城镇规划建设管理基本特点 …… (306)
四、小城镇规划建设管理内容 …… (309)
五、小城镇规划建设管理基本方法 …… (312)
**第二节　小城镇规划编制管理 …… (314)**
一、小城镇规划编制阶段及编制管理 …… (314)
二、小城镇规划编制程序及相关内容 …… (315)
三、小城镇编制工作阶段划分 …… (322)
四、规划编制单位的考核与资质管理 …… (323)
**第三节　小城镇规划的审批管理 …… (325)**
一、小城镇规划审批的目的 …… (325)
二、小城镇规划的分级审批 …… (326)
三、小城镇规划审批程序 …… (327)
**第四节　小城镇规划实施管理 …… (329)**
一、规划设计条件确定原则 …… (329)

二、建设项目选址管理相关规定和依据 …………………………（330）
三、建设用地规划管理 ……………………………………………（331）
四、建设工程规划管理 ……………………………………………（333）
**第五节　小城镇建筑设计与施工管理** ……………………………（336）
一、小城镇建筑设计管理 …………………………………………（336）
二、小城镇建筑施工管理 …………………………………………（337）

**附录　中华人民共和国城乡规划法** ……………………………（356）

**参考文献** ……………………………………………………………（370）

# 第一章　绪　论

## 第一节　小城镇与小城镇体系

### 一、小城镇的概念

小城镇是一种比农村社区高一层次的社会实体。这种社会实体是以一批并不从事农业生产劳动的人口为主体组成的社区。从地域、人口、经济、环境等因素分析，既具有与农村相异的特点，又与周围的农村保持着密不可分的联系。小城镇既不同于农村也不同于城市，它介乎于两者之间，是联系农村和城市之间的桥梁，即“村之头，城之尾”。

小城镇一般包括两个层次：第一层次指国家批准设置的镇，叫建制镇，包括作为县政府驻地的县城和其他建制镇。这些县城或者建制镇是小城镇的主体，相对规模较大，非农产业基础较好，有一定的吸收农村富余劳动力的能力，城镇功能较明显，属高层次的小城镇。第二层次为集镇，包括除了建制镇以外的乡人民政府所在地、国营农牧渔场所在地、其他农村集市交易地的居民点等，这类小城镇分布较广，大多数规模较小，非农产业发展水平低，对农村经济和社会发展的影响比第一层次要差得多。狭义的小城镇是建制镇，即第一个层次的小城镇；广义的小城镇则是上述的第一个层次的小城镇加上第二个层次的小城镇，本书讨论的范围则是在广义的小城镇中。

### 二、小城镇的特点

(1)规模小，功能复合。小城镇人口规模及其用地规模和城市相比，属于“小”字辈，然而“麻雀虽小、五脏俱全”，一般大中城市拥有的功能，在小城镇中都有可能出现，但各种功能又不能像大中城市那样界定较为分明、独立性较强，往往表现为各种功能集中、交叉和互补互存的特点。

(2)环境好,接近自然。小城镇是介于城市与乡村之间的一种状态,是城乡的过渡体,是城市的缓冲带。小城镇既是城市体系的最基本单元,与城市有着很多关联,同时又是周围乡村地域的中心,比城市保留着更多的"乡村性"。小城镇具备优美的自然环境、地理特征和独特的乡土文化、民情风俗,形成了小城镇独特的二元化复合的自然因素和外在形态。

小城镇多数地处广阔的农村,接近自然,蓝天、白云、绿树、田园风光近在咫尺,有利于创造优美、舒适的居住环境。小城镇乡土文化和民情风俗的地方性也更加鲜明。这对于构建人与自然的和谐,达到人与人、人与社会的交融,以营造环境优美、富有情趣、体现地方特色的小城镇,都有着极为重要的作用。

(3)农村区域经济的核心区。多数小城镇处于广阔的农村之中,是地域的中心,担负着直接为周围农村服务的任务。我国农业的发展,农民收入的增加,都将促进小城镇的发展,而小城镇的发展又将带动农业的发展,加快农业现代化进程,吸引广大的农民进入小城镇务工和兴办第三产业,从而促进了城镇化的发展。

## 三、小城镇的作用和意义

(1)小城镇建设会大大推动农村工业化的发展和农村社会的进步。小城镇作为农村区域中心,具有很强的集聚扩散作用,能够有效地促进农村自然经济发展格局的瓦解,形成区域性经济、人口和公共服务的中心。在一定范围内将各种生产要素聚集起来,完善农业社会化服务体系,实现农业的规模经营和农村现代化,推进第一产业向第二和第三产业、传统农业向现代农业的转变。小城镇的发展有利于推动乡镇企业集约化经营,形成规模效益,营造良好的民营经济的发展环境,加速县域经济的发展与工业化进程,带动新农村建设的快速发展。

(2)解决农村劳动力就业问题。进入新世纪,我国的发展问题仍然是农民问题,但主要不是土地问题,而是就业问题。小城镇农业富余劳动力的转移就业问题解决好了，中国经济与社会发展问题也会迎刃而解。

(3)促使新农村建设各项政策落到实处。为加快新农村建设，中央不但出台了一系列的优惠政策和相关规划，而且加大了资金投入力度。由于农村居住分散，市场空间有限，中央投资建设的许多设施往往处于闲置状态或利用率很低，使得农村投资的效益低下，社会资金也缺乏跟进的积极性。发展小城镇的政策，可以将党中央有关新农村建设的教育、医疗、卫生、养老、文化下乡等政策落到实处，有利于投资项目形成规模效应。

(4)具有扩大内需、拉动消费市场的巨大空间。推进城镇化，加快小城镇建设对拉动消费、扩大内需有巨大的作用。

## 四、小城镇体系

小城镇体系是指在我国一定地域内，由不同等级、不同规模、不同职能而彼此相互联系、相互依存、相互制约的小城镇组成的有机系统。目前，我国的小城镇体系是由县城关镇、建制镇、乡政府所在地集镇构成的。

我国小城镇等级系统分为三级：县(市)城镇、建制镇和未建制镇(乡政府所在地的集镇)。

(1)县城镇。县城镇是对所辖乡镇进行管理的行政单位。虽然县城镇发展到一定水平后会晋升为县级市，但其对所辖乡镇的管理职能却变化不大。

(2)县城以外建制镇。县城以外建制镇是县城镇的次级小城镇，是本镇域的政治、经济、文化中心，对本镇的生产、生活起着领导和组织的作用。它又可分为中心镇和一般镇。

(3)集镇。乡政府所在地的集镇，是本乡域的政治、经济、文化中心。这类集镇在我国数量不少，随着农村产业结构的调整和剩余劳动力的转移，当经济效益和人口聚集到一定规模时，将晋升为建制镇。

县(市)城镇、建制镇和乡政府所在地集镇，共同组成了我国政治、经济、文化和生活服务的小城镇体系。

# 第二节　小城镇的分类

小城镇分布与现阶段经济发展水平和人口分布状况大致相适应，根据不同的需要，为实现不同目的，依据不同地区的特点可以多层面、多视角地对小城镇进行类型划分。

## 一、按地理特征分类

按地理特征划分，小城镇可以分为滨水、山地、平原三类。

(1)滨水小城镇。历史上最早的一批小城镇多数出现在河谷地带，此外滨水小城镇还包括滨海小城镇，这类型小城镇在城市布局、景观、产业发展等方面都体现着滨水的独特性。

(2)山地小城镇。这类型小城镇多数布置在低山、丘陵地区，由于地形起伏较大，通常呈现出独特的布局效果。

(3)平原小城镇。平原大都是沉积或冲积地层，具有广阔平坦的地貌，便于城市建设与运营，因此平原小城镇数量众多。

## 二、按主要职能分类

按照小城镇的主要职能，可将小城镇划分为工业型、特色农业型、商贸型、交通型与旅游型。

(1)工业型小城镇。具有一定工业基础，并与大中城市企业联系紧密的小城镇，要把发展工业同小城镇发展有机结合起来，把重点放在培育工业主导产业上，以工兴镇。核心是着眼于工业企业的聚集和发展，改造和提升现有工业，引进和发展规模工业，培育和发展民营企业，壮大企业实力和获利能力。同时，通过兴办乡镇经济园区和扩大招商引资，把各类企业及生产要素吸引到小城镇来，实现经济规模、人口规模扩张，形成特色鲜明、优势明显、带动力强的小城镇。

(2)特色农业型小城镇。对工业基础薄弱但农产品有特色的小城镇，要发展特色农业主导型的小城镇，以农兴镇。即以市场为导向，选准主导农业产业，着力发展各类农畜产品生产、加工、销售等农业的龙头企业，带动其他产业的发展。关键是注意引进与开发相结合，加快农业结构调整步伐，不断开发新品种，引进新技术，走科技兴农兴镇的道路。

（3）商贸型小城镇。对市场服务能力强，在区域内有较大商流、物流且有小商品和农副产品集散传统的小城镇，可依托现有产业优势，建立一定规模的综合市场及各类专业批发市场，依靠培育和发展商贸业，将其建设成为区域商贸主导型的小城镇，以商兴镇。坚持以商贸服务业为中心，完善市场服务功能，拓展专业市场，建设要素市场，充分发挥商品交换功能、生产要素聚合功能、信息传导功能、经济辐射功能，使之成为区域经济发展的支柱，带动工业、农业的发展。

（4）交通型小城镇。对分布于公路、铁路沿线，地理环境优势突出，交通便利，容易形成物流、人流、信息流的小城镇，可发挥交通优势，建设交通主导型的小城镇，以交通兴镇。就是要充分利用运输交通条件优势发展经济实体，建设商品集散地，强化经济发展空间，带动生产、消费，促进经济增长。

（5）旅游型小城镇。对具有丰富人文景观、自然风光、著名文物古迹等旅游资源的小城镇，要通过开发旅游资源，发展与旅游业相关的休闲、娱乐、餐饮、购物等行业，建设以旅游主导型小城镇，以旅游兴镇。就是要注重旅游资源开发，加强基础设施建设，适度开发或延伸旅游产业链，建成环境优美、设施配套、功能齐全、生活方便的旅游型小城镇，促进旅游支柱产业的形成和发展。发展旅游业对地方经济的发展起拉动作用。

实践证明，小城镇的职能不是一成不变的，大部分小城镇往往同时兼有多种职能，逐步向综合型方向发展。

## 三、按空间形态分类

从空间形态上划分，可将我国城镇从整体上分两大类：一类是城乡一体、以连片发展的“城镇密集区”形态存在；一类是城乡界限分明、以完整的独立形态存在。

（1）以“城镇密集区”形态存在的小城镇。以这种形态存在的小城镇，城与乡、镇域与镇区已经没有明确界限，城镇村庄首尾相接、密集连片。城镇多具有明显的交通与区位优势，以公路为轴沿路发展。这类型小城镇目前主要存在于我国沿海经济发达省份的局部地区。

(2)以完整独立形态存在的小城镇。以完整独立形态存在的小城镇大致可分为以下几类。

1)城市周边地区的小城镇。包括大中城市周边的小城镇和小城市及县城周边的小城镇。这种类型小城镇的发展与中心城紧密相关。

2)经济发达、城镇具有带状发展趋势地区的小城镇。这种类型小城镇主要沿交通轴线分布，具有明显的交通与区位优势，最具有经济发展的潜能，即有可能发展形成城镇带。

3)远离城市独立发展的小城镇。这类小城镇远离城市，目前和将来都相对比较独立，除少部分实力相对较强、有一定发展潜力外，大部分的经济实力较弱，以为本地农村服务为主。

## 四、按发展模式分类

根据发展动力模式的不同，可将小城镇分为以下几类。

(1)地方驱动型小城镇。指在没有外来动力的推动下，地方政府组织和依靠农民自己出钱出力，共同建设小城镇各项基础设施，同时共同经营和管理小城镇。这一模式又可分为股份型和集资型两种形式。

(2)城市辐射型小城镇。指城市的密集性、经济性和社会性向城市郊外或更远的农村地区扩散，城市的经济活动或城市的职能向外延伸，逐渐形成以中心城市为核心的中小城镇、卫星城镇群。此类小城镇发展模式体现的是一种“自上而下”发展的模式，政府充当城镇化进程的主要推动者，城市作为地域中心的特征明显，综合服务功能较为完善，并有较强的产业辐射和服务吸引作用。体现在空间拓展特征、中心城区的聚集效应十分明显，中心城区的建成区面积不断扩大，周边村镇与城区迅速融为一体。

(3)外贸推动型小城镇。这是沿海对外开放程度较高地区较为普遍的方式，这类小城镇抓住国家鼓励扩大外贸的机遇，发展特色产业，从而促进小城镇的经济发展。

(4)外资促进型小城镇。指通过利用良好的区位优势，创造有利条件吸引外商投资兴办企业发展起来的小城镇。

(5)科技带动型小城镇。这种类型小城镇的发展依靠科技创新带动,科技创新与产业发展结合紧密,对经济发展推动力非常强大,小城镇发展速度也较快。

(6)交通推动型小城镇。这种类型的小城镇依托铁路、公路、航道、航空中枢,依靠交通运输业来发展城镇建设。

(7)产业聚集型小城镇。这种类型的小城镇空间发展模式反映出"自下而上"以聚集为主体的城镇化发展模式。这一发展模式得益于上级政府的简政放权,使得乡镇级,乃至村级行政单位有充分的自主权招商引资,发展乡镇企业和三资企业,形成以工业厂房、厂区、工人集体宿舍为主的空间特征和以工业就业为主体的人口结构,社会服务设施配套不全,社会结构不稳定。相对城市型的发展模式而言,这种发展模式较为粗放,可持续性差。同时由于二元社会管理模式对城市和乡镇采用不同的管理体制,导致这类地区规划建设和环境保护管理力量薄弱、资金投入不够、基础设施建设滞后等问题的出现。

## 第三节　小城镇的性质和规模

### 一、小城镇的性质

小城镇的性质是指在一定的区域范围内,小城镇在政治、经济、文化生活中所处的地位、作用和发展方向。正确拟定城镇性质,对城镇规划和建设非常重要。小城镇性质也表明了小城镇在该区域中所承担的角色,因此它是编制城镇总体规划、制定城镇发展战略的基础性工作,具有重大的实践意义和指导作用。小城镇性质确定得正确,则城镇规划方向明确,突出建设重点,协调布局结构,保持特色风貌;同时也有利于充分发挥优势,扬长避短,促进小城镇经济发展和经济结构的日趋合理。

#### 1. 小城镇性质的确定依据

(1)小城镇性质的确定要看小城镇所处的区域位置和在城镇体系

中所承担的角色。

(2)小城镇性质的确定不能仅着眼于现状的产业结构,要综合分析当前的经济形势以及小城镇本身的发展潜力和趋势,充分估计到小城镇在发展过程中城镇性质和职能的可变性。

(3)小城镇性质的确定要符合党和国家的方针、政策以及国家经济发展计划对该小城镇建设的要求。

(4)小城镇性质的确定必须结合未来发展趋势和发展目标建立不同的形式,以此进行合理规划,合理配置。即使在经济发展水平和区位条件相近的地区,小城镇的性质和职能定位也应突出各自的特色。

**2. 小城镇性质的确定方法**

正确拟定小城镇的性质,是小城镇规划的首要工作。一般来说,确定小城镇性质主要有两种方法。

(1)定性分析。通过分析现实中存在的现象,定性分析小城镇在该区域内政治、经济、文化等方面的地位与作用,凭经验分析进行归纳得出,属于归纳思维型。目前对小城镇的性质确定大多采用这种思维形式,比如,旅游型小城镇、工业型小城镇、商贸型小城镇等。这种分析方法虽然能给人以感性的认识,但致命的缺点是任意性和主观性较大,小城镇性质的确定完全取决于研究者对每个小城镇性质特点的了解和认识深度,不同研究者确定的小城镇性质互相之间缺乏可比性,无法揭示职能特点较为复杂的小城镇形成的区域基础和发展轨迹。

(2)定量分析。在定性分析的基础上对城市的职能,特别是经济职能采用以数量表达的技术经济指标来确定主导作用的生产部门。分析主要生产部门在经济结构中的比重。通常采用同一经济技术指标(如职工人数、产值、产量等),从数量上去分析,以其超过部门结构整体的20%～30%为主导因素。

**3. 小城镇性质的表述方法**

小城镇的性质一般可以从三个方面来认识和表述:

(1)小城镇的宏观影响范围。小城镇的宏观影响范围是一个相对稳定的、综合的区域,是小城镇区域功能作用的一种标志。这种宏观影响范围是与小城镇的宏观、中观区位相联系的。在表述小城镇性质时应充分考虑其经济区位特征，使小城镇作用"区域"范围具体化，这样有助于明确小城镇的未来发展方向和建设的重点。

(2)小城镇的主导产业结构。小城镇性质的传统表述方法是以其主导产业结构为重点内容，它强调通过对主要部门经济结构的系统分析，拟定具体的发展部门和行业方向。

(3)小城镇的其他主要职能。小城镇的各个职能按照其对国家或区域的作用强弱，服务空间的大小以及对小城镇发展的影响力，可以按重要性程度来排序。小城镇性质对不同重要程度职能的概括随着使用场合和针对问题的不同而有所差异。

## 二、小城镇的规模

小城镇的性质决定了小城镇建设的发展方向和用地构成，而小城镇的城镇规模决定着小城镇发展过程中的城镇用地和布局形态。小城镇的城镇规模包括人口规模和用地规模。由于城镇的用地规模随着人口规模而变，因此，通常情况下，城镇规模以城镇的人口规模来表示，即城镇人口的总数。人口规模确定得合理与否，对小城镇建设影响很大。

### 1. 小城镇人口规模

小城镇人口规模是小城镇规划的重要组成部分，它决定了城镇用地规模和基础设施建设规模。如果城镇人口规模把握不准，预测规模偏低，就会造成城镇用地紧张，基础设施严重欠账，影响城镇正常有序的发展。但如果城镇人口规模预测值偏高，片面追求人口多、楼层高、贪大求洋的倾向，就会浪费宝贵的土地资源，使部分基础设施闲置或利用率很低，造成极大的浪费。

(1)小城镇人口规模的分类如下。

1)职业分类。以职业构成为依据，小城镇人口可以分为农业人口和非农业人口。小城镇农业人口是指小城镇中依靠农业生产维持生活的全部人口，而非农业人口是指依靠非农业维持生活的全部人口。

2)劳动构成分类。按照居民参加工作与否，小城镇人口可以分为劳动人口与被抚养人口。其中，劳动人口按工作性质和服务对象，分为基本人口和服务人口。

3)户口分类。按照户口所在地和实际居住的关系来分，小城镇人口分为常住人口、暂住人口和流动人口。

(2)城镇人口规模的分级。镇区和村庄的规划规模应按人口数量划分为特大、大、中、小型四级。在进行镇区和村庄规划时，应以规划期末常住人口的数量按表1-1的分级确定级别。

表1-1　规划规模分级(人)

| 规划人口规模分级 | 镇　区 | 村　庄 |
| --- | --- | --- |
| 特大型 | ＞50 000 | ＞1 000 |
| 大　型 | 30 001～50 000 | 601～1 000 |
| 中　型 | 10 001～30 000 | 201～600 |
| 小　型 | ≤10 000 | ≤200 |

(3)小城镇人口规模界定。小城镇的人口状态是在不断变化的。对于小城镇人口规模的界定，可以在界定其空间范围的基础上，通过对一定时期小城镇人口的各种现象，如年龄、寿命、性别、家庭、婚姻、劳动、职业、文化程度、健康状况等方面的构成情况加以分析，反映其特征。在小城镇规划中，一般主要研究的有年龄、性别、家庭、劳动、职业等构成情况。

1)空间界定。要确定小城镇的人口规模，首先必须对小城镇的地域范围进行界定。目前对“小城镇”地域范围的认识还众说纷纭。一种认识是按照国家建制镇区划的设置标准来界定。我国小城镇界定的标准经历过多次变动。1955年，国务院规定常住人口2 000人以上、居民50%以上为非农业人口的居民区算作小城镇。工矿企业、铁路站、工商业中心、交通要口、中等以上学校、科学研究机关的所在地和职工住宅区，常住人口虽然不足2 000人，但在1 000人以上，非农业人口超过75%的地区以及具有疗养条件、每年来疗养和休息的人数超过当地常住人口50%的疗养区也算作小城镇。1963年，小城镇的界定标准变成居住人口3 000人以上、非农业人口70%以上或居住人口2 500～3 000人、非农业人口75%以上的地区。1984年，小城镇的界定标准变成至少有2 000人以上的非农业人口和自理口粮常住人口聚居地。另一种认识是按照小城镇的实体地域范围来界定。小城镇的实体地域是由密集人口、各种人工建筑物、构筑物和设施组成的建成区。一般而言,城镇建成区人口密度要高于农村村落,因此,小城镇的建成区范围一般小于其行政辖区范围。

由于城乡划分标准的变动,我国小城镇人口规模的界定指标也不断变化。1955年公布的我国第一个城乡划分标准规定小城镇人口指建制镇的总人口,包括镇辖区范围内的农业人口和非农业人口。1964年到1980年间,小城镇的人口规模被定义为建制镇的非农业人口,不包括镇辖区内的农业人口。1982年的第三次人口普查重新采用1955年的标准,把小城镇人口定义为建制镇的总人口。1990年第四次人口普查又采用新的界定标准,规定小城镇人口指建成区的市或县所辖的居民委员会人口。2000年的第五次人口普查与1990年基本相同,只是引入了"建成区延伸"的概念,把建制镇建成区对外延伸所涉及的其他村委会人口包括在内。

2)年龄构成。年龄构成指小城镇各年龄组的人数占总人数的比例。一般将年龄分成6组:托儿组(0～3岁)、幼儿组(4～6岁)、小学组(7～12岁)、中学组(13～18岁)、成年组(男:19～60岁,女:19～55岁)和老年组(男:60岁以上,女:55岁以上)。为了便于研究,常根据年龄统计作出百岁图和年龄构成图。

了解年龄构成的意义在于:比较成年组人口与就业人数(职工人数),可以看出就业情况和劳动力潜力;掌握劳动后备军的数量和被抚养人口比例,对于估算人口发展规模有重要作用;掌握学龄前儿童和学龄儿童的数字和趋向是制定托、幼及中小学等规划指标的依据;分析年龄结构,可以判断小城镇的人口自然增长变化趋势;分析育龄妇女的年龄是推算人口自然增长的重要依据。

3)性别构成。性别构成反映男女之间的数量和比例关系,它直接影响小城镇的结婚率、育龄妇女、生育率和就业结构。在小城镇规划工作中,必须考虑男女性别比例的基本平衡。一般来说,在地方中心城市,如小城镇和县城,男性多于女性,因为男职工家属一部分在附近农村。在矿区和重工业城镇，男职工占职工总数中的大部分；而在纺织和一些其他轻工业城镇，女职工可能占职工总数中的大部分。

4)家庭构成。家庭构成反映小城镇的家庭人口数量、性别和辈分组合等情况。它与小城镇住宅类型的选择，小城镇生活和文化设施的配置，小城镇生活居住区的组织等有密切关系。家庭构成的变化对城市社会生活方式、行为、心理诸方面带来直接影响，从而对城市物质要素的需求也有变化。我国小城镇家庭存在由传统的复合大家庭向简单的小家庭发展的趋向。

5)劳动构成。劳动构成也称小城镇人口构成，指人口按分类在小城镇总人口中的比例。劳动构成分析，主要用于"劳动平衡法"的人口规模计算中。调查和分析现状劳动构成是估算小城镇人口发展规模的重要依据之一。但在实际应用中存在着三类人口的划分口径与我国现状小城镇人口统计分类不一致，因此这种方法在实际中只有参考价值。

6)职业构成。职业构成指小城镇人口中社会劳动者按其从事劳动的行业(即职业类型)划分，各占总人数的比例。按国家统计局现行统计职业的类型包括三大产业和 13 类行业。产业结构与职业构成的分析可以反映小城镇性质、经济结构、现代化水平、小城镇设施社会化程度、社会结构的合理协调程度，是制定小城镇发展政策与调整规划定额指标的重要依据。在小城镇规划中，应提出合理的职业构成与产业结构建议，协调小城镇各项事业的发展，达到生产与生活设施配套建设，提高小城镇的综合效益。

(4)人口规模的预测。

1)镇域总人口的预测。镇域总人口应为其行政地域内常住人口，常住人口应为户籍、寄住人口数之和，其发展预测宜按下式计算。

$$N=A(1+K)^{n}+B$$

式中　$N$——总人口预测数(人)；

$A$——总人口现状数(人)；

$K$——规划期内人口的自然增长率(%)；

$B$——规划期内人口的机械增长数(人)；

$n$——规划期限(年)。

人口年平均自然增长率，应根据国家的计划生育政策及当地计划生育部门控制的指标，并分析当地人口年龄与性别构成状况予以确定。人口的机械增长数，应根据不同地区的具体情况予以确定。对于资源、地理、建设等条件具有较大优势、经济发展较快的小城镇，可能接纳外地人员进入本城镇；对于靠近城市或工矿区，耕地较少的小城镇，可能有部分人口进入城市或转至外地。

2)镇区规划人口规模的预测。镇区规划人口规模的预测，应按人口类别分别计算其自然增长、机械增长和估算发展变化，然后再综合计算集镇规划人口规模。集镇规划人口预测的计算内容见表 1-2。

**表 1-2 集镇规划人口预测的计算内容**

| 集镇人口类别 | | 计算内容 |
|---|---|---|
| 常住人口 | 村民 | 计算自然增长 |
| | 居民 | 计算自然增长和机械增长 |
| | 集体 | 计算机械增长 |
| 通勤人口 | | 计算机械增长 |
| 临时人口 | | 估计发展变化 |

集镇人口的自然增长，仅计算常住人口中的村民户和居民户部分。集镇人口的机械增长，应根据当地情况，选择下列的一种方法进行计算，或用两三种方法计算，进行对比校核。

①平均增长法。用于小城镇建设项目尚不落实情况下估算人口发展规模，计算时应根据近年来人口增长情况进行分析，确定每年的人口增长数或增长率。

②带眷系数法。用于企事业建设项目比较落实、规划期内人口机械增长比较稳定情况下计算人口发展规模。计算时应分析从业者的来源、婚育、落户等情况，以及集镇的生活环境和建设条件等因素，确定带眷人数。

③劳力转化法。根据商品经济发展的不同进程，对全乡(镇)域的土地和劳力进行平衡，估算规划期内农业剩余劳力的数量，考虑集镇类型、发展水平、地方优势、建设条件和政策影响等因素，确定进镇比

例，推算进镇人口数量。集镇规划人口规模预测的基本公式为

$$N=A(1+K_{自})^n+B$$

或

$$N=A(1+K_{自}+K_{机})^n$$

式中　$N$——规划人口发展规模(人)；

$A$——现状人口数，通过调查了解(人)；

$K_{自}$——为人口年平均自然增长率，由当地计划生育部门提供的资料分析确定(%)；

$B$——为规划期内人口的机械增长数，根据各部门的发展计划确定(人)；

$K_{机}$——为人口年平均机械增长率，根据近年来机械增长人数计算确定，当各部门的发展计划不落实时才采用(%)；

$n$——规划年限(年)。

集镇常住规划人口规模是确定集镇各项建设规模和标准的主要依据；其余定时进、出集镇的职工和学生以及临时人口规模则主要是在确定公共建筑规模时，应考虑这部分人口对公共建筑规模的影响。

④递推法。影响人口变化的因素是十分复杂的，目前较为科学的预测方法可采用人口预测动态模型，对于要求较高的专题研究，它可以较逼真地模拟人口动态的变化过程，而且还可预测人口不同年龄段受不同教育程度的人口的比例等，而且能获得相当丰富的人口的信息，以供问题的研究。但由于该方法要搜集较多的数据，计算量大，在普及上尚有难度。更重要的是，在城市规划预测上的观念已有变化，不是单纯从预测方法上追求预测的精度，而应在规划的模式上增加规划的适应性。为此将把人口预测动态模型的基本思想做一简化，形成递推法。递推法核心是将小城镇发展分成若干阶段，根据小城镇发展不同阶段、影响人口因素的变化分别确定有关的参数，逐段向前递推预测。

这种方法虽然不及采用数学的相关因子、回归分析法严密，但它将根据影响小城镇人口发展的主要因素，采取定性分析结合动态的参数调整来预测，从而显得更为科学，同时计算也十分简单。

⑤村庄规划人口规模预测。村庄人口规模预测，一般仅考虑人口的自然增长和农业剩余劳动力的转移两个因素。随着农业经济的发

展和产业结构的调整，村庄中的农业剩余劳动力大部分就地吸收，从事手工业、养殖业和加工业，还有部分转移到集镇上去务工、经商。因此，对村庄来说，机械增长人数应是负数。故村庄的规划人口规模计算公式为

$$N=A(1+K)^n-B$$

式中 $N$——村庄规划人口规模（人）；

$A$——村庄现有人口数（人）；

$K$——年平均自然增长率（%）；

$n$——规划年限（年）；

$B$——机械增长人数（人）。

**2. 小城镇用地规模**

小城镇合理用地规模，是每个城镇社会经济发展战略的基础研究之一。城镇合理用地规模的分析和预测，对编制土地利用总体规划方案，确定未来的用地总目标，实现土地利用的宏观控制，协调各产业间土地利用的矛盾，都有重大的意义。

（1）用地分类。镇用地应按土地使用的主要性质划分为：居住用地、公共设施用地、生产设施用地、仓储用地、对外交通用地、道路广场用地、工程设施用地、绿地、水域和其他用地 9 大类、30 小类。镇用地的分类和代号应符合表 1-3 的规定。

**表 1-3 镇用地的分类和代号**

| 类别代号 | | 类别名称 | 范 围 |
|---|---|---|---|
| 大类 | 小类 | | |
| R | | 居住用地 | 各类居住建筑和附属设施及其间距和内部小路、场地、绿化等用地；不包括路面宽度等于和大于 6 m 的道路用地 |
| | R1 | 一类居住用地 | 以 1～3 层为主的居住建筑和附属设施及其间距内的用地，含宅间绿地、宅间路用地；不包括宅基地以外的生产性用地 |
| | R2 | 二类居住用地 | 以 4 层和 4 层以上为主的居住建筑和附属设施及其间距、宅间路、组群绿化用地 |

续一

| 类别代号 | | 类别名称 | 范围 |
|---|---|---|---|
| 大类 | 小类 | | |
| C | | 公共设施用地 | 各类公共建筑及其附属设施、内部道路、场地、绿化等用地 |
| | C1 | 行政管理用地 | 政府、团体、经济、社会管理机构等用地 |
| | C2 | 教育机构用地 | 托儿所、幼儿园、小学、中学及专科院校、成人教育及培训机构等用地 |
| | C3 | 文体科技用地 | 文化、体育、图书、科技、展览、娱乐、度假、文物、纪念、宗教等设施用地 |
| | C4 | 医疗保健用地 | 医疗、防疫、保健、休疗养等机构用地 |
| | C5 | 商业金融用地 | 各类商业服务业的店铺、银行、信用、保险等机构及其附属设施用地 |
| | C6 | 集贸市场用地 | 集市贸易的专用建筑和场地；不包括临时占用街道、广场等设摊用地 |
| M | | 生产设施用地 | 独立设置的各种生产建筑及其设施和内部道路、场地、绿化等用地 |
| | M1 | 一类工业用地 | 对居住和公共环境基本无干扰、无污染的工业，如缝纫、工艺品制作等工业用地 |
| | M2 | 二类工业用地 | 对居住和公共环境有一定干扰和污染的工业，如纺织、食品、机械等工业用地 |
| | M3 | 三类工业用地 | 对居住和公共环境有严重干扰、污染和易燃易爆的工业，如采矿、冶金、建材、造纸、制革、化工等工业用地 |
| | M4 | 农业服务设施用地 | 各类农产品加工和服务设施用地；不包括农业生产建筑用地 |
| W | | 仓储用地 | 物资的中转仓库、专业收购和储存建筑、堆场及其附属设施、道路、场地、绿化等用地 |
| | W1 | 普通仓储用地 | 存放一般物品的仓储用地 |
| | W2 | 危险品仓储用地 | 存放易燃、易爆、剧毒等危险品的仓储用地 |

续二

| 类别代号 | | 类别名称 | 范 围 |
|---|---|---|---|
| 大类 | 小类 | | |
| T | | 对外交通用地 | 镇对外交通的各种设施用地 |
| | T1 | 公路交通用地 | 规划范围内的路段、公路站场、附属设施等用地 |
| | T2 | 其他交通用地 | 规划范围内的铁路、水路及其他对外交通路段、站场和附属设施等用地 |
| S | | 道路广场用地 | 规划范围内的道路、广场、停车场等设施用地，不包括各类用地中的单位内部道路和停车场地 |
| | S1 | 道路用地 | 规划范围内路面宽度等于和大于 6 m 的各种道路、交叉口等用地 |
| | S2 | 广场用地 | 公共活动广场、公共使用的停车场用地，不包括各类用地内部的场地 |
| U | | 工程设施用地 | 各类公用工程和环卫设施以及防灾设施用地，包括其建筑物、构筑物及管理、维修设施等用地 |
| | U1 | 公用工程用地 | 给水、排水、供电、邮政、通信、燃气、供热、交通管理、加油、维修、殡仪等设施用地 |
| | U2 | 环卫设施用地 | 公厕、垃圾站、环卫站、粪便和生活垃圾处理设施等用地 |
| | U3 | 防灾设施用地 | 各项防灾设施的用地，包括消防、防洪、防风等 |
| G | | 绿地 | 各类公共绿地、防护绿地；不包括各类用地内部的附属绿化用地 |
| | G1 | 公共绿地 | 面向公众、有一定游乐设施的绿地，如公园、路旁或临水宽度等于和大于 5 m 的绿地 |
| | G2 | 防护绿地 | 用于安全、卫生、防风等的防护绿地 |
| E | | 水域和其他用地 | 规划范围内的水域、农林用地、牧草地、未利用地、各类保护区和特殊用地等 |
| | E1 | 水域 | 江河、湖泊、水库、沟渠、池塘、滩涂等水域；不包括公园绿地中的水面 |

续三

| 类别代号 | | 类别名称 | 范围 |
|---|---|---|---|
| 大类 | 小类 | | |
| E | E2 | 农林用地 | 以生产为目的的农林用地，如农田、菜地、园地、林地、苗圃、打谷场以及农业生产建筑等 |
| | E3 | 牧草和养殖用地 | 生长各种牧草的土地及各种养殖场用地等 |
| | E4 | 保护区 | 水源保护区、文物保护区、风景名胜区、自然保护区等 |
| | E5 | 墓地 | |
| | E6 | 未利用地 | 未使用和尚不能使用的裸岩、陡坡地、沙荒地等 |
| | E7 | 特殊用地 | 军事、保安等设施用地；不包括部队家属生活区等用地 |

(2)建设用地选择。建设用地的选择应根据区位和自然条件，占地的数量和质量，现有建筑和工程设施的拆迁和利用，交通运输条件，建设投资和经营费用，环境质量和社会效益以及具有发展余地等因素，经过技术经济比较，择优确定。在选择时，应考虑以下几点。

1)建设用地宜选在生产作业区附近，并应充分利用原有用地调整挖潜，同土地利用总体规划相协调。需要扩大用地规模时，宜选择荒地、薄地，不占或少占耕地、林地和牧草地。

2)建设用地宜选在水源充足，水质良好，便于排水、通风和地质条件适宜的地段。

3)在不良地质地带严禁布置居住、教育、医疗及其他公众密集活动的建设项目。因特殊需要布置本条严禁建设以外的项目时，应避免改变原有地形、地貌和自然排水体系，并应制定整治方案和防止引发地质灾害的具体措施。

4)建设用地应避免被铁路、重要公路、高压输电线路、输油管线和输气管线等穿越。

5)位于或邻近各类保护区的镇区，宜通过规划，减少对保护区的干扰。

6)建设用地应符合下列规定。

①应避开河洪、海潮、山洪、泥石流、滑坡、风灾、发震断裂等灾害影响以及生态敏感的地段。

②应避开水源保护区、文物保护区、自然保护区和风景名胜区。

③应避开有开采价值的地下资源和地下采空区以及文物埋藏区。

(3)小城镇用地条件评定的内容与方法。

1)小城镇用地条件评定的内容。

首先,自然环境条件与小城镇的形成和发展关系十分密切,对小城镇布局结构形式和城镇职能的充分发挥有很大的影响。小城镇用地的自然条件评价涉及坡度、地基承载力、工程地质灾害、地下水埋深、洪水淹没状况、地面排水情况、气象条件、植被覆盖度、生态敏感度、近水距离等因子。

其次,小城镇用地的建设条件是指组成小城镇各项物质要素的现有状况与它们在近期内建设或改进的可能,以及它们的服务水平与质量。与小城镇用地的自然条件评价相比,用地的建设条件评价更强调人为因素所造成的影响。因为绝大多数小城镇都是在一定的现状基础上发展与建设的,不可能脱离小城镇现有的基础,所以,必须对小城镇用地的建设条件进行全面评价,对不利的因素加以改造,更好地利用小城镇原有基础,充分发挥小城镇现有的潜力。对小城镇用地建设条件的评价主要涉及小城镇用地布局结构、小城镇市政设施和公共服务设施以及小城镇社会经济需求空间的满足程度。

小城镇用地布局结构评价主要考虑小城镇用地布局结构是否合理、能否适应未来发展需要、对生态环境是否有影响、是否与内外交通系统相协调、是否体现出小城镇性质的要求等;小城镇市政设施和公共服务设施的评价主要考虑现有设施的质量、数量、容量与改造利用的潜力等;小城镇社会经济需求的空间满足程度主要衡量小城镇各项用地与居民需求在空间上的匹配和适应。

最后,小城镇用地的经济性评价是指根据小城镇土地的经济和自然两方面的属性及其在小城镇社会经济活动中所产生的作用,综合评价土地质量优劣差异,为土地使用提供依据。在小城镇中,由于不同地段所处区位的自然经济条件和人为投入物化劳动的不同,土地质量和土地收益也不同。因此，通过分析土地的区位、投资于土地上的资本、自然条件、经济活动状况等条件，可以揭示土地质量和土地收益的差异。这样就可以在小城镇规划中做到好地优用，劣地巧用，合理确定不同条件土地的使用性质和使用强度，为用经济手段调节土地使用、提高土地的使用效益打下重要基础。对小城镇用地的经济性评价主要考虑各项用地的交通区位和经济区位，包括土地与就业中心、交通线路、基础设施等社会经济要素的相对位置。

2)小城镇用地条件评定的方法。小城镇用地条件评定主要有分值权重累加法和层次分析法两种方法。分值权重累加法是对影响小城镇用地条件的各因素进行评分，然后进行加权求和得到评价值。这种方法对各因素权重值的确定较为主观、随意。相比较，采用层次分析法更为科学、客观地来确定各因素对用地条件的影响权重。

层次分析法(简称 AHP 法)是美国运筹学家沙蒂(A. L. Saaty)于 20 世纪 70 年代提出的一种定性与定量相结合的多目标决策分析方法。它的特点就是能将决策者的经验判断给予量化，对目标因素复杂且缺少必要的数据的情况非常适用。层次分析法的步骤如下。

①建立层次结构模型。将确定的参评因子构造成一个多层次指标体系，由评价目标通过中间层到最低层排列。

②构造判断矩阵。将某一因素的下一层所有与之有联系的因子两两进行重要性比较，请专家各自填写，一般采用 1～9 及其倒数的相对重要性标度方法。

③层次单排序。根据专家填写的判断矩阵，求解判断矩阵的特征根问题的解，将其归一化后即为某一层次因素对于上一层次因素相对重要性的排序权值。

④一致性检验。计算一致性指标 $CI$，当随机一致性指率 $CR=CI/RI<0.10$ 时，认为层次单排序的结果有满意的一致性，否则需要调整判断矩阵的元素取值。$RI$ 为平均随机一致性指标。

⑤层次总排序。计算同一层次所有因素对于最高层相对重要性的排序权值。

⑥层次总排序的一致性检验。层次总排序是从上而下逐层进行，

其结果需进行一致性检验。

(4)人均建设用地指标。

1)人均建设用地指标应按表1-4的规定分为四级。

表1-4　人均建设用地指标分级

| 级　别 | 一 | 二 | 三 | 四 |
| --- | --- | --- | --- | --- |
| 人均建设用地指标($m^2$/人) | >60～≤80 | >80～≤100 | >100～≤120 | >120～≤140 |

2)对现有的镇区进行规划时,其规划人均建设用地指标应在现状人均建设用地指标的基础上,按表1-5规定的幅度进行调整。第四级用地指标可用于Ⅰ、Ⅶ建筑气候区的现有镇区。

表1-5　规划人均建设用地指标

| 现状人均建设用地指标($m^2$/人) | 规划调整幅度($m^2$/人) | 现状人均建设用地指标($m^2$/人) | 规划调整幅度($m^2$/人) |
| --- | --- | --- | --- |
| ≤60 | 增0～15 | >100～≤120 | 减0～10 |
| >60～≤80 | 增0～10 | >120～≤140 | 减0～15 |
| >80～≤100 | 增、减0～10 | >140 | 减至140以内 |

注:规划调整幅度是指规划人均建设用地指标对现状人均建设用地指标的增减数值。

(5)建设用地比例。镇区规划中的居住、公共设施、道路广场以及绿地中的公共绿地四类用地占建设用地的比例宜符合表1-6的规定。

表1-6　建设用地比例

| 类别代号 | 类别名称 | 占建设用地比例(%) | |
| --- | --- | --- | --- |
| | | 中心镇镇区 | 一般镇镇区 |
| R | 居住用地 | 28～38 | 33～43 |
| C | 公共设施用地 | 12～20 | 10～18 |
| S | 道路广场用地 | 11～19 | 10～17 |
| G1 | 公共绿地 | 8～12 | 6～10 |
| 四类用地之和 | | 64～84 | 65～85 |

# 第二章　小城镇的发展

## 第一节　小城镇发展的历程、现状及重点

### 一、我国小城镇建设的历程

与社会主义建设事业一样，小城镇的发展也经历了曲折的过程。尽管城镇的发展具有上千年的历史，而作为现代行政区划建制意义上的镇，则是在20世纪初才出现。1909年，清政府颁布《城镇乡地方自治章程》，第一次提出城乡分治。划城镇乡的标准是：府厅州县所在地的城乡为城，城乡以外的集市地，人口满5万的为镇，不满5万的为乡。由于1911年辛亥革命，推翻了清政府，这个章程没有真正实施。1928年9月，南京国民政府公布的我国历史上第一个《县组织法》中，将原“村里”改为“乡镇”，镇作为行政区划建制首次列入法律。不过旧中国的乡镇是带有地方自治性质的组织，不是完全意义上的行政区划组织。当时镇的规模较小，一般1 000户左右。一般说来，真正意义上的镇的建制设置则是从新中国成立后开始的。

1954年颁布了第一部《中华人民共和国宪法》，规定镇和乡一样同为县辖基层行政区划建制。当时镇的平均人口为6 000多人。1955年6月，国务院发布《关于设置市、镇建制的决定》，并于1963年颁布《关于调整市、镇建制，缩小城市和郊区的指示》，明确了“市、镇是工商业和手工业的集中地”，并规定了设镇标准，要求调整和压缩建制镇。这一时期由于政策的作用，基本确定优先发展重工业基地的战略，产业倾斜及向大中城市倾斜发展，导致小城镇吸纳劳动力的能力受到巨大的影响，并最终导致这一阶段城镇数量和城镇人口规模的下降。到1956年，全国建制镇减少为3 672个。1958年受“大跃进”和“人民公社化”的影响，建制镇出现了超常规发展。全国建制镇由1958年的

3 621 个增加到 1961 年的 4 429 个。由于"左"的错误政策，国民经济遭受严重挫折，被迫进行调整，从而导致小城镇数量大幅度下降。到 1965 年，全国建制镇减少为 2 905 个。此后，由于受到"文化大革命"期间的政治动乱所带来的严重影响，镇的发展受到抑制。虽然 1975 年和 1978 年的两部宪法均废除乡建制，而保留了镇建制，但小城镇的发展仍然非常缓慢。

1979 年，我国第一次农村房屋建设工作会议提出对农村房屋建设进行规划，但这还远不是严格意义上的小城镇规划。直到 1981 年，我国在第二次农村房屋建设工作会议上提出用两至三年时间把全国村镇规划搞起来，并于 1982 年由原国家建委和国家农委联合发布《村镇规划原则》，小城镇规划在我国才正式出现。至 1986 年年底，我国有 3.3 万个小城镇编制了初步规划，结束了村镇自发建设的历史。

1987 年，人们在规划实践过程中，普遍认识到了初步规划中存在的依据不足、以点论点、开新弃旧、过于粗略和没有特色的问题，原建设部提出了以集镇建设为重点，从乡（镇）域村镇体系布局入手，分期分批对初步规划进行调整完善，组织了 76 个乡镇作为试点，并起草了《村镇规划编制要点》，提出了小城镇规划分为乡镇行政辖区、小城镇本身、镇重点地段三个层次。这是现今小城镇规划设计中沿用的"镇域规划—镇区规划—镇区重点地段详细规划"设计模式的前身。随后，原建设部又颁布了《村镇规划标准》（GB 50188—93），提出了村镇规划区与基本农田保护区同时划定等规定。

至此，我国小城镇规划的要求已初步确定，规划设计的程序、工作方法、内容以及规划标准等已初步形成。至 1994 年年底，约 70％的小城镇进行了规划调整或修编，其与初步规划比较，特点是普遍强调了村镇体系，强调了与相关规划的协调。但是乡（镇）域村镇体系规划仍未打破就乡镇论乡镇的局限。

1990 年以后，我国普遍开始探索县（市）域范围的城镇规划，传统城市规划向区域城镇体系规划拓展，而村镇规划则从下而上向同一目标迈进，城乡规划融合成为大趋势。2000 年的《村镇规划编制办法》（试行）在规划编制层面、内容方面做了新的规定。

至1999年年底，全国共有小城镇50 000个，建制镇19 000多个；累计编制镇(乡)域总体规划39 555个，编制、调整、完善建制镇建设规划15 480个；设立建制镇建设试点7 550个。2000年《中共中央国务院关于促进小城镇健康发展的若干意见》中，要求加强和改进城乡规划工作，并明确提出要重点搞好县(市)域城镇体系规划，加强小城镇和村庄的编制规划工作，使得城乡统筹发展成为大势所趋，极大地促进了小城镇的发展。

## 二、我国小城镇发展现状

小城镇的蓬勃兴起已成为中国经济社会发展的一个重要标志，小城镇人口已占全国城镇总人口的40%以上。2002年年底，我国小城镇总数为39 995个，其中建制镇21 276个，约占总数的53.2%。全国有乡18 705个，有从事农业活动的办事处14个，建制镇的数量比乡的数量多2 571个，小城镇发展已成为推进中国城镇化道路的重要途径之一。迅速发展起来的小城镇，不仅是农村经济发展的重要载体，而且是城市与农村之间必不可少的桥梁，已经成为农村的经济、文化、教育及社会服务的中心。在我国东部地区，一些小城镇的经济规模已经超过了一些中、西部地区县级市甚至地级市的水平。

尽管城镇化战略的实施取得了积极进展，但也出现了一些值得注意的新情况、新问题，需要引起高度重视并予以解决。一些地方把推进城镇化片面地理解为加强城镇建设，热衷于搞形象工程、政绩工程，甚至不惜举债建设大广场、大马路和标志性建筑。还有一些地方通过修编城镇规划、设置开发区以及“县改区”、“乡改镇”等，把规划区做大，把开发面积做大，以获取土地开发的短期收益。很多地方城镇规划面积的扩张速度大大快于人口城镇化的速度，有城无市的地方为数不少，没有把推进城镇化的工作重点放到如何促进农村富余劳动力向城镇转移、实现农村人口城镇化上来。

一些地区把城镇化与工业化相适应的原则绝对化。简单地将城镇化等同于工业化，片面强调要在本市或本镇建多少工厂和制造业基地。反映在工作上，就是不惜代价招商引资，盲目上工业项目，但却忽视城镇化与服务业发展相互促进、共同带动、互为前提的作用。还有一些城市脱离本地实际，贪大求洋，追求高标准，试图建成国际性经济中心、国际大都市；只重视现代服务业，不重视那些能增加就业、吸纳农民进城的一般性服务行业的发展等。

### 三、制约我国小城镇发展的根本原因

在城镇化建设上，发展小城镇的推动源应当是产业行为，即市场行为。小城镇的发展需要一定的产业来支撑，即需要产业载体，这种产业可以是第二产业，也可以是第三产业，或者二、三产业并重。但在我国不同地区小城镇的就业结构差异较大，这种差异主要表现为从事第一、二产业的人员比例不同。小城镇发展的水平，主要体现在第二产业的发展对第一产业的替代上。我国东部地区部分小城镇已初步完成工业化，但中、西部地区的工业化水平仍很低，经济的发展水平不足以支撑小城镇的发展。

非农产业发展相对滞后。小城镇是非农产业发展的物质载体，为非农产业提供场地、设施、劳动力、市场等，小城镇的发展促进了非农产业的发展。非农产业是小城镇发展的经济内容，为小城镇建设提供经济支撑力，使之规模扩大。载体与内容的发展要相适应，否则会带来诸多问题。新中国成立初期，我国的城市发展受当时各种条件的限制走了一条重内容轻载体的发展道路，把城市建设成为生产基地，建设了许多工厂，而忽视了生活消费，造成城市基础设施滞后，并因此制约了城市经济的发展。现在全国各地搞小城镇建设似乎又走到了另一个极端，重载体轻内容，不少地方高标准搞基础设施建设，搞“五通一平”甚至“七通一平”，而非农产业的发展明显滞后，使小城镇建设没有经济支撑。

非农产业集中效果不好。我国东部发达地区业已分散的乡镇企业搬迁成本太高，只好维持现状。我国中、西部地区则缺乏乡镇企业，许多乡镇可以说还没有真正意义上的乡镇工业，或者说还没有开始农村工业化进程，也就没有集中的对象。

## 四、我国小城镇发展的重点

小城镇在经历了遍地开花式的发展后，众多学者认识到小城镇必须走重点发展之路。但是关于要突出发展什么样的小城镇，有以下三种不同的观点。

(1)重点发展县级城关镇。认为县级城关镇是农村地区最具有辐射能力的中心，它是县城范围内政治经济文化的中心，对周围广大农村地区有比较好的辐射带动作用。因此，假如中国城市化道路选择优先发展县级城关镇，那么，就有可能有效地解决农村目前面临的问题。

(2)发展县以下的建制镇和城关镇，但重点是县以下的建制镇，甚至更推而广之，包括农村集镇。认为农村的建制镇是旧体制控制最薄弱的地方，很少具有大城市与生俱来的那些体制弊病，小城镇管理比较直接，对周边的农村地区有比较好的辐射带动作用。

(3)重点发展中心镇。由于小城镇近 20 年的发展基本上是数量的扩张，而小城镇本身人口规模严重不足，因此应该明确强调发展包括县级城关镇在内的中心镇，一般乡镇则限制发展。

## 五、国外小城镇发展的经验与启示

18 世纪欧洲工业革命开启了工业化后，人类真正意义上的城市化在欧美国家也随之开始。经过 200 年的漫长发展，西方发达国家都实现了各自的城市化，也积累了丰富的小城镇建设发展理论和实践经验。

### (一)国外小城镇发展的经验

#### 1. 英国：在小城镇基础上建设新城

从 15 世纪开始，英国毛纺织工业所引发的圈地运动，让农民失去了土地，从农村释放了大批劳动力。由于毛纺织业适合在村庄生存发展，一批较大的村庄逐渐演变为农村与城市之间的小城镇。这些小城镇是农民家庭生产资料和生活资料的主要流通网络，不仅容纳了从事编织、纺织和服装的劳动力，成为英国工业化的原料基地，而且缓解了大城市人口过度膨胀的压力，起到了农村人口向城市流动中转站的作用。

第二次世界大战以后，英国以新镇规划理论为指导，推动小城镇成为农村经济中心，承担向外输出本地产品和调进原材料的职能。相比之下，大城市的人口增长缓慢，甚至一度停滞，出现了“逆城市化”倾向。作为外迁者的富裕阶层和熟练工人，更愿意选择在自然和人文生态适宜的小城镇定居。利兹、伯明翰和谢菲尔德等具有代表性的小城镇，就是利用自身的区位和资源优势，发展成现代工商业重镇，并被及时升格为新城。

英国小城镇发展模式表明，小城镇发展应与经济发展水平相协调，不同阶段实施区别对待策略，并提供法律保障。1945 年的《工业配置法》、1947 年的《城乡规划法》，对英国小城镇发展起到了决定性影响。现在一些著名的英国小城镇，就是当时获得重点支持的对象。值得肯定的是，在小城镇发展的基础上建设新城，既可以节约原始建设成本，也有利于产业和人口集中。通常情况下，经过从小城镇到新城的过程，很容易形成一座具有活力的城市。

**2. 美国：围绕城市完善小城镇配套**

在美国，小城镇是一个地理或社区的概念，成立非常自由，符合社区 2/3 的居民同意、财政能够自理、居民不少于 500 户等基本条件，就可以向州政府提出成立要求。依据所处的地理位置，美国小城镇可以分为四种类型：一是城市郊区的小城镇，以环境幽雅的住宅建设和生活服务为主，主要作为大都市上班族的居住地；二是城乡之间的小城镇，有自身的特色产业和竞争优势，扮演一座城市某一专业化分工的角色；三是农村地带的小城镇，一般是农村腹地的经济中心，农民和从事农副产品加工、储运的工人都居住在这里；四是以林、矿区为依托形成的小城镇，居民大多就业于林、矿业。

小城镇是美国城镇体系的重要组成部分，约占城镇总数的 99.3%。自 20 世纪 40 年代起，美国就开始纠正偏重大城市的政策倾向，重视提高农业生产率，消除城乡机会不平等现象，实现城乡协调和可持续发展。与此相适应，美国人口向大城市集中的速度开始放慢，农村人口主要流向小城镇，甚至出现大城市人口向小城镇迁移的趋势。到

20世纪70年代末，美国50个大城市的人口下降了4%，而小城镇人口则增加了11%。这些迁居者大多是受过良好教育的创业者，给小城镇带来了活力。

美国小城镇发展的过程，既反映了人口自由迁移和地方政府高度自治的特点，也反映了经济增长带动农村城镇化的必然趋势。美国模式十分注意围绕大城市完善小城镇配套，从波士顿到华盛顿的城市带，有效地解决了大城市规模扩张所造成的缺陷，有利于空间和产业布局上的功能互补。另外，主导产业鲜明也是美国小城镇的一大特色。离西雅图市18公里的林顿镇，飞机制造业提供的产值和就业占30%以上。旧金山附近的帕洛·阿尔托是一个只有5.6万人的小城镇，依托毗邻斯坦福大学的优势，形成了包括电子、软件和生物技术在内的高新技术产业，成为世界上最具活力的小城镇之一。

**3. 韩国：以立法保障小城镇发展**

在韩国的行政体系中，相当于小城镇的行政区划单位称为邑，人口一般在2万～5万，超过5万就转化为市。从1972年开始，韩国政府采取了一系列政策，整治街道和市场环境，把小城镇培育成为周边农村地区生活、文化和流通中心，担当起准城市职能，缩小城乡差距。这项被称为"小城市培育事业"的计划，所选对象为1 458个小城镇，平均每个小城镇支持1.65亿韩元，相对集中地用于发展特色产业，支援中心商业街和基础设施建设，复原保护传统文化和历史资源，振兴旅游事业。

韩国模式的特点是立法先行，先后出台了《国土建设综合计划法》《地方工业开发法》《有关产业区位及开发法》《有关趋于均衡开发及地方中小企业培育法》《岛屿开发促进法》《边远地区开发促进法》《农渔村发展特别措施法》和《农渔村整治法》等一系列法律法规。韩国农林部、教育与人力资源部等15个部委，也共同制定了《城乡均衡发展、富有活力、舒适向往的农村建设》计划，涉及4大领域、14项主题和139项具体实施计划。这种制定专门法律的做法，对于保障小城镇长远发展具有重要的促进作用。

韩国小城镇在发展过程中，特别重视引进政府和民间共建机制，鼓励民间部门参与小城镇发展计划，政府给予税收、融资和土地开发等优惠条件。围绕不同的主题，韩国还注意综合安排经济社会、基础设施和生活环境，把特色资源与综合竞争力结合起来。但韩国模式也有一些教训应当汲取，例如小城镇投资规模有限，纳入培育计划的小城镇大多未能得到资金支援；在相应时期的政府投资中，中央承担16.7%，地方承担的比例过高；全面促进导致摊子铺得过大，重点过于分散，综合效益不够理想。

### （二）国外经验的借鉴与启示

英、美、韩三国的小城镇发展，起步较早，特色显著，与本国国情和生产力水平密切相关。在具体做法上，这三个国家都强调城乡协调，注重公众参与，坚持以人为本，保持传统和历史的延续性，积累了丰富的实践经验。从总体上看，国外小城镇发展以缩小城乡差距、实现城乡一体化为根本出发点，重视小城镇交通通信、能源供给和公共服务设施建设，对我国具有重要的借鉴与启示意义。

借鉴与启示之一，要顺势而为。从20世纪50年代开始，国外大城市超过自身需要和基础设施的承载力，造成失业和交通拥堵等“城市病”。在这一过程中，各国都实施了一系列“逆城市化”的政策措施，在土地、人口、生产、贸易和税收等方面向小城镇倾斜，扩大农村与城市的联结。有鉴于此，我国在扩大内需的背景下，应当防止大中城市过度扩张，把发展小城镇与改造传统农业相结合，实施农村综合开发战略，通过投资和补贴等措施提高农户收益，抓住城乡协调发展的结合点，依靠小城镇接受大中城市的人才、资金和技术辐射，逐步形成城乡一体化的产业结构和市场体系，缩小工农与城乡差距。

借鉴与启示之二，要量力而行。特色是小城镇的标志，是小城镇发展的动力之源。强调小城镇的风貌和历史传承，形成鲜明的个性，是世界各国在小城镇建设上的共识。我国幅员辽阔，各地区的自然和人文条件差异很大，小城镇应根据本地优势发展特色产业。在我国东部地区，小城镇经济基础较好，可以集中发展制造业和第三产业，与周围大中城市建立专业化分工协作关系，争取吸引高科技企业落户，提高小城镇生活质量；在我国中、西部地区，小城镇可以利用镇域内的各种资源，以良好的投资环境吸引投资者，发展农产品加工业和采矿业等，培育壮大劳动密集型产业，成为县域经济的增长点。

借鉴与启示之三，要依靠市场。国外小城镇的发展过程，基本上是在市场机制作用下实现的，不会出现偏离市场的状况。参照这条国际经验，我国小城镇发展应当发挥市场机制作用，重视科学规划和管理，坚持统一规划、合理布局、综合开发和配套建设。实行小城镇土地和非公益性基础设施供给市场化，改革阻碍农村人口流动和迁移的相关制度，最终实现市场经济规律在小城镇发展中的调节作用。只有这样，才能有效地引导乡镇企业向小城镇集聚，才能有效地吸引农村富余劳动力进城务工经商，才能有效地动员各方面力量参与小城镇建设。

在国际金融危机日趋严峻的背景下，我国拉动经济增长的所有政策，最终都会指向小城镇这个落脚点。小城镇关联度高、影响面大，具备大容量的国内市场，是逆境中可以培育的一个有利因素。中央各部委应当握指成拳，形成合力，形成以小城镇为抓手的经济政策，增加对小城镇的投资力度。只有这样，才能调整农村利益格局，释放农村创新能量，为内需型经济奠定长期的利好基础。

## 第二节　我国小城镇发展的战略措施和途径

### 一、发展战略的概念

发展战略是指人们在一定发展观指导下，对社会的发展道路、发展模式、发展阶段等所进行的全局性、总体性、长远性规划。一个社会能否确立正确的发展战略直接关系到这个社会健康、持续、全面的发展。城市发展战略是指在较长时期内人们从城市的各种因素、条件和可能变化的趋势出发，做出关系城市经济社会建设发展全局的根本谋划和对策。具体地说，城市发展战略是城市经济、社会、建设三位一体的统一的发展战略。

小城镇发展战略是未来一定时期特定区域内小城镇发展的总体设计，包括小城镇发展的总体思路、方向目标、发展重点、实施手段等，是区域政府对小城镇发展作战略指导的基础依据。从宏观层面上说，小城镇发展战略是把小城镇作为区域城镇体系的一个子系统而做出的关于单体小城镇发展的战略。从微观层面上说，小城镇发展战略是立足于小城镇内部而做出的关于小城镇空间规划、功能定位、产业布局等自身发展的战略。

## 二、小城镇发展战略的作用与意义

(1)宏观性。小城镇发展战略首先是全方位、宽视野地思考问题，以总统效益为核心，不局限于某一方面、某一个城镇的得失，而是时刻在关注着区域发展的整体动向并与区域协调发展。不仅从经济方面、规划建设方面谋划小城镇的发展，而且综合考虑小城镇的制动、文化、科技、生态、伦理、艺术、信仰等方方面面，涉及人的全面发展，从而使小城镇发展和小城镇发展战略的总体效益最大化。

(2)前瞻性。发展战略作为对小城镇未来的根本谋划，在时间上看得“远”，不是三五年小城镇如何发展，而是立足于现状，着眼于十年、二十年后的发展，在漫长的发展历程中避免走弯路。同时，小城镇发展战略还要能预见未来的发展趋势，在预测十年、二十年后的发展趋势后，对小城镇的发展目标、发展重点等做出正确的决策和选择。

(3)长期性。小城镇发展战略是谋划全局的策略，并且是必须经过一段时间努力才能实现的策略。因此，小城镇发展战略是超前规划，放眼长远，规划出一个较长时期内城镇的发展方向和经过努力所要达到的目标。简单地说，小城镇发展战略是在结合今天的现实基础上，分析明天的环境、谋划未来的发展，实现小城镇的科学发展。

## 三、加快我国小城镇发展的战略性措施

### 1. 撤乡并镇，积极推进行政区划调整

乡镇规模小有很多弊病，最突出的是乡镇机构多，“吃皇粮”的人多，造成财政负担和农民负担过重。目前我国的乡镇建制无论大小都是五脏俱全，党委、政府、人大、工业农业总公司及下设科室样样有设置，财政供养近百人。这种状况造成人浮于事现象严重。因此，在撤

乡并镇的过程中应坚持以下原则：一是有利于区域经济发展，有利于发挥小城镇的带动作用，体现城镇带动战略，提高人民生活水平的原则；二是尊重历史沿革，方便人民群众生活，保持社会稳定的原则；三是既立足当前的各种公共服务设施，特别是市政基础设施，减少重复建设，又着眼于未来的发展趋势，实现可持续发展的原则。

**2. 加快户籍管理体制的改革，实行积极的人口迁移政策**

实行进城人口的市场化安置，即进入小城镇的人口自费安置，这样做不仅不会形成政府的沉重财政负担，而且还会形成小城镇与经济发展之间的良性循环。我国市场经济的发展，已经为进入小城镇人口的市场化安置创造了条件。粮、棉等供应市场的放开，房地产市场的形成，劳动保障事业的发展都为进入小城镇的人口提供了条件。另外，逐步建立以居住地划分城镇户口和农村户口，以职业划分农业人口和非农业人口的户籍登记制度，实行城乡户口一体化管理。

**3. 建立农村承包土地流转制度**

农民从土地中摆脱出来，进入小城镇，如何处置原有的承包地，是一个亟待解决的问题。因此，要建立流转的新土地制度，使用权可以有偿转让，并允许作为生产要素进入市场，那些不愿意经营或无力经营土地的劳力，可以把承包期内的土地使用权作为合作的资本与别人合作，开展新的合作化生产。只有土地使用权在市场交换的流动，才能逐步向种田能手集中，实现规模经营和获取规模效益，也可以避免农村土地的“弃耕撂荒”和“应付田”所造成的土地浪费，解决进入小城镇农民因土地问题而产生的后顾之忧。

**4. 建立多元化投资体制**

改变过去普遍存在的小城镇建设单靠国家和集体出资的局面，拓宽投资渠道，建立多元化投资体制。

(1)利用政策筹资。一方面就是按照国家有关政策规定收取的城市增容费、城市维护费等税费；另一方面是制定一些有利于小城镇发展的优惠政策，招商引资。

(2)利用土地开发筹资。政府要充分利用土地级差地租原理，按照规划，一次性征成片土地，由政府和国土部门与农民办好征用手续，再由政府分期进行开发，以地生财建镇。

(3)利用房地产公司开发商品房筹资。

(4)放开经营筹资。就是坚持“谁投资，谁受益”的原则，把小城镇公共设施建设经营放开。

(5)推行市政公用设施有偿使用，以路养路，以基础设施养基础设施。

(6)争取专项银行贷款筹资。主要是争取银行对小城镇基础建设的贷款。

(7)鼓励农民带资进镇、开店办厂、兴办实业，以劳代资，以资参股。

(8)发行股票、债券，采取股份制形式开发建设城镇。

## 四、加快小城镇健康发展的有效途径

(1)全力发展镇域经济，是加快小城镇健康发展的基石。经济是基础，是小城镇发展的根本保证。没有经济建设的小城镇建设是无源之水，无本之木。反之，小城镇建设的快速发展，软、硬环境的不断完善又会极大地促进小城镇的经济建设。

1)积极探索小城镇经济发展的特色之路。

2)推动农业产业化经营，强化小城镇经济基础。

3)大力发展工业，调整优化工业结构，使之成为小城镇经济的中流砥柱。

4)开拓第三产业发展领域，构筑商贸大流通格局。

(2)改革相关政策，是加快小城镇健康发展的有效策略。

1)深化小城镇行政管理体制改革，不断完善城镇政府的经济和社会管理职能。

2)深化小城镇用地制度改革，妥善解决小城镇建设与用地的矛盾。

3)深化小城镇财税管理改革，逐步落实分税制。

4)深化小城镇投融资体制改革，广纳资本发展小城镇。

5)深化小城镇户籍管理制度改革，不断扩大小城镇的“蓄水”能力。

6)深化小城镇建设方式改革，迅速扩充小城镇体量。

(3)强化小城镇的规划、建设和管理,是加快小城镇健康发展的重要途径。

1)牵"龙头",明确小城镇建设发展方向。

2)抓建设,迅速发展小城镇实体。继续加大城镇基础设施建设力度。

3)强化管理,推进小城镇形象建设。按规划办事,严把建设审批关。

## 第三节　我国小城镇发展问题及其对策

### 一、我国小城镇发展存在问题

加强小城镇建设对促进我国经济建设和社会发展、加快城镇化进程、维护社会稳定具有重要作用,但同时目前我国小城镇建设和发展过程存在许多不容忽视的问题。

**1. 小城镇规划缺乏科学性**

小城镇区域总体布局缺乏科学的规划,小城镇镇区规划设计缺乏适宜小城镇特点的原则与标准的指导,大多盲目照搬大中城市规划设计的标准与方法,且与其他规划如经济社会发展规划、土地利用规划等脱节,盲目贪大求洋、乱铺摊子、模仿攀比、重复建设等问题十分突出。

**2. 小城镇建设缺乏合理性**

小城镇建设缺乏约束,致使盲目发展、随意建设的现象十分严重,有的不按规划办事,盲目占地建设,有的布局过于分散,沿着公路两侧随意建设。内部建筑布局不合理,道路建设不规范,小城镇内边角空地随处可见,污染严重的工厂混杂于居住用地之间,商业网点偏居一侧,城镇的功能不能很好地发挥,群众生活质量得不到应有的提高。

**3. 小城镇基础设施建设落后、不配套**

小城镇自来水普及率仅为68%,比大中城市95%以上有很大差距,且上、下水不配套。生活用燃气普及率仅为51%,远低于大中城市水平。污水和垃圾处理能力弱,污水处理率仅为27%,垃圾处理率为

47%。一些小城镇道路铺装率、信息传播率以及供能标准均很低。信息不通,交通不便,生活质量差,严重阻碍着小城镇的发展。

**4. 小城镇环境污染严重**

随着大中城市一些有污染的工厂逐渐向小城镇转移以及乡镇企业的选址不当和粗放经营,导致小城镇的土壤、空气和水体倍受污染。

**5. 小城镇建设资金缺乏**

小城镇的投资目前主要依靠农民集资和镇政府财政,前期初始投资不足,设施规模过小,导致后期规模扩张后改建的压力;融资渠道不畅,资金运作方式与市场机制脱轨,税收制度混乱,造成小城镇建设资金缺乏。

## 二、我国小城镇发展对策

**1. 科学规划**

发展小城镇要统一规划,合理布局。各级政府要抓好编制小城镇发展规划的工作。在小城镇的规划中,要注重经济社会和环境的全面发展,合理确定人口规模与用地规模,既要坚持建设标准,又要防止贪大求洋和乱铺摊子。规划的调整要按法定程序办理,小城镇建设要各具特色,切忌千篇一律,特别要注意保护文物古迹以及具有民族和地方特点的文化自然景观。小城镇规划的任务是根据一定时期小城镇的经济和社会发展目标,确定其性质、规模和发展方向,合理利用土地,协调空间功能布局及进行各项建设的综合部署和全面安排。规划是"龙头",是小城镇建设和管理的基本依据。在规划中应注意以下几个问题。

(1)准确定位城镇在区域发展中的地位与作用,确定城镇的性质,明确发展方向。

(2)搞好现状分析,努力探寻城镇发展的内在规律,立足本地优势,促进城镇和区域的协调发展。

(3)合理布局、充分利用土地、明确功能区划分。

(4)避免就形论形,在规划中应包括物质建设、经济发展、文化进步、社会发展及社会安全与福利保障等多方面内容，不能只强调建设和经济发展。

(5)避免就镇论镇，要把小城镇规划与区域空间各层次的发展结合起来。

**2. 合理建设**

(1)小城镇建设要严格按照规划分期实施，确保规划的法律严肃性，不能随意变更，杜绝随意建设、盲目占地的现象。

(2)配套基础设施。

1)小城镇综合管网系统建设。小城镇综合管网系统是小城镇的生命线。在建设过程中，要合理配套小城镇的供热供气系统、给水排水系统、电力通信系统以方便居民的生活需求，提高居民的生活质量。

2)小城镇交通设施建设。小城镇道路交通设施是区域经济发展的纽带，是促进小城镇建设和小城镇社会经济发展重要基础设施之一。道路交通基础设施的不断完善不但可以明显改善小城镇投资环境，促进小城镇二、三产业发展和生产多样化，而且有利于转移农村富余劳动力，扩大小城镇经济贸易。因此，各级地方政府必须注重小城镇交通设施建设和配套。

3)小城镇公共设施建设。小城镇公共设施与其他基础设施一样，是衡量小城镇现代化水平的重要指标。要从区域规划的角度来考虑公共设施的优化配置，实现公共设施的共建共享，提高小城镇居民的生活质量。

4)小城镇水污染控制。大量未经治理的废水排放，将造成地表和地下水源的污染，致使饮用水水质恶化，对城镇居民身体健康构成严重威胁。在小城镇建设过程中，要注意饮用水净化技术和水污染治理技术，配套水净化和污水处理设施，控制工农业污染物的排放，提高小城镇环境质量。

5)小城镇公众信息服务网络建设。居民日常生活和教育的信息服务是小城镇基本信息服务，也是小城镇现代化的标志。主要包括：电信网络、广播电视网络、无线通信网络、计算机网络的建设，应用小城镇电话网、有线电视网与计算机网实现“三网合一”的技术，实现小城镇公众信息服务网络化，增强小城镇与外部的信息沟通能力，促进小城镇的产业升级和经济发展。

**3. 有效管理**

（1）加强城镇的规划管理。要高标准、高质量地编制好各类城镇规划和城镇体系规划，加强城镇规划对城镇建设和发展的调控和指导，健全城镇规划实施机制。要以先进的规划思想为指导，增强前瞻性和科学性，提高规划编制的水平。中央政府要组织编制全国城镇体系规划和跨省区的城镇密集区城镇体系规划。地方政府要尽快制定或修订省域城镇体系规划、城市总体规划和重点发展的小城镇总体规划。各级城镇规划要相互衔接，城镇规划要与经济社会发展、交通、土地、水利、生态环境等规划相衔接。建立规范的城镇规划编制、实施管理和监督检查机制，强化城镇规划的法制地位，保证城镇规划的有效实施。

（2）加强城镇建设的管理。城镇建设要坚持"先规划、后建设，先设计、后施工，先地下、后地上"的原则，运用法律手段强化对规划、设计和施工的监管。在建筑施工和管理中，要广泛采用现代科学技术，应用新型建筑材料，提高建筑施工的科技含量，确保城镇建设的工程质量。

（3）加强城镇流动人口的管理。要适应城镇化进程中人口流动加快的趋势，改进对流动人口的管理制度，引导人口有序流动，避免流动人口大量聚集带来的各种社会问题。加强城镇居住区建设管理，严格按规划进行建设，加强对违章居住区的整治力度，严禁违章建筑，杜绝脏乱差的流动人口"棚户区"。规范房屋租赁市场，为流动人口创造适宜的居住条件。开展法制宣传教育，提高流动人口的法制观念。

（4）加强城镇的综合管理。各级城镇政府部门要改变重建设、轻管理的倾向，加强整体素质建设，增强服务意识，提高行政效率，全面提高城镇土地、市容市貌、风景名胜、道路交通、社会治安、社区管理等方面的管理水平。要改变政出多门、多头管理的状况，在试点基础上逐步推行城镇综合管理。鼓励非政府组织和广大市民参与城镇管理，提高城镇管理的社会化程度。加强城镇干部队伍建设，城镇主要负责人要接受正规的城镇管理培训,提高政策水平和管理能力。

(5)健全法律法规、户籍管理制度。国务院于 2001 年 10 月批准了公安部《关于推进小城镇户籍管理制度改革的意见》,以全面推进小城镇户籍管理制度改革,促进小城镇的健康发展,加快我国城镇化进程。小城镇户籍管理制度改革的实施范围是县级市市区、县人民政府驻地镇及其他建制镇。凡在上述范围内有合法固定的住所、稳定的职业或生活来源的人员及与其共同居住生活的直系亲属,均可根据本人意愿办理城镇常住户口。已在小城镇办理的蓝印户口、地方城镇居民户口、自理口粮户口等,符合上述条件的,统一登记为城镇常住户口。对经批准在小城镇落户的人员,不再办理粮油关系手续;根据本人意愿,可保留其承包土地的经营权,也允许依法有偿转让。各地方政府应加快落实,完善小城镇户籍管理制度。

1)关于土地制度改革。传统的土地管理是占用耕地实行行政审批制度,政府垄断土地的一级市场,征用耕地花费很小的代价,造成了耕地占用情况严重。在小城镇建设过程中,应该确保土地所有者集体经济组织和土地经营者的基本权益,允许集体土地进入一级市场,政府按照市场价格征用土地。提高土地利用率将是小城镇建设中的一个重要内容。在农村集体土地管理过程中,要结合小城镇户籍管理制度,实行使用权有偿流转制度,使在城镇就业的农民把耕地向种田能手集中,而自己把投资兴趣向小城镇转移,推动小城镇的二、三产业及房地产市场的发展。但也要避免走向另一个极端,少数地方甚至把小城镇建设变成了“圈地运动”,造成了大量的土地浪费。

2)进行小城镇财政管理体制改革。正如农民负担过重问题一样,小城镇也存在负担过重的问题,各部门都在利用自己的收费渠道满足部门的利益要求,缺乏统一的财政预算约束,各类负担过大,形成了恶劣的投资环境。财政越穷,短期行为就越多,不能保证小城镇长期可持续的发展。改革重点是按照分税制的原则,建立有利于小城镇财政增长的新型上下级财政分配体制,将增长部分的大头留归地方,调动小城镇培育财源的积极性;同时,经过费税制度改革,逐步实现清理费种,简化费目,合并费税,向财政并轨。

3)要运用市场机制,多渠道筹措小城镇建设资金。资金是制约小城镇发展的最大难点,必须解放思想,开动脑筋,充分运用市场机制,开辟各种融资渠道。一是向管理手段要资金,二是向土地要资金,三是向社会要资金。

4)促进小城镇投资方式改革。一方面,小城镇投资成本低,土地价格低,劳动力价格水平低,没有各项福利支撑的廉价农村剩余劳动力供应充足,构成了巨大的潜在投资市场。另一方面,农民的长期投资趋势是建房。通过政策作用和市场引导,使农民将自己建房的习惯转化为买房,以促进小城镇房地产市场的开展。

## 第四节 小城镇发展的动力机制

### 一、小城镇的发展动力

改革开放以后,我国小城镇掀起了史无前例的发展高潮,并成为城市化的主力军。但是随着我国市场经济体制建设的深入推进,特别是小城镇长期"自发无序"积累的问题更加突出,并走入了缓慢发展的低谷。对于这一过程中小城镇动力机制的研究有着各种不同的观点,不同的学者从各自不同的角度对此进行了具体的分析。

### 二、小城镇发展动力产生的复杂性

小城镇是我国政府管理体制中最低一级的行政单元。每个小城镇都是一个基本完整的经济发展单元和社会组织单元。小城镇是一个复杂的单元体。

在地理区位上,小城镇是城市系统和农村系统的交叉区域,可以说是城乡接合部。它既不完全属于城市范畴,又不完全属于农村范畴。在小城镇整个区域中,既有城镇人口,又有农村人口,城镇人口与农村人口在居住空间上呈交错状、镶嵌状分布。城镇人口与农村人口的比例,因小城镇区位、经济发展水平、产业结构等因素而存在很大的差别。

与城市相比，小城镇的产业结构非常复杂，镇区主要是第二、三产业，而镇域中的农区主要又是第一产业和与此相关的加工业。经济发达地区和乡镇企业繁荣地区第二产业则占据相当大的比重。

在行政体系上，小城镇镇域范围内同时实行两套管理系统和方法。镇区是按照城市管理体系建立的，大多建有居民委员会。而在农区仍按农村管理系统进行组织建设，设置村民委员会。

在经济社会发展中，小城镇除了受制于自身的资源状况、经济实力、经济结构等内在因素，而且还受到外部地理环境，区域市场特征和国内、国际经济社会发展趋势的影响。

因此，小城镇是多元素的综合体，这一多样性必然导致其发展动力的复杂性。

## 三、小城镇发展动力机制的构成

小城镇发展的动力机制构成需要有三个基本条件。

### 1. 丰裕的社会经济资源

小城镇发展的动力作用的发挥程度在根本上要受到特定资源状况的约束，也就是说各种动力能否促进小城镇发展，在根本上要取决于区域资本、信息、技术、劳动力、土地等资源的丰裕程度。欧美一些国家和地区小城镇发展之所以已经能够进入现代化和信息化的阶段，是与其相关资源供给的约束宽松有直接关系的。在广大发展中国家，即使存在着大量有转移愿望的农业剩余劳动力，但在资本短缺的约束下，劳动力转移因素往往不仅无法有效地推进小城镇发展，反而会成为小城镇发展的社会问题。

### 2. 合理的资源配置方式

经济资源的配置方式一般包括市场、政府、企业和家庭。在小城镇发展过程中，市场、政府的作用相对较大。在市场经济体系较发达的国家和地区，政府对小城镇也包括大中城市发展的动力作用一般较弱，政府对小城镇发展多半停留于规划、立法等间接调控层次，小城镇发展主要依赖微观经济主体，即企业和家庭来实施。不同的是，在市场对社会资源配置作用较弱的地区，政府在小城镇发展中往往会发挥主导作用，可能采用政策、规划、财政支持，直到行政措施来直接干预小城镇发展。

### 3. 完善的激励约束制度

制度既包括政府强制供给的正式制度，也包括实际产生约束力的非正式制度或规则。制度对于小城镇发展各种动力具有激励或约束的作用。我国长期以来实行的城乡二元分割体制就是一种约束或阻碍城市化发展的制度。在二元体制下，农村居民即使有向小城镇转移的有效需求，但在城乡分割的户籍制度、就业管理制度和社会福利制度的约束下，也不能转移到小城镇，也就不能实现为小城镇发展的动力。

## 四、不同地区小城镇发展动力机制

### 1. 西部地区

(1)农业劳动生产力的提高是西部农村城镇化的原动力。农业是社会生产的起点，是国民经济形成和发展的基础。农业劳动生产率的提高是农业剩余产生的条件，是农村城镇化的原动力。农业剩余，既包括农产品的剩余，也包括农业劳动力和农业资本等的剩余，农业剩余的存在是城镇化的必要前提。

(2)比较利益机制是城镇化的内在动力。相对于第一产业而言，第二、三产业比较利益要高出许多，比较利益机制是城镇化的内在动力。统计资料表明农民家庭人均可支配收入与城镇居民差距近两倍，对西部贫困地区而言，进城务工是实现脱贫最便捷的途径。

(3)市场机制是农村城镇化的驱动力。城镇化的动力机制就是市场机制，城镇化的演变受市场规律的支配。可以说，市场机制主导了城镇化的进程，即市场机制是农村城镇化的驱动力。城市的发展也受市场机制调节的作用，任何城市投资总是人们趋利行为的外在表现。

(4)乡镇企业的发展是推进农村城镇化的带动力。在我国西部地区，人力资源比较丰富，劳动力成本较低，应大力发展一些有优势、有市场、有特色的加工工业和劳动密集型产业，通过非农化率的上升推动人口向城市、城镇地区的转移。

**2. 中部地区**

(1)内作用力。内生力量主要体现为区域市场对各种要素流动组合和优化配置的能力,即市场的活力。

(2)外作用力。中部地区城镇化的内生力量正处于形成和孕育阶段,自发力量显得不足。加快城镇化建设需要外部力量的推动,这种外部拉动力主要来自于政府政策的支持和外部要素的流入。

(3)工业推动力。生产力的发展是社会经济结构演变的根本原因,是城镇化产生和发展的动力机制。工业化必然推进城镇化。经济是城市发展的基础,工业是主导,工业的聚集和工业化水平的提高是推动城镇化的主要动力。

(4)区位优势与资源综合开发。优越的区位条件及丰富的资源禀赋是农村城镇化发展的重要基础条件与动力因素。

(5)科教投入。在当今知识经济时代,社会化大生产对劳动者素质的要求远远高于对劳动者数量的要求,因此,必须加大科技教育投入。

**3. 东部地区**

(1)第三产业发展水平。第三产业的大规模发展是重工业发展的产物。重工业化过程中企业的规模化与专业化发展,客观上导致企业发展对外部环境及社会服务的依赖性不断增加;另一方面,富有效率的重工业化使更多的人进入中高档消费阶层,对社会服务的高档化、个性化需求不断提高,生活性服务成为最富活力的产业。因此,当重工业发展到一定水平,第三产业的迅速崛起并成为支持经济发展的主要动力是历史的必然。

(2)产业结构转换能力。随着各类开发区和乡镇企业的建设,产业布局趋于集中,产业规模效益凸现。从城镇化的进程来看,当农业产业化发展到一定程度时,产业群体就会倾向于在有一定比较优势的地域集中起来,以实现科研、生产、加工、销售等各环节的低成本扩张,形成一定规模的产业聚集群。国外城镇化走过的就是一条在利益机制作用下市场化推动的自然演变的道路。

(3)创新动力机制。关于创新,熊彼特将其归纳为引进新产品、引用新技术、开辟新市场、控制原材料或半成品的新供应来源、实现企业的新组织。创新包括体制创新、法制创新、政策创新、技术创新、思维创新等。知识、信息技术将成为未来城镇发展的根本动力。

(4)制度创新是农村城镇化的核心。目前，对城镇化动力机制的研究已经进入制度层面，多数学者认为以户籍制度和土地制度为核心的制度问题是导致城镇化滞后的主要根源。

## 第五节　小城镇可持续发展制度创新

### 一、乡镇产业的集聚发展

从竞争优势理论来分析，产业集聚必然会带动人口集聚，并且可以从整体上提高城镇公共设施的效率或利用率，减轻环境污染，形成信息资源共享，在使各种资源进行有效配置的同时，促进产业或产品的进一步升级换代，提高竞争力，从而实现城镇的加快发展。

#### 1. 合理规划小城镇产业布局

乡镇企业具有的社区属性，决定了其属于哪一级所有就办在哪一级社区。尽管随着市场经济的发展和企业改制的推进，股份制企业、私营企业、三资企业大量出现，原来那种单一性质的社区企业大大减少了，但由于社区利益的独立性和地方财政包干制度给当地政府带来的压力，使得乡镇企业的社区属性难以有根本性的改变，乡镇工业镇村两级的分散布局将会在一个较长时期内依然存在。为此，应针对小城镇数量多，经济总量、人口规模、基础设施条件各异的特征，科学规划小城镇产业布局，协调企业之间的分工，避免重复建设。同时利用小城镇自身优势，扬长避短，确立主导产业，从主导产业中培育小城镇的特色，提高对乡镇企业的吸引力。

#### 2. 引导乡镇企业向中心镇集中

企业因为集聚而产生的外部效益，不仅有助于企业的运行和形成良好的发展环境，而且有助于小城镇的发展壮大。可以说，只有实现了乡镇企业的集中布局，才能使农村工业化成为小城镇的推进器；也只有实现了乡镇企业的集中布局，才能使小城镇成为农村工业化的良好载体。目前，"一镇一点"的工业园区应逐步向"一片一点"的工业园区过渡，重点建设中心城镇的工业区，引导周边乡镇的企业向工业园区集中。通过工业的集聚，一方面形成产业集聚发展趋势，增强乡镇企业的竞争力；另一方面加快中心镇建设，提高城镇的集聚带动功能。在鼓励企业竞争、适时兼并和优胜劣汰的同时，可通过股权流动，促进乡镇企业规模化，发展企业集团；劳动密集型的无污染工业如刺绣、编织等则不必安排在工业园区，可与商业区统一安排。

**3. 加强产业集群的规划引导**

国内外的实践证明，产业集群具有强大的生命力和显著的竞争优势。美国的硅谷、北京的中关村、浙江的温州等都是产业集群与区域经济相得益彰、协调共进的例子。发展产业集群，可以从根本上改变乡镇企业布局分散和重复建设问题，有利于小城镇产业和经济增长，有利于小城镇之间形成更为细化的分工和更为紧密的协同发展。

发展小城镇产业集群，应制定区域产业集群的发展战略和发展规划，指导产业集群的载体建设，在宏观空间上，组成一个规模适当、结构合理的聚集体，同时做好相关基础设施建设。要为产业集群的培育和发展，建立完善的公共政策和公共产品的供给服务体系，要大力培养产业集群文化，增强集群的创新能力，不断提高产业集群参与区际市场，乃至国际市场的竞争能力。应通过产业集群的布局，引导区域小城镇的合理分布、科学建设，形成适合本区域特点的集群化发展模式。

**4. 制定产业集聚的政策导向**

乡镇企业是否愿意从乡村向小城镇集中，主要取决于搬迁成本、配套的基础设施及政策的优惠程度。对现有乡镇企业愿意向县级工业园区或中心镇工业园区搬迁的，在水、电、土地、税收等方面要为其提供优惠条件，尽可能降低其搬迁成本和经营成本。如对原企业土地的合法使用者，可给予相应的经济补偿，或通过置换方式获得新工业园区中同等使用价值的企业建设用地；或采取以土地入股的方式，降低乡镇企业进入小城镇的土地使用成本，促进乡镇企业向小城镇集中；允许企业在原地纳税，在原地统计产值等。村办企业是乡镇工业的重要组成部分，在村镇经济中占据重要地位，在短时期内将其关停或搬迁是不可能的，必须经历一个长期的过程。但对新办乡镇企业，原则上应在县级工业园区或中心镇工业园区中选址，否则不予审批。同时，必须在土地审批上杜绝诸如“家庭工厂”的新企业的零星分散布点，避免村镇的盲目无序发展。

## 二、区域基础设施共建共享

由于缺少宏观调控，20 世纪 90 年代初期，各地小城镇各自为政，城镇和产业布局过于分散，城镇功能不健全，环境污染严重，不同层次和类别的基础设施之间缺少综合协调，重复建设较为严重。城镇间基础设施的区域化服务和区域性设施的共建共享是实施小城镇集群化发展战略和重点中心镇发展战略的基本需要。

### 1. 科学设置区域城镇基础设施

从一定区域城镇集群化发展的整体格局出发，围绕中心城镇构建小城镇发展集群，发挥小城镇的各自优势，对组团内的交通、通信、供水、污水和垃圾处理等生产、生活、娱乐的基础设施进行科学布局，加强规划引导，形成网络化建设。对规划确定要撤并的乡镇，重点完善生活基础设施建设，避免不必要的生产设施建设投资。

区域基础设施中的道路网建设，对小城镇集群能否形成完善的空间布局有着重要作用。地方“小交通”作为城镇间沟通内外交流的保障与通道，对城镇集群发展有导向、助推作用。在“大交通”日益完善的背景下，构建区域内小交通、乡镇间“微交通”，可拉近地方与铁路、高速公路的距离，增强上路、上桥的机会，并对小城镇腹地事实性扩大的实现及城乡新一轮整合，都具有深远意义。为此，应积极拓宽县乡干道，完善乡镇支路，使其分别达到二级、三级标准，形成区域和小城镇集群的快速交通网；在外围，加快农村低等级公路建设，实施通达工程，提高路面质量，增加路网密度。

### 2. 完善基础设施建设市场化机制

区域城镇基础设施建设的筹资任务是关键。应采用市场化的运作机制，按照“谁投资、谁受益”的原则，多渠道筹集建设资金，广泛吸纳包括外资和民营资本在内的各种资金，以合资、参股、控股以及

BOT(投资、运作、移交)等多种方式参与区域基础设施建设。在实施过程中,可以组建基础设施股份公司、有限责任公司等多种形式的法人实体,负责区域基础设施的筹资、建设和运营管理。

**3. 加大共建共享的政策扶持**

区域小城镇基础设施的规划和建设,必须有市、县两级政府的统筹协调,以及对应的政策扶持。首先,应在土地、税收等方面给予城镇基础设施共建以一定的优惠政策。在土地使用上,可以建立土地集中管理制度,实现区域范围内的建设用地平衡,以利于建设用地指标的相互调剂。区域内各城镇根据各自功能和层次定位,重新分配用地指标。比如,工业城镇(或区域的工业基地)可以允许工业及相应的生产设施用地超标;旅游城镇、中心城镇可以允许公共建筑等服务设施用地适当超标。其次,应对跨城镇之间的区域基础设施建设进行专项资金的补助。同时,争取国债资金的支持,推动区域城镇基础设施共建。

## 三、城乡居民点的集中建设

小城镇的发展不仅仅是小城镇本身的问题,也是周围乡村地域发展的增长极和突破点。农村区域是小城镇集群的重要组成部分,因而小城镇规划建设应纳入区域范畴,着眼于镇区和乡村地域的共同发展并制定乡村地域发展战略。

以江苏省为例,目前全省村庄总体上来说呈现出自然村落数量多、规模小、布局过于松散的特点。随着生产力水平的不断提高和农用地规模化经营的必然趋势,村民分散居住已失去了便于耕作的作用。另外,布局分散的现状已经成为农村居民就学、就业、就医和参加社会活动的一大障碍。只有对城乡居民点进行集中建设,才能拓展城镇和第二、三产业发展空间,为农业产业化、规模化、现代化整理出适宜空间,为实现城乡统筹发展创造合理的地域空间。

**1. 坚持规划引导和合理时序**

城乡居民点集中建设是一个渐进过程,不仅涉及居住环境,还涉及产业结构、居民就业、土地调整等多方面的问题,各部分之间还都以不同的方式彼此相互依存,因而必须将其视为一个有机的整体进行统一规划，统筹引导发展。

城乡居民点集中建设规划的编制应以市、县域城镇规划以及村镇布局规划为依据，结合地方的自然、社会、经济情况，严格按照规划进行建设。要加强基础设施在居民点布局上的引导作用，优先配套集中居住区的各项设施。必须处理好分散和集中的关系，要确保远期集中的可行性，并在近期建设中采取适度集中。这种适度是指符合长远规划前提下对现状的尊重，而不是无控制的分散。

城乡居民点的形成是一个逐步发展的过程，而城乡的用地功能分区和居民点布局则根据总体规模有着合理的区位。由于这两者是不同步的，由此产生了近期建设和远期规划的矛盾，如果不解决好这对矛盾将会造成又一轮的城乡布局松散或者用地结构混乱。居民点的集中建设应依据不同的经济水平、居住环境、区域性交通、市政设施要求等发展条件，按政府导向、市场推进的原则，对拆迁新建类、扩建整理改造类、搬迁集聚类三种居住模式采取分类指导、分期实施，成熟一个、建设一个。不能采取强行搬迁办法，以保持社会的稳定。

**2. 注重分类建设和文化传承**

城乡建设经验表明，合理的居民点和住宅规模，不仅有利于城镇的环境建设、交通管理，实现最低的经济规模和合理的社会生活规模；对于乡村，更有利于配置农业现代化经营所需要的电力、通信、道路、给水、排水等设施，提高农村发展的经济规模效益。

加快城乡现代化，则农业生产经营要上规模，农业必须实现产业化、现代化。新的农村居民点，既不能按小城镇规模建设，也不能形成新的自然村。应该根据本地的地形、地貌科学制定耕作半径，确定既有利于发挥农业规模经济又有利于发挥建设经济的居民点规模。小城镇镇区住房建设要注意提高土地利用率，对占地量大、人口密度低、用地结构不合理的区域按规划调整，对布局分散、容积率低的居民点要集中建住宅小区、生活小区。农村居所建设要坚持节约土地资源、提高使用效率的原则，严格控制户均占地面积，积极倡导公寓式住宅。

作为历史文明见证和精神家园的传统乡土建筑是中华民族传统文化的宝贵财富。城乡居民点，特别是农村居民点不能盲目照抄大中城市建设式样的趋势，而要吸收并体现传统民居、传统建筑的特色和优势，在农村现代化建设中保持历史文化的继承。

各地的历史文化悠久、特色鲜明，传统的农村社会结构及相应的文化观念和生活习俗将在相当长的一个历史时期内继续存在。因此，应根据城乡现代化的实际进程，注重农村社区的稳定性，妥善进行居民点集中建设。农村居住区要避免行列式的住宅小区布局形式，应把地方文化传统和现代文明有机结合，提高规划建设水平，充分展现传统住区中街坊巷道活泼自然的特色和亲切的生活气息，形成和睦互助的友好邻里关系。

**3. 加强部门协调和政策创新**

城乡居民点集中建设，是事关县、市域城市化进程与经济社会发展的一项系统工程，包括土地管理、规划建设、环境卫生、社会保障、投资融资等方方面面的工作，需要多个部门共同协作。目前，大多数地方的城乡居民点集中建设工作是由建设部门在推动，而在实施过程中却涉及多个部门的管理职能。单靠一个部门的力量组织推动这项工作有很大的难度，应该成立专门机构来组织、协调，积极制定切实可行的相关配套政策，推进城乡居民点集中建设。

(1)土地政策支持。在城乡居民点集中建设中，居民住宅区是按照镇村建设规划统一建造的，因此，在拆迁原有居民住宅前，需要新建一部分城乡居民住宅，对这部分先行启动作为过渡的住宅建设用地指标，需要制定土地置换、优先供给等支持政策。凡符合村镇建设规划、土地利用规划的居民点，启动建设项目时，在保证耕地动态平衡的前提下，其启动建设用地，允许“先占后退”、“边用边退”等政策，对占补有余的要予以一定的奖励。同时，还可以采取村组土地互换方式，探索农村居民点集中建设的有益途径。

(2)社会保障政策支持。城乡居民点集中建设的重要内容是引导从事非农产业的农村人口向城镇集聚，实现持续的人口转移。实现这一目标关键是要解决进城农民在就业、生活开支等方面的后顾之忧，建立完善的城乡统筹社会保障制度。土地是农民最大的生存资本，不仅承载着作为农民生产资料的功能，还承载着作为农民社会保障的功能。因此,社会保障制度应建立在完善的土地收益分配制度基础上,可以尝试土地入股的方式,即对村集体实行资产股份制,将以土地为主的集体资产以股份形式量化到每个村民,使其享受一定的收益权,并允许向集体转让。也可以尝试以土地换社保的方式,建立进镇农民的社会保障,还可以按市场价格支付土地补偿金,并改变一次性补偿给农民的做法,将土地补偿金作为进镇农民社保基金的重要来源,为其建立包括养老保险、医疗保险在内的社会保障制度。

(3)基础设施资金配套支持。稳定的资金渠道是实现城乡居民点集中建设的关键。城乡居民点集中建设是政府行为,应当体现以政府扶持为主,建立完善有效的资金保障制度。凡按规划实施的居民点建设,其公用基础设施的资金投入,要以村级集体经济为主,各级政府都予以适当资金补助。同时,要在政府支持下,采取低息贷款等方式拓宽筹措资金的渠道。

## 四、建设行政管理体制创新

要推动小城镇集群化发展,市场和行政力量缺一不可,其中政府宏观调控起着至关重要的作用。瑞典经济学家缪尔达尔(Gunnar Mgrdal)指出:“市场力的作用总是倾向于扩大而不是缩小地区间的差别”。在小城镇集群中起作用的“自我管理”手段不充分,就难以根据经济增长和发展机制实现城镇定位间的平衡。因此,整合区域小城镇发展不能完全依靠市场机制,而必须加强行政干预,即运用种种政策手段促进区域城镇协调发展。

### 1. 完善小城镇现行管理体制

经过近 20 年的快速发展,我国小城镇已完全从单纯农村的商贸服务中心,转变为具备经济、文化、政治职能的农村社区中心。但是,当前的乡镇政治组织制度是在计划经济时代和高度集中的体制下形成的,这种体制已无法适应市场经济快速发展的需要。随着城市化的加快推进,小城镇的性质和职能都将有进一步的提升,城镇管理体制也应进一步完善。根据小城镇发展的需要,应尽快对县镇两级的行政权、财政权和人事权进行适当调整,并相应调整部分机构设置。按照

"小政府、大服务"的要求，精简行政机构和办事人员，转变政府职能，强化小城镇政府的协调管理能力。随着小城镇建设水平的提高，多数中心镇的规模和功能已经具备了小城市的性质，可以适当扩大中心镇政府的行政管理权限，加强中心镇相应的城市管理、协调和执法功能。

**2. 建立城镇间协调发展的运行机制**

区域城市化是社会、经济集约化发展的产物，它从属于经济区划而非行政区划。在区域城市化进程中，小城镇发展旨在与周边城镇形成具有共同的贸易市场、共享的自然资源和区域基础设施以及城镇空间景观的区域空间实体。但由于涉及不同的行政主体，需要相应的行政管理体制创新和必要的政策配套执行，才能推进小城镇在区域城市化进程中形成协同发展。

在建立城镇间协调发展机制方面可以借鉴发达国家的做法。随着"城市群"、"都市连绵区"等大都市区的日益增多，欧美国家城市之间的区域性问题也相应出现并不断加剧。为了协调城市之间的共同问题与相关事务，各地方政府在自治基础上，在更大范围内建立大都市联合政府或协调机构，对某些需要从大都市区角度进行规划建设管理的项目实施统筹管理。借鉴西方国家大都市区发展经验，建议在现有镇政府主持城镇日常事务的基础上，在特定区域组建城镇群建设协调机构，通过协商，统一解决区域内城建、交通、环保、资源等共同问题，减轻或消除城镇之间的矛盾，达到共同发展的目的。

**3. 推进撤乡并镇、镇镇合并工作**

建立区域小城镇建设协调机构的管理模式，可在总体上保持现有行政区划的相对稳定，但行政区划的适当、适时调整，是促进城镇集群化发展最直接和有效的途径之一。具体实施中要遵循下列原则：规模较大的镇吸纳规模较小的镇；经济发达的镇兼并相近区域内经济欠发达的镇；合并的乡镇应地域相邻，地形地貌相一致，且交通联系便利；行政区划调整不跨越原有乡镇的行政界限，在人口规模上，合并后的乡镇总人口以 5 万～8 万人为宜；在镇域面积上，合并后的小城镇镇域面积一般应在 100 $km^2$ 左右。

经济发达地区可进一步推进并"镇"工作，优先撤并行政区域面积在 30 $km^2$ 以下或乡镇域人口在 3 万人以下的小城镇，提高小城镇的规模结构。要选择一些区位条件好、增长潜力大的小城镇加以培育，聚合成真正意义上的城镇群的“领头羊”。经济不发达地区应加快“撤乡并镇”工作，改变低水平“弥漫式”的乡镇布局，保证小城镇的发展空间和资源供给，降低小城镇的行政成本，改变“半乡半城”的小城镇风貌，使之真正纳入城市体系当中。

## 第六节 中国城镇化发展

国内对于“城镇化”和“城市化”的名称在一段时间内争论较多。城镇包括设市建制的“市”与市以外的其他建制的小城镇，城市化和城镇化两者的外延基本相同。我国走的是大中小城市和小城镇协调发展的中国特色城镇化道路，对应小城镇，本节从我国城镇化特点、发展历程入手，全面阐述小城镇在城镇化进程、城乡统筹与城乡一体化、城镇体系，以及农村现代化与新农村建设中的作用与地位。

### 一、城镇化概念及发展阶段

#### 1. 城镇化的概念

由于不同的学科对城镇化概念研究的侧重点不同，从而对城镇化概念的解释也不同。具体的解释有以下几种。

(1)人口学认为，城镇化是乡村人口转化为城市人口，城镇数目和规模不断增加和扩大的过程。

(2)地理学认为，城镇化是产业空间集聚引发的地区产业结构转化、劳动力和消费区位转移的过程。城镇化是地域的土地和人的劳动相结合、丧失乡村性质、获得城市性质的过程，包括地域内城镇数量的增加和单个城镇范围的扩大。

(3)社会学认为，城镇化是在经济、人类文化教育、价值观念、宗教信仰等因素综合作用下乡村生活方式转化为城市生活方式的社会变迁、社会结构变化的过程。其本质不仅是人口向城市集中，还包括城市生活方式的扩散。城镇化包括了形态的城镇化、社会结构的城镇化和思想感情的城镇化三个方面。城镇化是一个经济发展、经济结构和产业结构演变的过程，又是一个社会进步、社会制度变迁以及观念形态变革的持续发展过程。

(4)经济学认为，城市化是以工业化为原动力，人口经济活动由乡村向城市、由农业向非农业、生产方式由自然经济转化为城市社会化大工业生产的转移过程。

(5)生态学认为，城镇化是人类寻求最适宜生态区位的过程中引发的人口从乡村流向城市的过程。

**2. 城镇化提高过程的内涵**

严格说来，应将城镇化的概念与其内涵分开阐述，以求概念表述的言简意赅和科学准确。可以认为，城镇化是乡村人口和非农产业由乡村地区向城镇地区地域集中以及城镇数目和规模不断增加和扩大、城市化水平不断提高的过程。这个过程的内涵包括以下内容。

(1)城乡人口分布结构的转换。人口由分散的乡村向城镇集中，城镇规模和数量不断增多，城镇人口比重提高。

(2)产业结构和社会结构的转换。区域产业结构提升，劳动力从第一产业向第二、三产业转移，人类社会从传统的农业社会向工业化社会转变。

(3)城镇空间形态和形态的优化。城镇建成区规模扩大，新的城镇地域、城镇景观形成，城镇基础设施服务设施不断完善。

(4)人们价值观念和生活方式的转换。城市文明、城市生活方式和价值观念向乡村地区渗透和扩散，传统乡村文明走向现代城镇文明，最终实现城乡一体化和现代化。

(5)经济要素、集聚方式的变迁或创新。在技术创新和制度创新的双重推动下，人口、资本等经济要素更加合理、高度地在城乡之间流动、重组，经济发展和人均国民生产总值提高。内涵之外，城镇化引发了深度、广度上的拓展。从深度上看，城镇化体现了城市现代化，包括城市结构优化、质量提高、功能完善，中心作用强化。从广度上看，城镇化体现了乡村地区城镇化，原有乡村城镇的进一步发展，新城镇产生和产业、人口由原有城市中心向四周乡村扩散的逆城市化。

### 3. 城镇化发展阶段

城镇化是人类的生产活动和生活活动随着社会生产力发展，由乡村向城镇转换和扩大的过程，其动力源于经济发展。经济发展是推动城镇发展的原动力，经济发展速度加快，加速城镇化发展，并体现在城镇化的不同发展阶段。

(1)城镇化初始阶段。农业经济占主导地位，农业人口占有绝对优势，城镇化水平很低。

(2)城镇化的加速阶段。现代化工业基础的逐步建立，经济得到相当程度的发展，主体逐步从工业经济转化为技术经济和知识经济，工业规模和发展速度加快，农业生产率也得到相应提高，解放乡村劳动力，加快乡村人口向城镇集中，加速城镇化发展。

(3)城乡一体化阶段。城乡之间生产要素自由流转，在互补性的基础上实现资源共享和合理配置，城乡经济、城乡生产、生活方式、城乡居民价值观念协调发展。这是城镇化的高级阶段。

## 二、我国城镇化发展的历程

### (一)新中国成立前城镇化发展概况

中国作为四大文明古国之一，早在 6 000 多年以前，黄河流域就已经出现了一批原始的居民点，居民以从事农业生产为主，传说中的尧都平阳(今山西临汾西南)、舜都蒲坂(今山西永济市西)就是原始社会的遗址。随着社会生产力的发展，剩余产品和私有制的出现，这一地区较早地进入了奴隶社会时期。公元前 21 世纪至 17 世纪，黄河流域出现了我国历史上第一个奴隶制王朝——夏朝。奴隶主为了保护自己的财产和便于统治(主要是镇压奴隶)，开始修筑城池，这些城池便成为我国城市的早期雏形。《墨子·七患》中“城者，所以自守也”，《管子·度地》中“地之守在城……”《吴越春秋》中“筑城以卫君，造廓以守民”等诸如此类的说法均是佐证。夏末商初，人们已有能力兴建较大规模的城市了。距今 3 600 年前的郑州商代都城遗址，周长约 7 100 m，东西长约 1 700 m，南北长约 2 000 m，面积约 320 万 $m^2$，城内有两处较大规模的铸铜工场，一处陶器工场和酿造工场。春秋战国时期，各诸侯国根据自己的政治和军事需要，极力扩建旧城和修筑新城，大大加快了城市建设的步伐，城市人口规模随之扩大。其中，齐国都城临淄当时有 7 万户 20 万余人，是当时规模最大的都城之一。在其后长达 2 300 多年的封建社会时期，我国当时不少城市人口规模世界屈指可数。宋朝都城汴梁人口 100 多万，成为 10—12 世纪世界上最大的城市。明代全国共有大中城市 100 个，小城镇 2 000 多个，农村集镇 4 000～6 000 个，仅上海境内就出现了 210 余座工商业城镇。然而由于受经济社会发展的约束和限制，当时根本谈不上城镇化发展，只是少数城市的畸形繁荣。

1840 年鸦片战争爆发，外国资本趁势大举入侵，不仅对中国封建经济的基础起了解体的作用，同时又给中国资本主义生产的发展造成了某些客观的条件和可能。因为自然经济的破坏，给资本主义造成了商品的市场，而大量农民和手工业者的破产，又给资本主义造成了劳动力的市场。随着资本主义世界工业革命的兴起，工业新技术和大机器生产的浪潮也波及我国，城镇化发展速度超过以往任何时期。然而由于我国当时处于半殖民地半封建社会，城镇化发展速度明显落后于世界水平。据美国学者斯金纳研究，1843 年我国城镇人口 2 070 万，城镇化率约为 5.1%(不包括边远地区)。1843—1949 年，我国城镇人口由 2 070 万增加到 5 765 万，人口城镇化率由 5.1%增加到 10.6%，而当时世界人口城镇化率已超过 28%。1900 年世界人口城市化率 13.6%，比我国 1949 年城镇化水平还高出 3 个百分点。

### (二)新中国成立以来城镇化发展历程

1949—2007 年，我国城镇化发展水平变动状况如图 2-1 所示。按照城镇化发展水平的不同，新中国成立以来我国城镇化发展大致分为五大阶段。

#### 1. 城镇化发展的启动阶段(1949—1957 年)

1949 年新中国成立之时，全国仅有城市 132 个，城镇人口占全国总人口的 10.6%。1957 年末，城市已发展到 176 个，比 1949 年增长

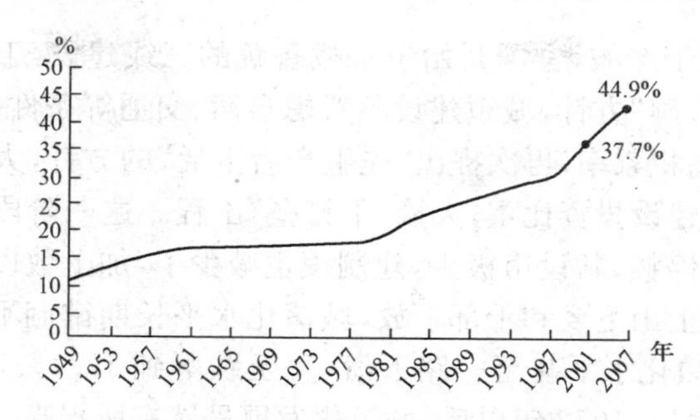


**图 2-1　我国 1949—2007 年城镇化水平增长曲线**

了 33.3%；城镇人口占全国总人口的 15.4%，比 1949 年增加了 4.8 个百分点。1949—1957 年，除 1955 年城镇化率低于上年 0.2 个百分点外，其余年份城镇化率均比上年有所增长。

**2. 城镇化发展的波动阶段(1958—1965 年)**

1958 年，我国开展了“超英赶美”、“跑步进入共产主义”的大跃进运动、轰轰烈烈的“全民大炼钢铁”运动以及人民公社化运动，错误政策的实施带来城镇人口的盲目增长。1959 年全国总人口比 1958 年增加了 1 213 万，而市镇人口却增加了 1 650 万；1958—1959 年市镇人口占总人口的比重由 16.2%飙升至 18.4%。1957—1960 年市镇人口由 9 949 万猛增到 13 073 万，增加了 3 124 万，增长了 31.4%，平均每年增加 1 041 万人，年递增率达到 9.53%，特别是 1959 年比 1958 年猛增 1 650 万人，增长率达到 15.39%，是新中国建立以来最高的一年。

“大跃进”运动、“人民公社化”运动的失败与自然灾害的发生祸不单行，为缓解 1959—1961 年国民经济所遭遇的严重困难，自 1961 年 1 月至 1965 年底，中央被迫对国民经济进行政策调整。“城门失火，殃及池鱼”，国民经济调整中精简城镇人口、调整市镇建制等措施的实施对城镇化发展带来较大抑制。

**3. 城镇化发展的下滑与停滞阶段(1966—1978 年)**

1966—1976 年，我国进入长达十年的“文化大革命”时期。动乱期间，经济社会发展遭受全面重创，城镇化发展举步维艰。由于对国际形势估计过于严峻，全国开始了备战备荒的三线建设，工业布局上提出了“山、散、洞”方针，城镇建设不考虑自然、交通等条件，一味强调分散；为保持高积累率，再次提出“先生产后生活”的方针，大规模压缩城市基础设施建设投资比重，大搞“干打垒”工程。这一阶段城镇建制工作基本陷于停顿，新设市极少，建制镇也减少了，加上数以千万计的城镇知识青年上山下乡和干部下放，城镇化水平长期徘徊不前。1966—1972 年，城镇化水平甚至一路下滑，直至跌落到 17.1%，形成了一个明显的“谷底”。1972 年以后，城镇化发展虽然有所提高，但较为缓慢。1972—1978 年的 6 年间，城镇化率总共提高了 0.8 个百分点。截至 1978 年底，我国城镇化率才回升到 1966 年的水平(17.9%)。

**4. 城镇化的回复发展阶段(1979—1992 年)**

自 1978 年底实施改革开放政策以来，我国城镇化发展迎来了新的契机。农村剩余劳动力的涌现与农村劳动生产率的提高相伴而生，对城镇化发展形成巨大的推力；与此对应，商品经济发展，投资渠道多元化，城镇基础设施建设步伐加快，城镇就业渠道的拓宽吸引大量农民工进城，对城镇化发展产生拉力。根据城镇化发展动力的不同，这一阶段可以划分为两个时期。

(1)以农村改革为动力时期。农村家庭联产承包责任制的实施，极大地激发了广大农民的生产积极性，农业劳动生产率迅速提高，农产品尤其是粮食商品率得以提高，有力地支持了城镇化发展。1978—1984 年，城镇化率由 17.9%上升至 23.0%，1983 年曾达到 23.5%，年均增长 1 个百分点。

(2)以城市改革为动力时期。1984 年 10 月，党中央在十二届三中全会上正式提出全面开展城市经济体制改革，实行有计划的商品经济新体制。同年 11 月，国务院批转《民政部关于调整建制镇标准的报告》，1986 年国务院又批转《民政部关于调整市标准和市领导县条件的报告》。随着市镇标准的降低，全国城镇数量迅速增加，城镇化水平如影随形，随之得以提升。1984—1992 年，城市数目由 300 个增至 517 个，建制镇由 6 211 个猛增到 1.2 万个，城镇化率由 1984 年的 23.0%上升到 1992 年 27.6%。

1978—1992 年，全国总人口由 96 259 万增加到 117 171 万，年均增长 1.5%，城镇人口由 17 245 万增加到 32 175 万，年均增长 4.9%，城镇化率从 17.9%提高到 27.5%，年均增长 3.4%，年均提高 0.74 个百分点。

**5. 城镇化的快速发展阶段(1993—2007 年)**

以 1992 年春天邓小平同志南方谈话以及“十四大”的召开为标志，我国进入了全面建设社会主义市场经济体制时期。随着新一轮经济发展，城镇化步入快速发展时期。1993—2007 年，城镇人口由 33 173 万增加到 62 186 万，年均增长 4.3%，城镇化率由 28.0%提高到 46.6%，年均增长 3.5%，年均提高 1.24 个百分点。

## 三、我国城镇化发展的特点

(1)城镇化发展波浪起伏。通过对我国城镇化发展历程的分析可以看出，我国城镇化发展波动性大，一度出现波浪起伏的特点。

(2)城镇化发展落后于世界水平。尽管我国在过去 30 年中的城市化速度极快，超过了世界其他国家，但是我国城镇化发展水平不仅低于发达国家，而且落后于世界平均水平。

(3)城镇化滞后于工业化进程。城镇化是经济发展的必然结果和空间表现形式，城镇化的发展与工业化的发展是相辅相成的。在中国，由于受观念、体制、政策等方面的制约，城镇化进程仍严重滞后于经济发展水平和工业化的发展。目前我国的城镇化水平还远远低于国际上公认的城镇化标准(即一个国家或地区城镇人口占总人口的比重达到 70%)。国际上通行的城镇化与工业化(工业增加值占 GDP 的比重)之比为 1.4～2.5，而我国仅为 0.608，这说明了中国的城镇化严重滞后于经济发展水平和工业化水平。也就是说，与中国当前相适应的城镇化水平应可以提高很多。中国城镇化水平滞后于工业化水平，必然对社会经济的发展产生一系列负面效应，严重限制中国工业化和现代化的进程。

(4)城镇化发展以政府推动为动力。与西方国家城市化主要靠市场力量推动不同，我国传统的城镇化发展是由政府发动的自上而下的推进过程，我国的城镇化虽然依靠政府力量避免了西方国家所产生的“城市病”，但缺乏市场机制的作用和民间的力量，加上体制和制度的制约，速度却很慢。城镇化是人类历史发展的客观规律，“人类既没有力量阻挡它向前发展，也没有力量人为地使它超越必经的各个阶段”，在我国，无论是城市规模分类、区域分布、市镇设置、体制和权限的规定以及对市镇人口的管理，等等，统统由政府决定。此外，政府还具有采取强力措施筹措城镇化建设所需资金的调控能力。总之，在我国城镇化发展的历程中处处留下政府作用的印迹。

(5)城镇化发展区域不平衡。我国城镇化发展区域不平衡主要表现如下。

1)三大区域城镇化发展有差异。近年来，三大区域的城镇化水平都在不断提升，但东部区域城镇化发展速度明显快于中部和西部，三大区域城镇化差距不断增大。

2)省市区城镇化发展有差异。2008 年，城镇化率最高的是上海(88.6%)，其次是北京(84.9%)和天津(77.2%)；城镇化发展偏低的有贵州和西藏，城镇化率分别为 29.1%和 22.6%。最高与最低的相差 66 个百分点。

# 第三章　小城镇规划概述

## 第一节　小城镇规划的工作内容、指导思想

### 一、小城镇规划的概念

小城镇规划是一定时期内小城镇经济和社会发展的目标，是小城镇各项建设的综合部署，也是建设小城镇和管理小城镇的依据。规划，作为人类的基本活动之一，其目的是为规划对象谋取可能条件下的最大利益。因此，要建设好小城镇，就必须有科学的小城镇规划，并严格按照规划进行建设。

### 二、小城镇规划的工作内容

(1)调查、搜集和分析研究小城镇规划工作所必需的基础资料。

(2)确定小城镇性质和发展规模，拟定小城镇发展的各项技术、经济指标。

(3)合理选择小城镇各项建设用地，拟定规划布局结构。

(4)确定小城镇基础设施的建设原则和实施的技术方案，对其环境、生态以及防灾等进行安排。

(5)拟定旧区利用、改建为原则、步骤和方法，拟定新区发展的建设分期等。

(6)拟定小城镇建设艺术布局的原则和设计方案。

(7)安排小城镇各项近期建设项目，为各单项工程设计提供依据。

以上是小城镇规划工作的基本内容，对各类小城镇都是适用的。但是，由于各个小城镇在国民经济建设中地位与作用、性质与规模、历史沿革、现状条件、自然条件、地方风俗各存差异，所以其规划任务、内容及侧重点也应有所区别。因此，在具体规划工作中，要从实际出发，

根据各自的情况，确定规划工作的详细内容。

### 三、小城镇规划的指导思想

小城镇规划的指导思想根据小城镇经济形势发展的要求从小城镇建设的全局出发，综合进行小城镇规划，统筹安排小城镇建设，逐步改善广大小城镇的生产和生活条件。要重点规划和建设好集镇，为农业现代化建设和小城镇经济全面发展提供前进的基地，为农业剩余劳动力寻找就业的机会，避免农民大量流入城市，为逐步缩小工农差别，城乡差别和体力劳动与脑力劳动的差别，积极创造条件。在这个基本思想的指导下，加强领导，充分调动亿万农民的社会主义建设积极性，走工农结合、城乡结合、统一规划、综合发展、依靠群众、勤俭建设的道路，根据自然条件、生产发展和富裕程度，因地制宜，量力而行，有步骤、有计划地把小城镇规划建设好。

## 第二节　小城镇规划的特点、依据和原则

### 一、小城镇规划的特点

(1)综合型。小城镇规划需要统筹安排小城镇的各项建设，由于小城镇建设涉及面比较广，包括农、林、牧、副、渔、工、商、文、教、卫等各行各业，又涉及人们衣、食、住、行和生、老、病、死等各个方面。要通过规划工作把这样繁杂、广泛的内容有机地组织起来，统一在小城镇规划之内进行全面安排、协调发展。因此，小城镇规划涉及许多方面的问题，是一项综合性的技术工作。

(2)政策性。小城镇规划几乎涉及经济和社会发展的各方面，在小城镇规划中，一些重大问题的解决关系到国家和地方的一些方针政策。因此，要求小城镇的规划工作者必须加强政治观念，努力学习各项方针政策，并能在规划工作中认真地贯彻执行。

(3)地方性。我国地域辽阔，各地的自然条件、经济条件、风俗习惯和建设要求都不相同，每个小城镇在国民经济中的任务和作用不

同，各自有不同的历史条件和发展条件，尽管小城镇之间个别条件相似的情况是存在的，但不可能找到条件完全相同的小城镇。这就要求在小城镇规划中具体分析小城镇的条件和特点，因地制宜，反映出当地小城镇特点和民族特色，决不能“一刀切”。因此，小城镇规划又具有地方性的特点。

(4)长期性。小城镇规划既要解决当前建设问题，又要考虑今后的发展及长远的小城镇发展要求。也就是说，小城镇规划工作既要有现实性，又要有预见性。社会是在不断发展变化着的，在小城镇建设的过程中，影响小城镇发展的因素也是在变化着。因而，小城镇的规划方案由于人们认识的不同和时代的局限，不可能准确地预计，必须随着小城镇发展因素的变化而加以调整和完善，不可能固定不变。因此，小城镇规划还是一项长期性和经常性的工作。

## 二、小城镇规划的依据

### 1. 政策依据

(1)国家小城镇战略及经济社会发展对小城镇规划建设的宏观指导和相关要求。

(2)国家和地方对小城镇建设发展制定的相关文件。

(3)各省(市、自治区)、地(市、自治州)、县(市、旗)对本地区小城镇发展战略要求。

(4)地方政府的国民经济和社会发展规划。

(5)上级政府及相关职能部门对小城镇建设发展的指导思想和具体意见。

### 2. 法律、法规依据

(1)《中华人民共和国城乡规划法》(2008 年 1 月 1 日起实施)。

(2)《中华人民共和国土地管理法》。

(3)《中华人民共和国环境保护法》。

(4)《中华人民共和国文物保护法》。

(5)《县域村镇体系规划编制暂行办法》(建设部令第 183 号)。

(6)《村庄和集镇规划建设管理条例》(国务院令第 116 号)。

(7)各省(市、自治区)、地(市、自治州)、县(市、旗)村镇规划建设管理规定。

(8)各省(市、自治区)、地(市、自治州)、县(市、旗)村镇规划编制办法。

**3. 技术标准、规范依据**

(1)《村镇规划标准》(GB 50188—2007)。

(2)《村镇规划卫生规范》(GB 18055—2012)。

(3)《镇(乡)村给水工程技术规程》(CJJ 123—2008)。

(4)《环境卫生设施设置标准》(CJJ 27—2012)。

(5)各省(市、自治区)、地(市、自治州)、县(市、旗)村镇规划技术规定。

(6)上一级城镇体系规划或村镇体系规划。

(7)相关的区域性专项规划。

(8)相关城市、县城总体规划。

(9)县域、镇(乡)域土地利用总体规划。

(10)小城镇规划指标体系。

(11)其他各类规划设计规范及标准。

## 三、小城镇规划的原则

小城镇发展规划的原则是制定小城镇发展规划的根本指导思想,要按照城市化发展的客观规律和建立社会主义市场经济体制的要求,从省情、市情、县情、镇情出发,因势利导,促进小城镇经济、社会、生态的协调可持续发展。具体讲要遵循以下五大原则。

(1)总体性原则。科学的小城镇规划,应当同本地区的县、镇的经济社会发展战略及长期规划相衔接,成为发展战略及长期规划的一个重要组成部分。随着市场经济发展,金融、劳力、技术、房地产和信息等新的市场体系的逐步形成,小城镇的规划必须考虑到人口、经济、社会、科技文化、环境的现状和特点,在综合考虑的基础上做出规划。

(2)协调性原则。所谓协调性就是全面协调发展。其中包括经济、社会环境的协调,一、二、三产业的协调,各个产业与基础设施的协调,物质文明与精神文明的协调等。同时,还应注重生态承载力,即考虑人、建筑及环境之间的协调与有机统一,寻求一种动态的平衡,以构成一种人工和生态的良性循环。

(3)超前性原则。小城镇的规划必须超越传统观念束缚和小生产意识的影响，必须有科学的超前性，立足"大流通、大市场、大格局"和"面向市场、面向未来、面向现代化"的高度来编制规划。避免刚刚建设，又感到落后，再花更大的代价重新改建。当然超前性不等于超越客观条件的蛮干，而是要眼光放远，结合当地实际，循序渐进，分步到位。

(4)合理性原则。一方面是布局要合理，既包括大中小城市要分布合理，相互衔接，又包括空间分布要合理。城市太密集的地区应采取分散为主的思路，将重点放在大城市的扩散发展上。以中心城市为核心，引导大城市的传统产业向小城市和小城镇转移。促进大城市产业结构调整和升级，形成大、中、小城市协调发展的城市体系。

(5)特色性原则。不同地区的自然环境、地理位置、交通条件、人文历史、经济结构、增长水平、发展后劲、生活习惯等等都不同，不能照搬别人的发展模式，而必须从实际出发，分类指导，因地制宜，走体现自己"本土特色"的小城镇发展道路。

1)地方特色。就是要利用山林绿地、河流水面、文物古迹、民俗风情和有浓厚地方特色的城市标志来突出地方特色。

2)产业特色。就是要根据当地资源和支柱产业发展情况来确定城镇建设的特色。如竹木城、矿业城、旅游城，等等。

3)建筑特色。要利用城市的道路，区域标志及造型、质感和色彩来构成城镇的个性特色。

## 第三节　小城镇规划资料收集及制图

### 一、小城镇规划所需的基础资料

#### 1. 地质资料

工程地质，即小城镇所在地域的地质构造(断层、褶皱等)，地面土层物理状况，规划区内不同地段的地基承载力以及滑坡、崩塌等基础资料；地震地质，即小城镇所在地区断裂带的分布及地震活动情况，规划区内地震烈度区划等基础资料;水文地质,即规划区地下水的存在形式、储量、水质开采及补给条件等基础资料。我国的许多小城镇,特别是地下水的动储量,对于小城镇选址、预测发展规模、确定小城镇的产业结构等都具有重要意义。

**2. 测量资料**

测量资料主要包括城镇平面控制网和高程控制网、城市地下工程及地下管网专业测量图以及编制规划必备的各种比例尺地形图等。

**3. 气象资料**

气象资料主要包括风向、风速、污染系数、日照、气温等。

(1)风向。表示风向最基本的一个特征指标是风向频率,即累计某一风向发生次数与累计风向的总次数的百分比。把一定时期内对风向频率的观测结果用图案的形式表达出来就是风向玫瑰图。它可以使人对该地某一时期不同的风向频率的大小一目了然,是小城镇规划布局的依据。风向玫瑰图是经过实测绘制,一般可以由当地的气象部门提供。

(2)风速。风速就是空气流动的速度。风速的快慢决定了风力的大小,风速越快,风力就越大,反之亦然。规划工作中使用的风速是平均风速。把各个方向的风的平均风速用图案的方式表达出来,这就是风速玫瑰图。它也是通过实测绘制而成的,一般与风向玫瑰图绘制在一起,可以由当地的气象部门提供。

(3)污染系数。污染系数就是表示某一方位风向频率和平均风速对其下风地区污染程度的数值。某一风向频率愈大,则其下风向受污染机会愈多;某一风向的风速愈大,则稀释能力愈强,污染愈轻,可见污染的程度与风频成正比,与风速成反比。因此,污染系数由下列公式表示为

污染系数=风向频率/平均风速

(4)日照。在小城镇规划中,确定道路的方位、宽度,建筑物的朝向、间距以及建筑群的布局,都要考虑日照条件。

(5)气温。不同地区、不同海拔、不同季节、不同时间、气温都不相同,所以要收集当地历年的气温变化情况,可对城镇的用地选择、绿地

规划、建筑布置、采暖规划、工程施工等提供参考。

**4. 水文资料**

水文是指小城镇所在地区的水文现象,如降水量、河湖水位、流量、潮汐现象以及地下水情况等。

(1)降水量。包括单位时间内的降水量,有平均降水量、最高降水量、最低降水量、降雨强度等。降水量是城镇排水、江河湖海地区的城镇的防洪、江河治理等的依据。

(2)洪水。主要了解近百年内各河段历史洪水情况,包括洪水发生的时间、过程、流向情况,灾害及河段水位的变化。在山区还应注意山洪暴发时间、流量以及流向。

(3)流量。流量指各河段在单位时间内通过某一横断面的水量,以 $m^3/s$ 为单位。需要了解历年的变化情况和一年之内各个不同季节流量变化情况,如洪水季节的最大流量、枯水期的流量、平均流量等。

(4)地下水。主要搜集有关地下水的分布、运动规律以及它的物理、化学性质等资料。地下水可分为上层滞水、潜水和承压水三类,前两类在地表下浅层,主要来源是地面降水渗透,因此与地面状况有关。潜水的深度各地情况相差悬殊。承压水因有隔水层,受地面影响小,也不易受地面污染,具有压力,因此常作为小城镇的水源。

水源对小城镇规划和建设有决定性的影响,如水量不足,水质不符合饮用标准,就限制了小城镇的建设和发展。以地下水作为小城镇的水源,但不能盲目、无计划地采用,这样会造成地下水位下降、水源枯竭,甚至地面下沉。

**5. 历史资料**

历史资料主要包括城镇的历史沿革、城址变迁、建设区的扩展以及城镇规划历史等。

**6. 小城镇分布与人口资料**

小城镇分布资料包括城镇发展概况、分布状况和相互间的关系,以及小城镇分布存在的问题。

小城镇的人口资料包括总人口数、总户数、人口构成、人口年龄构成、人口自然增长率、人口机械增长率、劳动力情况及从业率等。

**7. 镇域自然资源**

镇域自然资源主要包括矿产资源、水资源、燃料动力资源、生物资源及农副产品资源的分布、数量、开采利用价值等。

**8. 小城镇土地利用资源**

小城镇土地利用资源主要包括现状及历年城镇土地利用分类统计、用地增长状况、建设区内各类用地分布状况等。

**9. 工矿企事业单位的现状及规划资料**

工矿企事业单位的现状及规划资料主要包括用地面积、建筑面积、产品产量、产值、职工人数、用水量、运输量及污染情况等。

**10. 交通运输资料**

交通运输资料主要包括对外交通运输和镇内交通的现状和发展预测(用地、职工人数、客货运量、流向、对周围地区环境的影响以及城镇道路、交通设施等)。

**11. 建筑物现状资料**

建筑物现状资料主要包括现有主要公共建筑的分布情况、用地面积、建筑面积、建筑质量等,现有住宅的情况以及住房建筑面积、居住面积、建筑层数、建筑密度、建筑质量。

**12. 工程设施资料**

工程设施资料是指市政工程、公用事业的现状资料,主要包括场站及其设施的位置与规模、管网系统及其容量、防洪工程、消防设施等。

**13. 环境资料**

环境资料主要包括环境监测成果,各厂矿、单位排放污染物的数量及危害情况,城市垃圾的数量及分布,其他影响城市环境质量有害因素的分布情况及危害情况,地方病及其他有害居民健康等环境资料。

## 二、小城镇规划资料收集及表现形式

**1. 资料收集的方法**

在实际规划工作过程中,常采用以下的方法来进行基础资料的搜集。

(1)拟定调查提纲。在调研之前,必须把所需的资料内容及其在小城镇规划中的作用和用途了解清楚,明确目的。在此基础上拟定调查提纲,列出调查重点,然后根据提纲要求,编制各个项目的调查表格。表格形式根据调查内容自行设计,以能满足提纲要求为原则。另外,要注意对一些不容易收集又是规划不可缺少的资料必须要收集到,以使规划工作能顺利进行。

(2)召开各种形式的调查会。经验表明,规划所需要的各种资料,一般都分散在各个有关部门。如有关经济发展资料,上级机关、发改委、统计部门、农业部门都掌握。与各项专业资料有关的主管部门,如公交、财政、公安、文教、商业、卫生、气象、水利、房管、电业部门都清楚。因此,必须依靠并争取这些部门的配合。为了使工作进行得顺利,第一次调查会应该由当地政府主持,争取各部门的负责人参加,将搜集资料工作作为任务下达。在分头搜集的过程中,应采取开专题调查会的方法,同有关人员进行座谈,或者进行补充调查。

(3)现场调查研究。任何规划设计都要进行现场踏勘和调研,小城镇的规划也不例外。在规划设计之前,规划人员必须亲临规划现场,掌握第一手资料,分析其现状和发展方向,以便做出正确的决策。对一些重大问题的解决,除进行深入细致的调研外,还要与相关部门进行协调,共同处理。

(4)文献查阅。文献查阅有两种方法,一种是利用图书资料查询,在当地的图书馆以及部门的资料储存中查询相关资料;另一种就是上网查询相关资料。

总之,在调研中一定要坚持群众路线,积极动员群众参与到规划中来,认真听取群众对现状以及对未来规划建设的意见和建议,将这些意见和建议纳入规划设计中来,鼓励群众参与规划、监督实施规划,以使规划更能体现人性化,符合实际要求。

**2. 基础资料的表现形式**

基础资料的表现形式多种多样,可以是图表或文字,也可以图表和文字并举;有的还需要绘成图纸,如工程地质图、水文地质图、矿产资源图、村镇现状图、表示气象资料的风向玫瑰图等。究竟如何表现,以能说明情况和问题为准，因地制宜，不求一律。这里仅就一些主要项目所采用的表格为例（表 3-1～表 3-17），供参考。实际工作中，应根据不同情况进行增、删或修改。

表 3-1　人口、户型调查表

| 户　型 | 农民户(户) | 居民户(户) | 合计(户) | 比例(%) | 人数(人) | 备注 |
|---|---|---|---|---|---|---|
| 一口户 | | | | | | |
| 二口户 | | | | | | |
| 三口户 | | | | | | |
| 四口户 | | | | | | |
| 五口户 | | | | | | |
| 六口户 | | | | | | |
| 七口户 | | | | | | |
| 八口户 | | | | | | |
| 合　计 | | | | | | |

表 3-2　人口、年龄构成调查表

| 年　龄<br>(岁) | 人　数<br>(人) | 占全国城镇人口的<br>比例(%) | 其中:(人) | | 备　注 |
|---|---|---|---|---|---|
| | | | 男 | 女 | |
| 出生～3 | | | | | |
| 4～6 | | | | | |
| 7～12 | | | | | |
| 13～15 | | | | | |
| 16～18 | | | | | |
| 19～30 | | | | | |
| 男 31～60 | | | | | |
| 女 31～55 | | | | | |
| 男 61 以上 | | | | | |
| 女 56 以上 | | | | | |
| 合　计 | | | | | |

**表 3-3　历年人口增减情况统计表**

| 年　限<br>（年） | 出　生<br>（人） | 死　亡<br>（人） | 迁　入<br>（人） | 迁　出<br>（人） | 年终总人数<br>（人） |
|---|---|---|---|---|---|
| | | | | | |
| | | | | | |
| | | | | | |

**表 3-4　职业构成表**

| 职业类别 | 人　　数(人) | | | 占全城镇人口比例(%) | 备　注 |
|---|---|---|---|---|---|
| | 男 | 女 | 小计 | | |
| 农业劳动 | | | | | |
| 工　　业 | | | | | |
| 手工业 | | | | | |
| 基　　建 | | | | | |
| 行政管理 | | | | | |
| 商业服务 | | | | | |
| 交通、运输 | | | | | |
| 邮　　电 | | | | | |
| 农田水利 | | | | | |
| 公用事业 | | | | | |
| 文教卫生 | | | | | |
| 金融财政 | | | | | |
| 其　　他 | | | | | |
| 合　　计 | | | | | |

**表 3-5　文化水平统计表**

| 年　龄 | 7～20 岁 | | | | | 21～50 岁 | | | | | | 51 岁以上 | | | | | | 合　　计 | | | | | |
|---|---|---|---|---|---|---|---|---|---|---|---|---|---|---|---|---|---|---|---|---|---|---|---|
| 文化程度 | 文盲 | 小学 | 初中 | 高中 | 小计 | 文盲 | 小学 | 初中 | 高中 | 大专 | 小计 | 文盲 | 小学 | 初中 | 高中 | 大专 | 小计 | 文盲 | 小学 | 初中 | 高中 | 大专 | 小计 |
| 人数(人)<br>百分比(%) | | | | | | | | | | | | | | | | | | | | | | | |

说明：应注明 1～6 岁的幼儿人数等。

**表 3-6　住宅建筑调查表**

<table>
<tr><td colspan="3">户主姓名</td><td></td><td colspan="2">人口组成</td><td></td></tr>
<tr><td colspan="3">家庭人口数(人)</td><td></td><td colspan="2">住宅建造时间</td><td></td></tr>
<tr><td rowspan="4">住宅</td><td colspan="2">层数</td><td></td><td colspan="2">平面类型</td><td></td></tr>
<tr><td colspan="2">建筑面积($m^2$)</td><td></td><td colspan="2">每人平均建筑面积($m^2$)</td><td></td></tr>
<tr><td colspan="2">居住面积($m^2$)</td><td></td><td colspan="2">房间间数</td><td></td></tr>
<tr><td colspan="2">主要结构类型<br>给排水状况<br>建筑质量综合评价</td><td></td><td>简图</td><td colspan="2"></td></tr>
<tr><td rowspan="4">主要附属建筑</td><td rowspan="2">厨房</td><td>建筑面积($m^2$)</td><td></td><td colspan="2" rowspan="2">结构类型</td><td rowspan="2"></td></tr>
<tr><td>建筑质量</td><td></td></tr>
<tr><td rowspan="2">仓库</td><td>建筑面积($m^2$)</td><td></td><td colspan="2" rowspan="2">结构类型</td><td rowspan="2"></td></tr>
<tr><td>建筑质量</td><td></td></tr>
<tr><td rowspan="3">宅基地</td><td colspan="2">房屋基底面积($m^2$)</td><td></td><td colspan="2" rowspan="3">住户主要意　见</td><td rowspan="3"></td></tr>
<tr><td colspan="2">院落形式</td><td></td></tr>
<tr><td colspan="2">院落面积($m^2$)</td><td></td></tr>
</table>

注：1. 注明是传统建筑或新建住宅；

2. 独立于住宅之外的附属建筑称主要附属建筑。

**表 3-7　城镇住宅建筑调查汇总表**

<table>
<tr><td rowspan="2">城镇名称</td><td rowspan="2">总户数(户)</td><td rowspan="2">人口数(人)</td><td rowspan="2">平均每户人口(人)</td><td rowspan="2">住宅类别</td><td rowspan="2">层数</td><td rowspan="2">户数</td><td rowspan="2">平均每户建筑面积($m^2$)</td><td rowspan="2">平均每户居住面积($m^2$)</td><td colspan="3">质量综合评价</td><td rowspan="2">存在主要问题</td><td rowspan="2">备注</td></tr>
<tr><td>好(%)</td><td>中(%)</td><td>差(%)</td></tr>
<tr><td rowspan="2"></td><td rowspan="2"></td><td rowspan="2"></td><td rowspan="2"></td><td>传统住宅</td><td></td><td></td><td></td><td></td><td></td><td></td><td></td><td></td><td></td></tr>
<tr><td>近几年新建的住宅</td><td></td><td></td><td></td><td></td><td></td><td></td><td></td><td></td><td></td></tr>
</table>

注：1. 本表根据《住宅建筑调查表》经分析计算后填表；

2. 住宅建筑质量综合评价标准根据当地具体情况确定，并计算好、中、差所占比例(%)。

表 3-8 城镇公共建筑项目调查表

| 项目名称 | 隶属单位 | 建造年月 | 建筑面积($m^2$) | 占地面积($m^2$) | 服务范围 | | 职工人数(人) | 使用情况 | 存在主要问题 | 备注 |
|---|---|---|---|---|---|---|---|---|---|---|
| | | | | | 半径 | 人口数 | | | | |
| | | | | | | | | | | |
| | | | | | | | | | | |
| | | | | | | | | | | |
| | | | | | | | | | | |
| | | | | | | | | | | |

表 3-9 教育系统建筑统计表

| 学校类型 | 托 幼 | 小 学 | 初 中 | 高 中 | 职业学校 |
|---|---|---|---|---|---|
| 占地面积($m^2$) | | | | | |
| 建筑面积($m^2$) | | | | | |
| 教学班数 | | | | | |
| 教工人数(人) | | | | | |
| 男生人数(人) | | | | | |
| 女生人数(人) | | | | | |

表 3-10 城镇各类建筑统计表

| 建筑类别 | | 住宅建筑 | | 公共建筑 | 生产建筑 |
|---|---|---|---|---|---|
| | | 公 建 | 私 建 | | |
| 占地面积($m^2$) | | | | | |
| 建筑面积($m^2$) | | | | | |
| 建筑密度(%) | | | | | |
| 危房 | 建筑面积($m^2$) | | | | |
| | 比例(%) | | | | |

注:建筑密度=建筑底面积/用地面积。

表 3-11　城镇现状用地分配表

| 用地项目 | 建设用地 | | | | | | | | | | | 非建筑用地 | | | | | | | | 总计 |
|---|---|---|---|---|---|---|---|---|---|---|---|---|---|---|---|---|---|---|---|---|
| | 居住 | 工业 | 副业 | 公建 | 道路 | 广场 | 绿化 | 饲养 | 晒场 | 其他 | 小计 | 路渠 | 农田 | 菜地 | 果园 | 苗圃 | 其他 | 小计 | | |
| 面积($hm^2$) | | | | | | | | | | | | | | | | | | | | |
| 百分比(%) | | | | | | | | | | | | | | | | | | | | |

注：百分比是指各项用地与建设用地之比。

表 3-12　城镇土地使用情况统计表

| 用地项目 | 占地面积($hm^2$) | 用途 | 使用情况 | 调整计划 | 备注 |
|---|---|---|---|---|---|
| 集　镇 | | | | | |
| 村　庄 | | | | | |
| 公　路 | | | | | 国家级、乡镇级均包括在内 |
| 农　田 | | | | | |
| 菜　地 | | | | | |
| 果　园 | | | | | |
| 林　场 | | | | | |
| 工　业 | | | | | |
| 饲养场 | | | | | |
| 养鱼池 | | | | | |
| 水　库 | | | | | |
| 河　湖 | | | | | |
| (水面) | | | | | |
| 特殊用地 | | | | | 如军事用地等列入此项 |
| 破碎地 | | | | | |
| 合计 | | | | | |

**表 3-13　城镇经济情况统计表**

| 年份 | 年度总产值(万元) | 工副业产值 | | 农业产值 | | 年终可分配金额(万元) | 平均每户分配数(元) | 人均分配数(元) | 银行储蓄数(万元) | 公共积累(万元) | 备注 |
|---|---|---|---|---|---|---|---|---|---|---|---|
| | | (万元) | (%) | (万元) | (%) | | | | | | |
| | | | | | | | | | | | |
| | | | | | | | | | | | |
| | | | | | | | | | | | |

**表 3-14　城镇非地方行政机关经济机构调查表**

| 机关名称 | 所属单位 | 地址 | 职工人数(人) | 办公用房 | | | | | | 生活居住 | | | | | 备注 |
|---|---|---|---|---|---|---|---|---|---|---|---|---|---|---|---|
| | | | | 占地面积($m^2$) | 建筑面积($m^2$) | 层数(层) | 食堂($m^2$) | 车库($m^2$) | 其他 | 占地面积($m^2$) | 建筑面积($m^2$) | 层数(层) | 居住户数(户) | 居住面积($m^2$) | |
| | | | | | | | | | | | | | | | |
| | | | | | | | | | | | | | | | |
| | | | | | | | | | | | | | | | |

**表 3-15　城镇道路广场调查表**

| 道路名称 | 起点 | 讫点 | 长度(m) | 道路性质 | 最小平曲线半径(m) | 最小视距(m) | 交叉口间距(m) | 宽度(m) | | | | 面积($m^2$) | | | 路面结构 | 桥梁 | | 广场用地($m^2$) | 备注 |
|---|---|---|---|---|---|---|---|---|---|---|---|---|---|---|---|---|---|---|---|
| | | | | | | | | 红线之间 | 车行道 | 人行道 | 分隔带(绿地) | 车行道 | 人行道 | 分隔带(绿地) | | 结构型式 | 荷载标准 | | |
| | | | | | | | | | | | | | | | | | | | |
| | | | | | | | | | | | | | | | | | | | |

表 3-16　城镇给水工程调查表

| 给水管理单位名称 | | | 用水人口(万人) | |
|---|---|---|---|---|
| 水厂位置 | | | 水厂占地面积($hm^2$) | |
| 供水能力(t/d) | | | 平均日出水量(t/d) | |
| 管线长度(m) | 干管(>100) | | 水厂所属单位 | |
| | 支管(<100) | | 水厂职工人数(人) | |
| 全年供水量(万 t) | 工业用水 | | 制水成本(元/t) | |
| | 生活用水 | | 水源类别 | |
| | 其他用水 | | 供水工艺 | |
| | 合计 | | 泵房面积($m^2$) | |
| 水处理构筑物 | 处理能力(t/d) | | 水泵型号 | |
| | 构筑物简况 | | 水泵台数 | |
| 高地水池(或水塔)容积($m^3$) | | | | |
| 高地水池(或水塔)座数(座) | | | | |

表 3-17　城镇排水工程调查表

| 排水管理单位名称 | | | 职工人数(人) | | |
|---|---|---|---|---|---|
| 排水体制 | | | 工业污水量(t/d) | | |
| 干管长度(m) | | | 生活污水量(t/d) | | |
| 排水沟管长度(m) | 土明沟 | | 分散的污水处理(座) | 化粪池 | |
| | 石明沟 | | | 其他 | |
| | 混凝土管 | | 集中的污水处理构筑物(座) | 处理厂 | |
| | 其他沟管 | | | 其他 | |

## 三、小城镇规划成果编制

### 1. 小城镇规划的成果

小城镇规划的最后成果都是由图纸和文字来表达的，其文字的表达应准确、肯定、简练，具有条文性。而规划说明书则用于说明规划内容重要指标选取的依据、计算过程、规划意图等图纸不能表达的问题，以及在实施中要注意的事项。

(1)镇域体系规划的成果。镇域体系规划文件包括规划文本和附件,规划说明书及基础资料收入附件。主要图纸包括以下几种。

1)区位分析图。主要表明与周围县、市的关系,以及处于上层次小城镇体系中的位置、与社会大环境的主要联系等。比例根据实际需要定。

2)工业、农业及主要资源分布图。包括在县域内工业项目、农业生产项目的位置,主要资源的分布情况,如矿产资源、地质分布、土地、风景名胜等。

3)县域城镇现状图。包括小城镇布局、人口分布、交通网络、土地利用、主要的基础设施、环境、灾害分布等。比例尺一般为1∶100 000～1∶300 000。

4)经济发展区划图。包括农、林、牧、副、渔、乡镇企业布局、旅游线路布局等内容(比例尺同上)。

5)县域城镇体系规划图。包括小城镇体系、城镇规模和分布、基础设施、社会福利设施、文化教育、服务设施体系、土地利用调整、环境治理与防灾、绿化系统等(比例尺同上)。

(2)小城镇总体规划的成果。小城镇总体规划文件包括规划文本和附件,规划说明及基础资料收入附件。

规划说明书主要包括:镇域概况;明确规划依据、指导思想、原则、期限、目标;镇域经济、人口增长及就业结构、农村城镇化、产业结构调整、环境等方面的规划;镇域小城镇体系规划包括镇区和村庄的分级、规模、功能及性质、发展方向、主要公共建筑布置、基础设施、环境保护、园林绿地等规划以及实施规划的主要措施。

主要图纸包括以下几种。

1)区位分析图。应标明所规划乡镇的位置及用地范围,与市或县城、周围乡镇的经济、交通等联系,以及该区域的公路、河流、湖泊、水库、名胜古迹等。

2)镇(乡)域现状图。应标明现状的小城镇位置、规模、土地利用、道路交通、电力电信、主要乡镇企业和公共建筑,以及资源和环境特点等。

比例尺一般为 1∶10 000，可根据规模大小在 1∶5 000～1∶25 000 之间选择。

3)镇(乡)域小城镇体系规划图。应标明规划期末小城镇的等级层次、规模大小、功能及性质、小城镇分布、对外交通与小城镇间的道路系统、电力电信等公用工程设施；主要小城镇企业生产基地的位置、用地范围；主要公共建筑的配置，以及防灾、环境保护等方面的统筹安排。规划图一般为一张图纸，内容较多时可分为两张图纸。比例尺与现状图相同。

(3)小城镇详细规划的成果。控制性详细规划的图纸包括规划文件和规划图纸两部分。规划文件包括规划文本和附件。附件包括规划说明书和基础资料汇编。图纸比例一般为 1∶1 000～1∶2 000。主要规划图纸包括以下几种。

1)位置图。标明城镇控制性详细规划的范围及相邻区的位置关系。

2)用地现状图。标明各类用地的范围，注明建筑物的现状、人口分布现状以及各类工程设施的现状。

3)土地利用规划图。标明现状土地的使用性质、规模和用地范围等。

4)地块划分编号图。标明地块划分界限及编号。

5)各地块控制性详细规划图。标明各地块的用地界限、用地性质、用地面积、公共设施位置、主要控制点的标高等。

(4)小城镇修建性详细规划的成果。修建性详细规划包括规划设计说明书和规划设计图纸。图纸比例一般为 1∶500～1∶2 000。主要规划图纸包括以下几种。

1)规划地段位置图。标明规划地段在城镇中的位置以及与周围城镇的关系。

2)规划地段现状图。标明规划地段内的地形地貌、道路、绿化、工程管线及各类用地的范围等。

3)规划总平面图。标明规划范围内的建筑、道路广场、绿地、河湖水面的位置及范围。

4)道路交通规划图。标明道路红线、交叉口、停车场的位置及用地界限等。

5)竖向规划图。标明道路交叉点、变坡点的控制高程,室外地坪的规划标高。

6)工程管网规划图。标明各类工程管线的走向、管径、主要控制标高,以及相关设施的位置。

7)表达规划设计意图的透视图或模型。

**2. 小城镇规划制图要求**

小城镇规划图是完成城镇规划编制任务的主要成果之一。规划图纸在表达规划意图、反映城镇分布、用地布局、建筑及各项设施的布置等方面,比文字说明更为简练、形象、准确和直观。各种规划图纸的名称、图例等都应放在图纸的一定位置上,以便统一图面式样,增加图面修整的效果。

(1)图名。即图纸的名称。图名的字体要求书写工整,大小适当。图名的位置一般横写在图纸的上方,位置要适中。

(2)图标。图标一般在图纸的右下方,表示图纸名称、编绘单位、绘制时间等。图标中的字号应小于图名。

(3)指北针与风向玫瑰图。指北针与风向玫瑰图可一起标绘,指北针也可单独标绘。风向频率玫瑰图以细实线绘制,污染系数玫瑰图以细虚线绘制。风向频率玫瑰图和污染系数玫瑰图可重叠绘制在一起。指北针与风向玫瑰图的位置应在图幅图区内的上方左侧或右侧。

(4)图例。图例是图纸上所标注的一切线条、图形、符号的索引,供看图时查对使用。图例所列的线条、图形、符号应与图中标示的完全一致。图例位置一般放在图纸的左下角,图例四周不必框线,注意先画图例,后注名称字体。城镇规划用地图例,单色图例应使用线条、图形和文字;多色图例应使用色块、图形和文字。

(5)比例及比例尺。城镇规划图上标注的比例应是图纸上单位长度与地形实际单位长度的比例关系。必须在图上标绘出表示图纸上单位长度与地形实际单位长度比例关系的比例与比例尺。规划图比例尺的标绘位置可在风向玫瑰图的下方或图例下方。

(6)规划期限。规划期限是说明实施规划任务的年限,要标注到图纸上,字体要采用阿拉伯数字工整书写,位置要与图名相邻,常放在图名的下方。

(7)署名。规划图与现状图上必须署城镇规划编制单位的正式名称,并可加绘编制单位的徽记。有图标的规划图,在图标内署名;没有图标的城市规划图,在规划图纸的右下方署名。

(8)图框。图纸绘制完成后,要画上边框,进行必要的修饰,以起到美化、烘托图纸的作用。一般图框采用粗、细线两条图框,内框线细一点,外框线相对粗一些,内、外图框间的宽度可按图幅尺寸大小而定。

**3. 小城镇规划图例绘制**

图例就是图纸上所标注的一切线条、图形、符号的索引,供看图时查对使用。在编制小城镇规划时,把规划内容所包括的各种项目(如工业、仓储、居住、绿化等用地,道路、广场、车站的位置,以及给水、排水、电力、电信等工程管线)用最简单、最明显的符号或不同的颜色把它们表现在图纸上,采用的这些符号和颜色就叫作规划图例。规划图例不仅是绘制规划图的基本依据,而且是帮助人们认读和使用规划图纸的工具。它在图纸上起着语言和文字的作用。

(1)规划图例的分类。

1)按照规划图纸表达的内容,可分为用地图例、建筑图例、工程设施图例和地域图例四类。凡代表各种不同用地、性质的符号均称为用地图例,如居住建筑用地、公共建筑用地、生产建筑用地、绿化用地等。建筑图例主要表示各类建筑物的功能、层数、质量等状况。工程设施图例是体现各种工程管线、设施及其附属构筑物,以及为确定工程准备措施而进行必要的用地分析符号,如工程设施及地上、地下的各种管道、线路等。地域图例主要是表示区域范围界限,城乡居民点的分布、层次、类型、规模等。

2)按照小城镇建设现状及将来规划设计意图,可分为现状图例和规划图例两类。现状图例是反映在小城镇建成范围内已成为现状的用地、建筑物和工程设施的图例,如现状用地图例、现状管线图例等,它是为绘制现状图服务的。规划图例是表示规划安排的各种用地、建筑和各项工程设施的图例，它为绘制规划图纸服务。

3）按照图纸表现的方法和绘制特点，可分为单色图例和彩色图例两类。单色图例主要是用符号和线条的粗细、虚实、黑白、疏密的不同变化构成的图例。根据具体条件，一般采用铅笔、墨线笔等绘图工具绘成单色图纸，或计算机绘图用单色打印机所出的图纸。彩色图例是绘制彩色图纸使用的，主要运用各种颜色的深浅、浓淡绘出各种不同的色块、宽窄线条和彩色符号，来分别表达图纸上所要求的不同内容。常采用彩色铅笔、水彩颜料、水粉颜料等绘制的彩色图纸或计算机绘图用彩色打印机所出的图纸。

彩色图例常用色介绍如下。

①彩色用地图例常用色。

淡米黄色：表示居住建筑用地。

红色：表示公共建筑用地；或其中商业可用粉红色、教育设施用橘红色加以区分。

淡褐色：表示生产建筑用地。

淡紫色：表示仓储用地。

淡蓝色：表示河、湖、水面。

绿色：表示各种绿地、绿带、农田、果园、林地、苗圃等。

白色：表示道路、广场。

黑色：表示铁路线、铁路站场。

灰色：表示飞机场、停车场等交通运输设施用地。

②彩色建筑图例常用色。

米黄色：表示居住建筑。

红色：表示公共建筑。

褐色：表示生产建筑。

紫色：表示仓储建筑。

③彩色工程设施图例常用色。

a. 工程设施及其构筑物图例常用色如下。

黑色：表示道路、铁路、桥梁、涵洞、护坡、路堤、隧道、无线电台等。

蓝色:表示水源地、水塔、水闸、泵站等。

b. 工程管线图例常用色如下。

蓝色:表示给水管、地下水排水沟管。

绿色:表示雨水管。

褐色:表示污水管。

红色:表示电力、电信管线。

黑色:表示热力管道、工业管道。

黄色:表示煤气管道。

(2)绘制图例的一般要求。根据不同图例在绘制上的特点,将图例在绘制上的要求简要说明。

1)线条图例。图例依靠线条表现时,线条的粗细(宽窄)、间距(疏窗)、大小和虚实必须适度。同一个图例,在同一张图纸上,线条必须粗细匀称,间距(疏密)虚实线的长短应尽量一致。表现方法的统一,可以保证图纸上的整幅协调,表达确切,易于区别和辨认。颜色线条,更应注意色彩上的统一,避免出现在同一图例中深浅、浓淡不一致,更不应在绘制过程中随意更换色彩或重新调色。

2)形象图。例如亭、房屋、飞机等,应尽可能地临摹实物轮廓外形,做到比例适当,使人易画、易懂,形象力求简单,切忌烦琐细碎,难画难辨。

3)符号图例。运用规则的圆圈、圆点或其他符号排列组合成一定图形(如森林、果园、苗圃、基地等)时,应注意符号的大小均匀、排列整齐、疏密恰当和表现方式的统一。注意图面的清晰感,并应注意到不同角度的视觉效果。

4)色块图例。彩色图例通常是成片的颜色块。邻近色块颜色的深浅、浓淡、明暗的对比是构成图面整幅色彩效果的关键。在一个色块内的颜色必须色度稳定,涂绘均匀。根据色块面积的大小和在图面上表达内容的主次关系来确定色彩的强弱,尽量避免过分浓艳,务必使整个图面色调协调,对比适度。

**4. 常见小城镇规划图例**

常见小城镇规划图例见表 3-18～表 3-21。

**表 3-18 用地图例**

| 代号 | 项 目 | 图 例 |
| --- | --- | --- |
| R | 居住用地 | |
| R1 | 一类居住用地 | 加注代码 R1 |
| R2 | 二类居住用地 | 加注代码 R2 |
| C | 公共设施用地 | |
| C1 | 行政管理用地 | C 加注符号 |
| | 居委、村委、政府 | 居 村 |
| C2 | 教育机构用地 | |
| | 幼儿园、托儿所 | 幼 |
| | 小学 | 小 |
| | 中学 | 中 |
| | 大、中专，技校 | 大 专 技 |
| C3 | 文体科技用地 | C 加注符号 |
| | 文化、图书、科技 | 文 科 图 |
| | 影剧院、展览馆 | 影 展 |

续一

| 代号 | 项目 | 图例 |
| --- | --- | --- |
| | 体育场<br>（依实际比例绘出） | |
| C4 | 医疗保健用地 | C加注符号 |
| | 医院、卫生院 | |
| | 休、疗养院 | 休 疗 |
| C5 | 商业金融用地 | |
| C6 | 集贸市场用地 | 集 |
| M | 生产设施用地 | |
| M1 | 一类工业用地 | 加注代码 M1 |
| M2 | 二类工业用地 | 加注代码 M2 |
| M3 | 三类工业用地 | 加注代码 M3 |
| M4 | 农业服务设施用地 | 加注代码 M4 或符号 |
| | 兽医站 | 兽 |
| W | 仓储用地 | |
| W1 | 普通仓储用地 | |
| W2 | 危险品仓储用地 | 加注符号 W2 |

续二

| 代号 | 项目 | 图例 |
| --- | --- | --- |
| T | 对外交通用地 | |
| T1 | 公路交通用地 | 加注符号 |
| | 汽车站 | |
| T2 | 其他交通用地 | |
| | 铁路站场 | |
| | 水运码头 | |
| S | 道路广场用地 | |
| | 停车场 | P |
| U | 工程设施用地 | |
| U1 | 公用工程用地 | 加注符号 |
| | 自来水厂 | |
| | 泵站、污水泵站 | |
| | 污水处理场 | |

续三

| 代号 | 项　目 | 图　例 |
| --- | --- | --- |
| | 供、变电站(所) | |
| | 邮政、电信局(所) | 邮　电 |
| | 广播、电视站 | |
| | 气源厂、汽化站 | m　$m_a$ |
| | 沼气池 | |
| | 热力站 | |
| | 风能站 | |
| | 殡仪设施 | |
| | 加油站 | |
| U2 | 环卫设施用地 | 加注符号 |
| | 公共厕所 | WC |
| | 环卫站、<br>垃圾收集点、<br>转运站 | H |
| | 垃圾处理场 | |
| U3 | 防灾设施用地 | 加注符号 |
| | 消防站 | 119 |

续四

| 代号 | 项目 | 图例 |
| --- | --- | --- |
| | 防洪堤、围埝 | |
| G | 绿地 | |
| G1 | 公用绿地 | |
| G2 | 防护绿地 | |
| E | 水域和其他用地 | |
| E1 | 水域 | |
| | 水产养殖 | |
| | 盐田、盐场 | |
| E2 | 农林用地 | |
| | 旱地 | |
| | 水田 | |
| | 菜地 | |

续五

| 代号 | 项　目 | 图　例 |
| --- | --- | --- |
| | 果园 | |
| | 苗圃 | |
| | 林地 | |
| | 打谷场 | 谷 |
| E3 | 牧草和养殖用地 | |
| | 饲养场 | 加注 鸡 猪 牛 等符号 |
| E4 | 保护区 | |
| E5 | 墓地 | |
| E6 | 未利用地 | |
| E7 | 特殊用地 | |

注:本表图例均为单色图例,彩色图例请参见《镇规划标准》(GB 50188—2007)。

表 3-19 建筑图例

| 代号 | 项 目 | 现 状 | 规 划 |
|---|---|---|---|
| B | 建筑物及质量评定 | 注:字母 a、b、c 表示建筑质量好、中、差,数字表示建筑层数,写在右下角 | 注:数字表示建筑层数,平房不需表示,写在左下角 |
| B1 | 居住建筑 | a2<br>a2 40 | 2<br>2 40 |
| B2 | 公共建筑 | a4<br>a4 10 | 4<br>4 10 |
| B3 | 生产建筑 | a2<br>34 | 2<br>34 |
| B4 | 仓储建筑 | a<br>190 | 190 |
| F | 篱、墙及其他 | | |
| F1 | 围墙 | | |
| F2 | 栅栏 | | |
| F3 | 篱笆 | | |
| F4 | 灌木篱笆 | | |
| F5 | 挡土墙 | | |
| F6 | 文物古迹 | | |
| | 古建筑 | 应标明古建名称 | |
| | 古遗址 | ××遗址 应标明遗址名称 | |
| | 保护范围 | 文保 指文物本身的范围 | |
| F7 | 古树名木 | | |

表 3-20　道路交通及工程设施图例

| 代号 | 项　目 | 现　状 | 规　划 |
| --- | --- | --- | --- |
| S0 | 道路工程 | | |
| S11 | 道路平面<br>红线、车行道、中心线、中心点坐标、标高、纵坡 | i=% | x= y= h |
| S12 | 道路平曲线 | α= R= x= y= h<br>注：α—转折角度；(x，y)—折点坐标<br>R—平曲线半径(m)；h—折点标高 | |
| S13 | 道路交叉口<br>红线、车行道、中心线、交叉口坐标及标高、缘石半径 | x= y= h R= | |
| T0 | 对外交通 | | |
| T11 | 高速公路 | (未建成) | |
| T12 | 公路 | 东山市 | 东山市 |
| T13 | 乡村土路 | | |
| T14 | 人行小路 | | |

续一

| 代号 | 项目 | 现状 | 规划 |
| --- | --- | --- | --- |
| T15 | 路堤 | 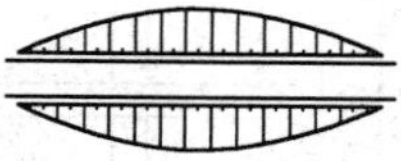 | 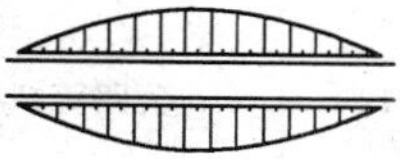 |
| T16 | 路堑 | 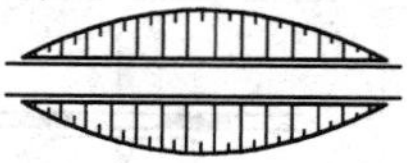 | 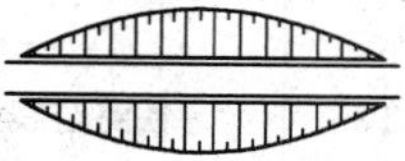 |
| T17 | 公路桥梁 | 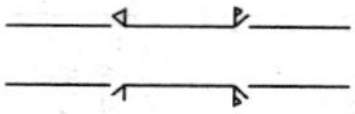 | 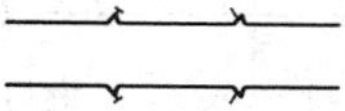 |
| T18 | 公路涵洞、涵管 | 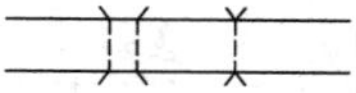 | 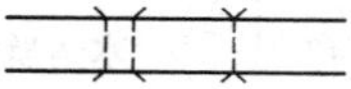 |
| T19 | 公路隧道 | 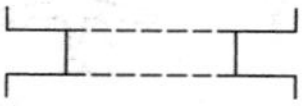 |  |
| T21 | 铁路线 | | |
| T22 | 铁路桥 | 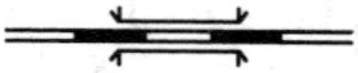 |  |
| T23 | 铁路隧道 | 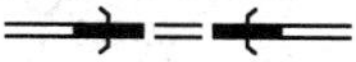 | |
| T24 | 铁路涵洞、涵管 |  |  |
| T31 | 公路铁路平交道口 | 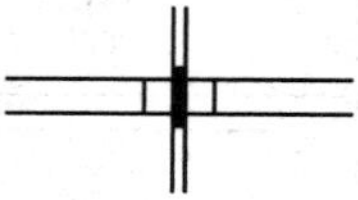 | 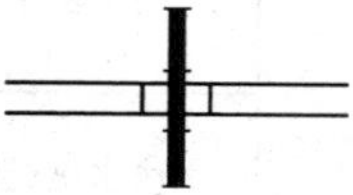 |
| T32 | 公路铁路跨线桥公路上行 | 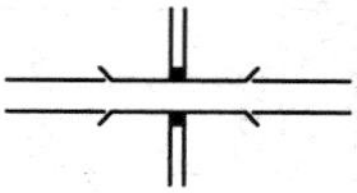 | 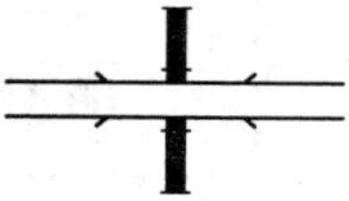 |
| T33 | 公路铁路跨线桥公路下行 | 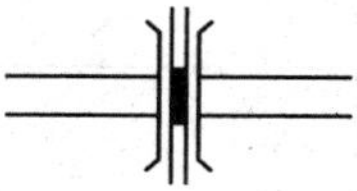 | 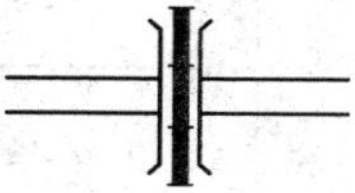 |

续二

| 代号 | 项　目 | 现　状 | 规　划 |
|---|---|---|---|
| T34 | 公路跨线桥 | | |
| T35 | 铁路跨线桥 | | |
| T41 | 港口 | | |
| T42 | 水运航线 | | |
| T51 | 航空港、机场 | | |
| U11 | 给水工程 | | |
| | 水源地 | 131 | 130 |
| | 地上供水管线 | DN200　140 | DN 200　140 |
| | 地下供水管线 | DN 200　140 | DN 200　140 |
| | 输水槽(渡槽) | 140 | |
| | 消火栓 | 140 | 140 |
| | 水井 | 140 | 140 |
| | 水塔 | 140 | 140 |

续三

| 代号 | 项　目 | 现　状 | 规　划 |
|---|---|---|---|
| | 水闸 | 140 | 140 |
| U12 | 排水工程 | | |
| | 排水明沟<br>流向、沟底纵坡 | 6‰<br>6‰<br>3 | 6‰<br>6‰<br>3 |
| | 排水暗沟<br>流向、沟底纵坡 | 6‰<br>6‰<br>3 | 6‰<br>6‰<br>3 |
| | 地下污水管线 | 34 | $D400$<br>$D400$<br>34 |
| | 地下雨水管线 | 3 | $D500$<br>$D500$<br>3 |
| U13 | 供电工程 | | |
| | 高压电力线走廊 | 10 | 110 kV　110 kV<br>10 |
| | 架空高压电力线 | 10 | 10kV<br>10kV<br>10 |
| | 架空低压电力线 | 10 | 10 |
| | 地下高压电缆 | 10 | 10 |
| | 地下低压电缆 | 10 | 10 |
| | 变压器 | 10 | 10 |

续四

| 代号 | 项　目 | 现　状 | 规　划 |
| --- | --- | --- | --- |
| U14 | 通信工程 | | |
| | 架空电信电缆 | 3 | 3 |
| | 地下电信电缆 | 3 | 3 |
| U15 | 其他管线工程 | | |
| | 供热管线 | 252 | 252 |
| | 工业管线 | 252 | 252 |
| | 燃气管线 | 42 | 42 |
| | 石油管线 | 42 | 42 |

表 3-21　地域图例

| 代号 | 项　目 | 图　例 |
| --- | --- | --- |
| L | 边界线 | |
| L1 | 国界 | 200 |
| L2 | 省级界 | 200 |
| L3 | 地级界 | 200 |
| L4 | 县级界 | 200 |

续一

| 代号 | 项 目 | 图 例 | |
|---|---|---|---|
| L5 | 镇(乡)界 | 200 | |
| L6 | 村界 | 200 | |
| L7 | 保护区界 | 加注名称 74 | |
| L8 | 镇区规划界 | | 221 |
| L9 | 村庄规划界 | | 221 |
| L10 | 用地发展方向 | | 221 |
| A | 居民点层次、人口及用地 | | |
| A1 | 中心城市 | 北京市 10 | (人) (hm²) |
| A2 | 县(市)驻地 | 甘泉县 10 | (人) (hm²) |
| A3 | 中心镇 | 太和镇 10 | (人) (hm²) |
| A4 | 一般镇 | 赤湖镇 10 | (人) (hm²) |
| A5 | 中心村 | 梅竹村 47 | (人) (hm²) |
| A6 | 基层村 | 杨庄 47 | (人) (hm²) |

续二

| 代号 | 项　目 | 图　例 | |
|---|---|---|---|
| Z | 区域用地与资源分析 | | |
| Z1 | 适于修建的用地 | | 70 |
| Z2 | 需采取工程措施的用地 | | 31 |
| Z3 | 不适于修建的用地 | | 45 |
| Z4 | 土壤耐压范围 | >20 kN/m² <20 kN/m² | >20 kN/m² <20 kN/m² 23+40 |
| Z5 | 地下水等深范围 | 0.8 m 1.5 m | 0.8 m 1.5 m 160 |
| Z6 | 洪水淹没范围（100 年、50 年、20 年）及标高 | 洪50年 | 洪50年 140+10 |
| Z7 | 滑坡范围 | 虚线内为滑坡范围 | |
| Z8 | 泥石流范围 | 小点之内为泥石流边界 | |
| Z9 | 地下采空区 | 小点围合内为地下采空区范围 | |
| Z10 | 地面沉降区 | 小点围合内为地面沉降范围 | |

续三

| 代号 | 项　　目 | 图　　例 | |
|---|---|---|---|
| Z11 | 金属矿藏 | Fe　框内注明资源成分 | |
| Z12 | 非金属矿藏 | Si　框内注明资源成分 | |
| Z13 | 地热 | 60℃　圈内注明地热温度 | |
| Z14 | 石油井、天然气井 | | |
| Z15 | 火电站、水电站 | | 21+10　130+10 |

# 第四章　小城镇总体规划

小城镇总体规划主要是指以县城镇、中心镇和一般镇为主要载体的建制镇总体规划。

小城镇总体规划主要研究和确定小城镇性质、规模、容量、空间发展形态和空间布局，以及功能区划分，统筹安排规划区各项建设用地，合理配置小城镇各项基础设施，保证小城镇每个阶段发展目标、发展途径、发展程序的优化和布局结构的科学性，引导小城镇合理发展。

## 第一节　镇域村镇体系规划

### 一、镇域村镇体系的概念

镇域村镇体系以乡村聚落为节点的乡村网络，是在一定地域范围内，由村庄、集镇和城镇共同组成的一个有机联系的整体。包括小城镇及其周围大小不等的村庄，主要表现在生活联系、生产联系、行政组织联系、农村经济发展关系等方面。

村镇体系规划是在乡（镇）域范围内，解决村庄和集镇的合理布点问题。包括村镇体系的结构层次和各个具体村镇的数量、性质、规模及其具体位置，确定哪些村庄要发展，哪些要适当合并，哪些要逐步淘汰，最后制定出乡（镇）域的村镇体系布局方案，用图纸和文字加以表达。

### 二、镇域村镇体系的结构层次

村镇体系由基层村、中心村、乡镇三个层次组成。

（1）基层村。基层村一般是村民小组所在地，设有仅为本村服务的简单的生活服务设施。

（2）中心村。中心村一般是村民委员会所在地，设有为本村和附近基层村服务的基本的生活服务设施。

(3)乡镇。乡镇是县辖的一个基层政权组织(乡或镇)所辖地域的经济、文化和服务中心。一般集镇具有组织本乡(镇)生产、流通和生活的综合职能,设有比较齐全的服务设施;中心集镇除具有一般集镇的职能外,还具有推动附近乡(镇)经济和社会发展的作用,设有配套的服务设施。

这种多层次的村镇体系,主要是由农业生产水平所决定的。我国的乡村居民点的人口规模较小、布局分散,这个特点将在一定的时期内继续存在,只是基层村、中心村和乡镇的规模和数量随农村经济的发展会逐步地有所调整。基层村的规模或数量会适当减少,集镇的规模或数量会适当增加。这是随着农村商品经济发展而带有普遍性的发展趋势。

## 三、建立村镇体系的意义

过去村镇的建设忽视了村镇之间具有内在联系这一客观实际,从而盲目建设、重复建设,造成了不必要的浪费和损失。总结这些经验和教训,可以得出:村镇体系不是凭空想出来的,而是在村镇建设的实践基础上获得的。这一观点成为我国村镇建设政策的重要组成部分。

建立村镇体系不仅明确了村镇体系的结构层次问题,更进一步明确了村镇总体规划和村镇建设规划是村镇规划前后衔接、不可分割的组成部分。确定了以集镇为建设重点,带动附近村庄进行社会主义现代化建设的工作方针。

## 四、镇域村镇体系规划的内容

镇域村镇体系规划应依据县(市)城镇体系规划中确定的中心镇、一般镇的性质、职能和发展规模制定。

(1)调查镇区和村庄的现状,分析其资源和环境等发展条件,预测第一、二、三产业的发展前景以及劳力和人口的流向趋势。

(2)落实镇区规划人口规模,划定镇区用地规划发展的控制范围。

(3)根据产业发展和生活提高的要求,确定中心村和基层村,结合村民意愿，提出村庄的建设调整设想。

(4)确定镇域内主要道路交通，公用工程设施、公共服务设施以及生态环境、历史文化保护、防灾减灾防疫系统。

## 五、镇域村镇体系规划的步骤

(1)搜集资料。搜集所在县的县域规划、农业区划和土地利用总体规划等资料，分析当前村镇分布现状和存在问题，为拟定村镇体系规划提供依据。

(2)确定村镇居民点分级。在规划区域内，根据实际情况，确定村镇分布形式是三级(集镇、中心村、基层村)还是二级(集镇、中心村)布置等。

(3)拟定村镇体系规划方案。在当地农业现代化远景规划指导下，结合自然资源分布情况，村镇道路网分布现状，当地土地利用规划，以及乡镇工业、牧业、副业等，进行各级村镇的分布规划，确定村镇性质、规模和发展方向，并在地形图上确定各村镇的具体方位。该项工作通常结合农田基本建设规划同时完成，做到山、水、田、路、电、村镇通盘考虑，全面规划，综合治理。

## 六、镇域村镇体系规划应考虑的因素

(1)工农业生产。村镇的布点要同乡(镇)域的田、渠、路、林等各专项规划同时考虑，使之相互协调。布点应尽可能位于所经营土地的中心，以便于相互间的联系和组织管理；还要考虑村镇工业的布局，使之有利于工业生产的发展。对于村庄，尤其应考虑耕作的方便，一般以耕作距离作为衡量村庄与耕地之间是否适应的一项数据指标。耕作距离也称耕作半径，是指从村镇到耕作地尽头的距离。其数值同村镇规模和人均耕地有关，村镇规模大或人少地多，人均耕地多的地区，耕作半径就大；反之，耕作半径就小。耕作半径的大小要适当，半径太大，农民下地往返消耗时间较多，对生产不利；半径过小，不仅影响农业机械化的发展，而且会使村庄规模相应变小，布局分散，不宜配置生活福利设施，影响村民生活。随着生产和交通工具的发展，耕作半径的概念将会发生变化，它不应仅指空间距离，而主要应以时间来衡量，即农民下地需花多少时间。如果在人少地多的地区，农民下地以自行车、摩托车甚至汽车为主要交通工具时，耕作的空间距离就可大大增加，与此相适应，村镇的规模也可增大。在做远景发展规划时，应该考虑这一因素。

(2)交通条件。交通条件对村镇的发展前景至关重要。有了方便的运输条件，才能有利于村镇之间、城乡之间的物资交流，促进其生产的发展。靠近公路干线、河流、车站、码头的村镇，一般都有发展前途，布点时其规模可以大些；在公路旁或河流交汇处的村镇，可作为集镇或中心集镇来考虑；而对一些交通闭塞的村镇，切不可任意扩大其规模，应该维持现状，或者逐步淘汰。考虑交通条件时，当然应考虑远景，虽然目前交通不便，若干年后会有交通干线通过的村镇仍可发展，但更重要的还是立足现状，尽可能利用现有的公路、铁路、河流、码头，这样更现实，也有利于节约农村的工程投资。具体布局时，应注意避免铁路或过境公路穿越村镇内部。

(3)建设条件。在进行村镇位置的定点时，要认真地进行用地选择，考虑是否具备有利的建设条件。除了要有足够的同村镇人口规模相适应的用地面积以外，还要考虑地势、地形、土壤承载力等方面是否适宜于建筑房屋。在山区或丘陵地带，要考虑滑坡、断层、山洪冲沟等对建设用地的影响，并尽量利用背风向阳坡地作为村址。在平原地区受地形约束要少些，但应注意不占良田，少占耕地，并应考虑水源条件。只有接近和具有充足的水源，才能建设村镇。此外，如果条件具备，村镇用地尽可能选在依山傍水、自然环境优美的地区，为居民创造出适宜的生活环境。总之，要尽量利用自然条件，采取科学的态度来选址。

(4)生活的需求。规划和建设一个村庄，要有适当的规模，便于合理地配置一些生活服务设施。随着农民物质文化生活水平日益提高，对这方面的需要就显得更加迫切了。但是，由于村庄过于分散，规模很小，不可能在每个村庄上都设置比较齐全的生活服务设施，这不仅在当前经济条件还不富裕的情况下做不到，就是将来经济情况好一些的时候，也没有必要在每个村庄上都配置同样数量的生活服务设施，而要按照村庄的类型和规模大小，分别配置不同数量和规模的生活服务设施。因此，在确定村庄的规模时，在可能的条件下，使村庄的规模大一些，尽量满足农民在物质生活和文化生活方面的需要。

（5）村镇布点的合理性。村镇布点应根据不同地区的具体情况进行安排，比如我国南方和北方地区，平原区和山区的布点形式显然不相同。就是在同一地区，以农业为主的布局和农牧结合的布局也不同。前者主要以耕作半径来考虑村庄布点；后者除耕作半径外，还要考虑放牧半径。在小城镇郊区的村镇规模又与距小城镇的远近有关。特别是小城镇近郊，在村镇布点、公共建筑布置、设施建设等方面都受小城镇影响。小城镇近郊应以生产供应小城镇所需要的新鲜蔬菜为主，其半径还要符合运送蔬菜的“日距离”，并尽可能接近进城的公路。这样根据不同的情况因地制宜做出的规划才是符合实际的，才能达到“有利生产，方便生活”的目的。即力求各级村镇之间的距离尽量均衡，使不同等级村镇各带一片。如果分布不均衡，过近将会导致中心作用削弱，过远则又受不到经济辐射的吸引，使经济发展受到影响。

（6）迁村并点的问题。迁村并点，指村镇的迁移与合并，是村镇总体规划中考虑村镇合理分布时，必然遇到的一个重要问题。我国的村庄，多数是在小农经济基础上形成和发展起来的，总的来看比较分散、零乱。为了适应乡村生产发展和生活不断提高的需要，必须对原有自然村庄的分布进行合理调整，对某些村庄进行迁并。这样做不仅有利于农田基本建设，还可节省村镇建设用地，扩大耕地面积，推动农业生产的进一步发展。迁村并点是件大事，应持慎重态度，决不可草率从事，必须根据当地的自然条件、村镇分布现状、经济条件和群众的意愿等，本着有利生产、方便生活的原则，对村镇分布的现状进行综合分析，区分哪些村镇有发展前途应予以保留，哪些需要选址新建，哪些需要适当合并，哪些不适于发展应淘汰等。

## 七、镇域村镇空间结构规划

镇域村镇空间结构是指县城以外一定地域内各层次村镇在地域空间中的分布形态和组合形式。

**1. 空间结构规划目的**

村镇体系空间结构受社会的、经济的、自然的多种因素的影响和制约，因而会反映出不同的结构形态特征，这是地域村镇体系长期发展演变的结果，而这种演变过程又有一定的内在规律，村镇体系空间结构规划就是要研究其发展演变的规律，遵循其中的合理成分，克服盲目性，寻求点（村镇）、线（基础设施，主要是交通线）、面（区域）的最佳组合。推动区域经济增长，转化城乡二元结构，促进区域经济网络系统发展。

**2. 空间结构规划内容**

(1)分析现状区域内村镇空间分布结构的特点和存在问题。

(2)分析村镇空间分布结构的影响因素。

(3)从村镇发展条件综合评价结果分析地域结构的地理基础。

(4)结合村镇体系地域社会经济发展战略确定镇域主要开发方向，明确村镇未来空间分布的方向和村镇组合形态的发展变化趋势。

(5)明确村镇体系地域不同等级的村镇迁发轴线，确定空间发展框架。

(6)综合村镇体系地域内村镇职能结构和规模结构进行发展战略的归类，村镇发展类型的确定。

## 第二节　小城镇总体布局

### 一、小城镇总体布局的概念

小城镇总体布局形态是对特定小城镇未来形态结构的研究、预测，直至最终确定。小城镇总体布局的任务是结合实地情况，参照有关小城镇结构的理论（同心圆、扇形、多核心）与规律，将城镇构成要素具体落实在特定的地理空间中。

### 二、小城镇总体布局的原则

(1)旧城改造原则。利用现状、依托旧城、合理调整、逐步改进、配套完善。

(2)优化环境原则。充分利用自然资源及条件,科学布局,合理安排各项用地、保护生态、优化环境。

(3)用地经济原则。合理利用土地、节约用地,充分利用现有基础,建设相对集中,布局力求紧凑完整、节省工程管线机基础设施建设投资。

(4)因地制宜原则。有利生产,方便生活,合理安排居民住宅、乡镇工业及城镇公共服务设施,因地制宜,突出小城镇个性及特点。

(5)弹性原则。合理组织功能分区,统筹部署各项建设,处理好近期建设与远景发展关系,留有弹性和发展余地。

(6)合理确定改造与新建的关系,综合现状及发展实际,确定建设规模、建设速度和建设标准。

## 三、小城镇总体布局的方案比较

小城镇总体布局是反映城市各项用地之间的内在联系,是城市建设和发展的战略部署,关系到城市各组成部分之间的合理组织以及城市建设投资的经济,这就必然涉及许多错综复杂的问题。所以,城市总体布局一般须多做几个不同的规划方案,综合分析各方案的优缺点,集思广益地加以归纳集中,探求一个经济上合理、技术上先进的综合方案。

综合比较是城市规划设计中重要的工作方法,在规划设计的各个阶段中都应该进行多次反复的方案比较。考虑的范围和解决的问题,可以由大到小、由粗到细,分层次、分系统地逐个解决。有时为了对整个城市用地布局作不同的方案比较,达到筛选优化的目的,需要对重点的单项工程,诸如道路系统、给排水系统进行深入的专题研究。总之,只有抓住城市规划建设中的主要矛盾,提出不同的解决办法和措施,防止解决问题的片面性和简单化,才能得出符合客观实际、用以指导城市建设的方案。

一般是将不同方案的各种条件用扼要的数据、文字说明来制成表格,以便于比较。通常考虑的比较内容有下列几项。

(1)地理位置及工程地质等条件。说明其地形、地下水位、土壤耐压力大小等情况。

(2)占地、迁民情况。各方案用地范围和占用耕地情况,需要动迁的户数以及占地后对农村的影响,在用地布局上拟采取哪些补偿措施和费用。

(3)生产协作。工业用地的组织形式及其在小城镇布局中的特点,重点工厂的位置,工厂之间在原料、动力、交通运输、厂外工程、生活区等方面的协作条件。

(4)交通运输。可从铁路、港口码头、机场、公路及交通干道等方面分析比较。

1)铁路。铁路走向与城市用地布局的关系、旅客站与居住区的联系、货运站的设置及其与工业区的交通联系情况。

2)港口码头。适合水运的岸线使用情况、水陆联运条件、旅客站与居住区的联系、货运码头的设置及其与工业区的交通联系情况。

3)机场。机场与小城镇的交通联系情况,主要跑道走向和净空等方面的技术要求。

4)公路。过境交通对小城镇用地布局的影响,长途汽车站、燃料库、加油站位置的选择及其与小城镇内主要干道的交通联系情况。

5)城市道路系统。小城镇道路系统是否明确、完善,居住区、工业区、仓库区、市中心、车站、货场、港口码头、机场,以及建筑材料基地等之间的联系是否方便、安全。

(5)环境保护。工业“三废”及噪声等对城市的污染程度、小城镇用地布局与自然环境的结合情况。

(6)居住用地组织。居住用地的选择和位置恰当与否,用地范围与合理组织居住用地之间的关系,各级公共建筑的配置情况。

(7)防洪、防震、人防等工程设施。比较各方案的用地是否有被洪水淹没的可能,防洪、防震、人防等工程方面所采取的措施,以及所需的资金和材料。

(8)市政工程及公用设施。给水、排水、电力、电信、供热、煤气以及其他工程设施的布置是否经济合理;包括水源地和水厂位置的选择、给水和排水管网系统的布置、污水处理及排放方案、变电站位置、高压线走廊及其长度等工程设施要逐项进行比较。

(9)小城镇总体布局。小城镇用地选择与规划结构合理与否,小城镇各项主要用地之间的关系是否协调,在处理市区与郊区、近期与远景、新建与改建、需要与可能、局部与整体等关系中的优缺点;如在原有旧城附近发展新区,则需比较旧城利用的情况。

(10)小城镇造价。估算各方案的近期造价和总投资。

上述各点,应尽量做到文字条理清楚,数据准确明了,图纸形象深刻。同时要根据小城镇的具体情况加以取舍,抓住重点,区别对待,经过充分讨论,提出综合意见。最后确定以某个方案为基础,吸取其他方案的优点再作进一步修改、补充和提高。

## 四、小城镇总体布局形态类型

### 1. 集中式的城市形态

(1)网格状。城市形态较为规整,由相互垂直的城市道路网构成,易于各类建筑的布置,但易导致布局上的单调。

(2)环形放射状。由放射形和环形的道路网组成,城市交通的通达性较好,有着很强的相互紧凑发展的趋势,但也易造成市中心的拥挤和集聚。

(3)星状。星状是环形放射状城市沿着交通走廊发展的结果。

(4)带状城市。沿着一条主要交通轴线两侧发展。

(5)环状。环状是带状城市在特定情况下的发展。

### 2. 分散式的城市形态

分散式的城市形态分类方法有组团状、星座式、城镇组群式等,是指一个城市分为若干块不连续的用地,每一块用地之间被农田、山地、较宽河流或铁路站场、大片森林所分隔。

## 五、影响小城镇总体布局形态的主要因素

影响小城镇总体布局形态的因素众多,一般可以分为以下几个方面。

（1）自然环境条件。小城镇所处地区的自然条件，包括地形地貌、地质条件、矿产分布、局部气候等，对小城镇总体布局有着较强的影响。通常，地处山区、丘陵地区的小城镇以及濒临江河湖海的小城镇，由于地形地貌的制约，小城镇总体布局往往呈相对分散的形态，小城镇用地常常被自然山体、河流等所分割，形成多个大小不等、相对独立的组团或片区。

此外，对于大量位于山区或丘陵地区的中小城镇而言，在小城镇发展过程中往往很难获得完整的较为平坦的用地，城镇用地多被河流或山地分割。虽然这种状况给城镇建设带来一定的难度，但如果有意识地加以利用，扬长避短，则有可能起到意想不到的作用，形成独具特色的城镇形态和景观风貌。

除地形地貌外，小城镇所在地区的地质条件（例如地质断裂带）、矿产埋藏、采掘的分布（例如地下采空区）等均为制约小城镇形态结构的因素。此外，地形等自然条件对小城镇内部的功能组织也有一定的影响。

（2）区域条件。区域因素作为影响小城镇总体布局形态的条件之一，主要表现在以下两个方面。

1）区域城镇体系与城镇布局城镇存在于区域之中，与其周围地区或其他城镇存在着某种必然的联系。城镇在区域中的地位更多地体现为其在区域产业结构中的地位，或者说其在区域城镇群中的地位。这种地位影响到城镇的规模、功能等，从而形成城镇形态布局的外部条件。

2）区域交通设施与城镇布局对城镇布局产生较大影响的一个区域因素是铁路、高速公路等区域交通设施以及运河等区域基础设施。区域交通设施对城镇布局的影响主要体现在两个方面：一是其对城镇用地扩展的限制，形成城镇用地发展中的“门槛”；另一个是其对城镇用地发展的吸引作用。现实中往往这两种作用交织在一起，在城镇发展的不同阶段体现为不同的侧重方面。

（3）产业发展对小城镇功能布局的影响。与城镇外部影响因素相对应的另一个影响城镇总体布局的因素是来自城镇内部功能的需求。

城镇规划按照不同城镇功能的需求(经济、社会、环境)以及与其他城镇功能的关系,为其寻求最为适合的空间,做出城镇功能在空间分布上的取舍选择,进而形成城镇的总体布局。

在城镇功能中,城镇的生产功能是现代城镇存在与发展的根本原因和基础,占据着重要的地位。因此,产业发展对小城镇功能布局有着重要的影响作用。

(4)城镇中心对城镇总体布局的影响。城镇中心的形态和布局与城镇的规模和性质相关。大量中小城镇中的城镇中心职能相对简单,规模较小,多呈集中布局的形态;而大城镇,尤其是特大城镇中的城镇中心往往功能齐全、复杂,具有一定的规模,形成"面"状的城镇中心区。城镇中心的布局与城镇总体布局呈现出互动的关系:一方面城镇中心的布局会影响城镇的总体布局,带动城镇的发展;另一方面,在城镇因地形等自然条件限制呈带状或组团式发展的城镇中,则趋于城镇中心或副中心等分散式布局。

(5)交通体系与路网结构。

对外交通设施对城镇布局的影响。城镇的发展离不开与外部的交流。铁路、公路、水运、航空等对外交通设施,一方面作为城镇用地的一种,有其本身功能上的要求;另一方面,它们作为城镇设施,承载着与城镇外部的交流与沟通为功能,与城镇中的其他功能之间有着密切的关系,并由此影响城镇的总体布局。

城镇交通体系不同的城镇的交通体系与出行方式,尤其是公共交通的类型,在很大程度上影响到城镇总体布局。

## 第三节　小城镇总体规划结构

### 一、规划结构的概念

规划结构是城镇主要功能用地的构成方式及用地功能组织方式,是城镇总体布局的基础与框架。小城镇布局规划结构要求各主要功能用地相对完整、功能明确、结构清晰并且内外交通联系便捷。

## 二、规划结构的要点

（1）合理选择城镇中心。结合镇域、镇区综合考虑并选择适中的位置作为全镇公共活动中心，集中配置兼为镇区内、外服务的公共设施。

（2）协调好住宅建筑用地与生产建筑用地之间的关系，要有利生产、方便生活；还要处理好村民住宅与农副业生产基地的方便联系；有污染的工业用地与住宅用地之间设置必要的绿化带加以隔离。

（3）对外交通便捷，对内道路系统完整，各功能区之间联系方便。

（4）有利近期建设和远期发展。不同发展阶段用地组织结构要相对完整。

## 三、规划结构的分类

（1）总体规划结构。小城镇总体规划结构一般是由城镇中心、居住小区、工业区、干路系统和绿地系统构成。性质和特点不同的城镇，其工业区、绿地、对外交通设施、行政区用地等在总体规划结构中的地位及作用有所差异，因而要按照总体规划布局的原则和具体要求确定合理的规划结构。

（2）居住用地结构。根据人口规模的不同，小城镇居住用地结构可由小区、组团二级用地结构构成，也可由若干个居住组团或街坊一级结构组成。往往以主要商业街道组成居住生活中心。

（3）工业用地结构。小城镇工业用地结构一般由工业小区（或者工业园区）和厂区构成，或者由若干个工业点（厂区）构成。

（4）公共设施结构。规模较大的小城镇的公共设施结构一般由镇级公共中心（镇级商贸、文体设施）和小区（街坊）公共服务设施构成；规模较小的城镇只有镇级公共中心（综合商业街）。

（5）建设用地结构。建设用地结构是小城镇各建设用地占总建设用地的比例。小城镇规划一般要控制好主要建设用地占总建设用地的比例，建制镇主要建设用地结构比例可参照城市规划编制的有关规定控制。通勤人口和流动人口较多的中心镇，其公共建筑所占比例宜选取规定幅度内的较大值；邻近旅游区及现状绿地较多的小城镇，其公共绿地所占比例可大于6%。

# 第四节　小城镇用地

小城镇用地是指用于城镇建设和满足城镇技能运转所需要的土地，它们既是已经建设利用的土地，也包括已列入小城镇建设规划区范围而尚待开发使用的土地。小城镇规划的重要工作内容之一是制定小城镇土地利用规划，通过规划过程，具体地确定小城镇用地的规模与范围，以及用地的功能组合与合理的利用等。

## 一、小城镇用地的属性和价值

### (一)小城镇用地的属性

土地不能只被简单地看作是可以建设的地方，实际上还附有多种属性。正是这些属性，使土地在小城镇规划与建设中发挥出某些反制的作用。

小城镇用地具有下列属性。

**1. 自然属性**

土地的自然生成，具有不可移动性，即有着明确的空间定着性，由此导致每块土地各所具有的相对的地理优势或劣势，以及各所具有的土壤和地貌特征。另外，土地还有着耐久性，土地不可能生长或毁灭，始终地存在着，可能的变化只是人为地或自然地改变土地的表层结构或形态。

**2. 社会属性**

当今的地球表面，极大部分的土地已有了明确的隶属，使得土地必然地依附于一定的拥有地权的社会权力。城镇土地的集约利用和社会强力的控制与调节，特别在我国土地公有制的条件下，明显地反映出城市用地的社会属性。

**3. 经济属性**

小城镇用地的经济属性主要已不是表现在土壤的肥瘠等方面，而更多的是表现在土地在小城镇中特定的环境与地点，所产生的地点价值，以及土地利用本身经济潜力的差别。例如同一块土地，建造 10 层房屋比建造 2 层的可增加面积或其他经济效益。此外，通过人为地对土地进行开发，可以使之具有更好的利用条件。

#### 4. 法律属性

在商品经济条件下，土地是一项资产。由于它的不可移动的自然属性，而归之于不动产的资产类别，同时土地地权的社会隶属（如我国实行的土地使用权有偿转让等），都经过立法程序而得到法律的认可与支持，因而使土地具有法律的属性。

### （二）小城镇用地的价值

#### 1. 使用价值

在土地上可以施加各种城镇建设工程，用作城镇活动的场所，使之具有使用价值。这一价值还可通过人为地对土地加工，使之向深度与广度延伸，如对地形地貌的塑造，而使之具有景观的功能价值；又如对土地上下空间的开发，使土地得到多层面的利用，从而扩大了原有土地的使用价值。

小城镇用地的形状、地质、区位、高程，以及土地所附有的建筑设施等状况，将影响土地使用价值的高低。

#### 2. 经济价值

当土地作为商品或其某方面权利的有偿转移而进入市场，就显示出它的经济价值。这种价值转化以地价、租金或费用为其表现形式。由于土地的自然性状或在城市中地理位置的差别，而有不同的价值级差。

新中国成立后实行土地国有化政策，把土地无偿地供给集体、单位或个人使用。随着经济改革的推进，曾以征收土地使用费的方式，来体现土地的经济价值。1987 年底起，一些城市开始将土地使用权从土地所有权中分离出来，并公开地有偿、有限期地转让土地使用权，将其作为一项经济活动。这一措施将有助于发挥土地的经济价值及其对土地利用的调节作用。

## 二、小城镇用地的建设条件分析和综合评价

### （一）小城镇用地的建设条件分析

作为城镇用地，不仅要求有良好的自然条件，同时对用地所载负

的种种人工施加条件也至为重要；这些条件，包括建设现状条件，工程准备条件，基础设施条件等。在城镇用地选择时，还要考虑到与土地利用有关的外部环境条件。所有这些条件对城镇土地的利用及其价值评定，都有着直接的影响。

**1. 建设现状条件**

城镇建设现状是指城镇现存的各项物质内容的构成形态与数量的状况。城镇建设连续不断地发展，城镇原有的建设，部分可能被利用，部分可能须予以更新或改造，以适应新的城镇功能与建设水平的需要，因此，所谓城镇建设现状，实际上始终是处在动态的变化之中的。

城镇建设现状条件的调查分析，应视对象的性质与范围，而有着不同的内容组成与深度要求。调查分析内容主要有三方面。

(1)城镇用地布局结构方面。小城镇的布局现状，是小城镇历史发展过程的产物，有着相当的恒定性，城镇越大，一般越难以改动。作为小城镇建设，对小城镇总体布局的分析，应着重于以下方面。

1)小城镇用地布局结构是否合理。小城镇布局的合理性，主要体现在城镇各功能部分的组合与构成的关系，以及所反映的城镇总体运营的效率与和谐性。

2)小城镇用地布局结构能否适应发展。小城布局结构形态是封闭的，还是开放的，将对结构体的增长、调整或改变的潜力与可能性产生影响。如工业的改造或者规模的扩展，由此带来居住生活等相应用地的扩大，是否会在工作地与居住地的空间分布上出现结构性的障碍等。

3)小城镇用地分布对生态环境的影响。小城镇工业等排放物所造成的环境污染，除其自身问题外，常同小城镇布局有关。这一矛盾往往影响到城镇用地的价值，同时为改变污染状态而需要更多的资金投入。

4)小城镇内外交通系统结构的协调性、矛盾与潜力。小城镇对外交通的铁路、公路、水道、港口及空港等站场、线路，在城市中的分布，将深深地影响到城镇用地结构的形态。同时城镇内部道路交通系统的完善及其与对外交通系统在结构上的衔接和协调性，不仅影响到城市建成区自身的用地功能，还对城镇进一步扩展的方向和用地选择造成制约。

(2)小城镇设施方面。小城镇设施,这里主要是指公共服务设施和市政设施两个方面。它们的建设现状,包括质量、数量、容量与改造利用的潜力等,都将影响到土地的利用及旧区再开发的可用性与经济性。

公共服务设施方面,如商业服务、文教、邮电等设施,它们的分布、配套及质量等,无论是在用地本身,还是作为邻近用地开发的环境,都是土地利用的重要衡量条件。尤其是在旧区改建方面,土地利用的价值往往要视旧有住宅和各种公共服务设施以及经改建后所能得益的多寡来定。如住宅等拆建比的大小(即旧房拆除面积和按规划容许新建面积之间的比例大小)是旧区更新时对土地选择利用的重要考虑因素之一。

在市政设施方面,包括现有的道路、桥梁、给水、排水、供电、煤气等市政公用设施的管网、厂站的分布及其容量等方面,它们是土地开发的重要基础条件。

(3)社会、经济构成方面。影响小城镇土地利用的社会构成状况,主要表现在人口结构及其分布的密度,以及城市各项物质设施的分布及其容量,同居民需求之间的适应性。城镇人口高密度地区,为了合理使用土地,常常不得不进行人口疏解,人口分布的疏或密,将反映出土地利用的强度与效益。当旧区改建时,高密度人口地区常会带来安置动迁居民的困难。

城镇经济的发展水平,城镇的产业结构和相应的就业结构,都将影响城镇用地的功能组合和各种用地的数超结构。

**2. 工程准备条件**

在选择城镇用地时,为了能顺利而经济地进行工程建设,总是希望用地有较好的工程准备条件,以投入最少的资金而获得较大的效益。

用地的工程准备,视用地的自然状态的不同而异,如地形改造、防洪、改良土壤、降低地下水位、制止侵蚀和冲沟的形成、防止滑坡等。

**3. 基础设施条件**

城镇建设中,基础设施占有较大的投资比重,是城镇正常运营所不可缺少的支持条件。尤其是建立城镇经济开发区或相对独立的工业区、科学区时,用地的基础设施条件将是构成所谓“投资环境”的必要条件之一。

这里所说的基础设施有较广的含义，它包括为支持工程建设和建成产业的生产或经营活动所必要的基本设施。如供电、供水、排水、通信、供煤气、道路、铁路等。有的城镇为了吸引内外资金，对开发地区的用地，做到所谓"三通一平"甚至"七通一平"（"通"即接通上述管线等，"平"是平整土地，后者属于工程准备条件），以便业主在基地上能方便地进行工程建设或开展业务活动。

### （二）小城镇用地条件的综合评价

用地条件的综合评价与用地选择是相互依存、关系紧密的两项内容。前者是后者的依据；后者则向前者提出评价的内容与要求。它们是根据一般规划与建设的要求，从两个角度，即从用地所具备的条件和按规划方案对用地所提出的具体需要，对拟选用地进行分析论证，是小城镇规划工作两个不可分割的环节。

## 三、小城镇用地布局

### （一）居住建筑用地布局

创造良好的居住环境，是小城镇规划的主要目标之一，为此，要选择合适的用地，并处理好居住建筑用地与其他用地的功能关系，确定居住建筑用地的组成结构，并相应地配置公共设施系统。

#### 1. 居住用地的内容

居住用地占有城镇用地的较大比重，它在城镇中往往集聚而呈地区性分布。居住用地是由几项相关的单一功能用地组合而成的用途地域，一般包括住宅用地和与居住生活相关联的各项公共设施、市政设施等用地。虽然这些构成用地在具体的功能项目和各自所占比例上，会因城市规模、自然条件、居住生活方式以及建设水平等差别而有不同的组成状态，但可以概括地归之于下列四类。

（1）住宅用地。不同类型住宅所占用地，包括住宅基底和宅基周围所必要的用地。

（2）公共服务设施用地。居住生活所需要的学校、医疗、商业服务、文娱等设施的用地。

(3)道路用地。居住地区内各种道路、停车场地的用地。

(4)绿地。居住地区集中设施的公园、游园等用地。

**2. 居住用地的选址要求**

居住用地的选址应有利生产,方便生活,具有适宜的卫生条件和建设条件,并应符合下列规定。

(1)选择适于各项建筑工程所需要的地形和地质条件的用地,避免洪水、地震、滑坡、沼泽、风口等不良条件的危害,以节约工程准备和建设的投资。在丘陵地区,宜选择向阳和通风的坡面,少占或不占高产农田。尽可能地接近水面和环境优美的地区。

(2)应布置在大气污染源的常年最小风向频率的下风侧以及水污染源的上游。

(3)应与生产劳动地点联系方便,又不相互干扰。

(4)位于丘陵和山区时,应优先选用向阳坡和通风良好的地段。

(5)尽量利用城市原有设施,以节约新区开发的投资和缩短建设周期。用地选择及其规划布置要配合原有城区的功能结构。

(6)用地选择在规模和空间上要为规划期内或之后的发展留有必要的余地。发展余地的考虑不仅在居住用地自身,还要兼顾相邻的工业或其他城市用地发展的需要,不致因彼方的扩展,而影响到自身的发展和布局的合理性。

此外,用地选择,应注意保护文物和古迹,尤其在历史文化名城,用地的规模及其规划布置,要符合名城保护与改造的原则与要求。

**3. 居住建筑用地布置的形式**

(1)集中布置。用地的集中布置,可以缩短各类管线工程和道路工程的长度,减少基础设施的工程量,从而节约小城镇建设投资,还可以使镇区各部分在空间上联系密切,在交通、能耗、时耗等方面获得较好的效果。当小城镇有足够的用地,且在用地范围内无自然或人为障碍时,常把居住用地集中布置。

(2)分散布置。当小城镇用地受到自然条件限制,需将用地采用分散布置的方式。

居住建筑用地的规划应按照镇区用地布局的要求，综合考虑相邻用地的功能、道路交通等因素进行规划；根据不同的住户需求和住宅类型，宜相对集中布置。

## (二)公共建筑用地布局

公共建筑是为居民提供社会服务的各种行业机构和设施的总称。公共建筑网点的内容和规模在一定程度上反映小城镇的物质和文化生活水平，其布局是否合理，直接影响居民的使用，也影响着小城镇经济的繁荣和今后的合理发展。

### 1. 公共建筑的分类

公共设施按其使用性质分为行政管理、教育机构、文体科技、医疗保健、商业金融和集贸市场六类，其项目的配置应符合表 4-1 的规定。

表 4-1　公共设施项目配置

| 类　别 | 项　　目 | 中心镇 | 一般镇 |
|---|---|---|---|
| 行政管理 | 党政、团体机构 | ● | ● |
| | 法庭 | ○ | — |
| | 各专项管理机构 | ● | ● |
| | 居委会 | ● | ● |
| 教育机构 | 专科院校 | ○ | — |
| | 职业学校、成人教育及培训机构 | ○ | ○ |
| | 高级中学 | ● | ○ |
| | 初级中学 | ● | ● |
| | 小学 | ● | ● |
| | 幼儿园、托儿所 | ● | ● |
| 文体科技 | 文化站(室)、青少年及老年之家 | ● | ● |
| | 体育场馆 | ● | ○ |
| | 科技站 | ● | ○ |
| | 图书馆、展览馆、博物馆 | ● | ○ |
| | 影剧院、游乐健身场 | ● | ○ |
| | 广播电视台(站) | ● | ○ |

续表

| 类　别 | 项　　目 | 中心镇 | 一般镇 |
|---|---|---|---|
| 医疗保健 | 计划生育站(组) | ● | ● |
| | 防疫站、卫生监督站 | ● | ● |
| | 医院、卫生院、保健站 | ● | ○ |
| | 休疗养院 | ○ | — |
| | 专科诊所 | ○ | ○ |
| 商业金融 | 百货店、食品店、超市 | ● | ● |
| | 生产资料、建材、日杂商店 | ● | ● |
| | 粮油店 | ● | ● |
| | 药店 | ● | ● |
| | 燃料店(站) | ● | ● |
| | 文化用品店 | ● | ● |
| | 书店 | ● | ● |
| | 综合商店 | ● | ● |
| | 宾馆、旅店 | ● | ○ |
| | 饭店、饮食店、茶馆 | ● | ● |
| | 理发馆、浴室、照相馆 | ● | ● |
| | 综合服务站 | ● | ● |
| | 银行、信用社、保险机构 | ● | ○ |
| 集贸市场 | 百货市场 | ● | ● |
| | 蔬菜、果品、副食市场 | ● | ● |
| | 粮油、土特产、畜、禽、水产市场 | 根据镇的特点和发展需要设置 | |
| | 燃料、建材家具、生产资料市场 | | |
| | 其他专业市场 | | |

注:表中●—应设的项目;○—可设的项目。

### 2. 公共建筑指标

公共建筑指标的确定,不仅直接关系到居民的生活,同时对小城镇建设也有一定的影响,是小城镇规划技术工作的内容之一。在小城镇规划中,为了给公共建设项目的布置、建筑单体的设计、公共建筑总量计算机建设管理提供依据,必须有各项公共建筑的用地指标和建筑指标。各类公共建筑的人均用地面积指标应符合表4-2的规定。

表4-2　各类公共建筑人均用地面积指标

| 层次 | 分级 | 各类公共建筑人均用地面积指标(m²/人) | | | | |
|---|---|---|---|---|---|---|
| | | 行政管理 | 教育机构 | 文体科技 | 医疗保健 | 商业金融 |
| 中心镇 | 大型 | 0.3～1.5 | 2.5～10.0 | 0.8～6.5 | 0.3～1.3 | 1.6～4.6 |
| | 中型 | 0.4～2.0 | 3.1～12.0 | 0.9～5.3 | 0.3～1.6 | 1.8～5.5 |
| | 小型 | 0.5～2.2 | 4.3～14.0 | 1.0～4.2 | 0.3～1.9 | 2.0～6.4 |
| 一般镇 | 大型 | 0.2～1.9 | 3.0～9.0 | 0.7～4.1 | 0.3～1.2 | 0.8～4.4 |
| | 中型 | 0.3～2.2 | 3.2～10.0 | 0.9～3.7 | 0.3～1.5 | 0.9～4.6 |
| | 小型 | 0.4～2.5 | 3.4～11.0 | 1.1～3.3 | 0.3～1.8 | 1.0～4.8 |
| 中心村 | 大型 | 0.1～0.4 | 1.5～5.0 | 0.3～1.6 | 0.1～0.3 | 0.2～0.6 |
| | 中型 | 0.12～0.5 | 2.6～6.0 | 0.3～2.0 | 0.1～0.3 | 0.2～0.6 |

注:集贸设施的用地面积应按规划上市人数或摊位数确定,可按每个上市人数1 m² 或每个摊位3～5 m² 计算。

### 3. 公共建筑规划布置基本要求

(1)各类公共建筑要有合理的服务半径。根据服务半径确定其服务范围大小及服务人数的多少,以此推算出公共建筑的规模。服务半径的确定,首先是从居民对设施使用的要求出发,同时也要考虑到公共建筑经营管理的经济性和合理性。不同的服务设施有不同的服务半径。某项公共建筑服务半径的大小,将随它们的使用频率、服务对象、地形条件、交通的便利程度以及人口密度的高低而有所不同。如小城镇公共建筑服务于镇区的一般为800～1 000 m,服务于广大农村的则以5～6 km为宜。

(2)公共建筑的分布要结合小城镇交通组织来考虑。公共建筑是人流、车流集散的地方,其规划布置要从其使用性质和交通状况,结合小城镇道路系统一并安排。如幼儿园、小学等机构最好是与居住地区的步行道路系统组织在一起,避免交通车辆的干扰;而车站等交通量大的设施，则应与小城镇主干道相联系。

(3)根据公共建筑本身的特点及其对环境的要求进行布置。公共建筑本身既作为一个环境因素，同时它们的分布对周围环境也有所要求。例如，医院要求有一个清洁安静的环境；露天剧场或球场的布置，既要考虑它们自身发生的音响对周围环境的影响，同时也要防止外界噪声对表演和竞技的妨碍；学校、图书馆等单位不宜与影剧院、集贸市场紧邻，以免相互干扰。

(4)公共建筑布置要考虑小城镇景观组织的要求。公共建筑种类很多，而且建筑的形体和立面也比较丰富多彩。因此，可以通过不同的公共建筑和其他建筑的协调处理与布置，利用地形等其他条件，组织街景，以创造具有地方风貌的小城镇景观。

**4. 小城镇主要公共建筑规划布置**

(1)商业、服务业和文化娱乐性的公共建筑大多为整个小城镇服务，要相对集中布置，使其能形成一个较繁华的公共活动中心，并体现小城镇的风貌特色。

(2)小城镇行政办公机构一般不宜与商业、服务业混在一起。而宜布置在小城镇中心区边缘，且比较独立、安静、交通方便的地段。

(3)学校的规划布置。学校应有一定的合理规模和服务半径。小学的规模一般以 6～12 班为宜，服务半径一般可为 0.5～1 km。学生上学不宜穿越铁路干线和小城镇主干道以及小城镇中心人多车杂的地段。中学的规模以 12～18 班为宜，为整个镇域服务。校址宜在小城镇次要道路且比较僻静的地段，要远离铁路干线 300 m 以上。校门避免开向公路，运动场地的设置符合国家教育部门要求，也可以与小城镇的体育用地结合布置。此外，学校本身也应注意避免对周围居民的干扰，应与住宅保持一定的距离。

(4)医院的规划布置。医院是小城镇预防与治疗疾病的中心，其规模的大小取决于小城镇的人口发展规模。由于医院对环境有一定的影响，如排放带有病菌的污水等，还要求环境安静、卫生，所以在规划布置时应注意以下几点：院址应尽量考虑规划在小城镇的次要干道上，满足环境幽静、阳光充足、空气洁净、通风良好等卫生要求，不应该远离小城镇中心和靠近有污染性的工厂及噪声声源的地段；适宜的位置是在小城镇中心区边缘，交通方便而又不是人车拥挤的地段，最好还能与绿化用地相邻，同时院址要有足够的清洁度。另外，医疗建筑与邻近住宅及公共建筑的距离应不少于 30 m，与周围街道也不得少于 15～20 m 的防护距离，中间以花木林带相隔离。

**5. 集贸市场用地规划布置**

(1)集贸市场用地的选址应有利于人流和商品的集散，不得占用公路、主要干路、车站、码头、桥头等交通量大的地段；不应布置在文体、教育、医疗机构等人员密集场所的出入口附近和妨碍消防车通行的地段；影响镇容环境和易燃、易爆的商品市场，应设在集镇的边缘，并应符合卫生、安全防护的要求。

(2)集贸市场用地的面积应按平集规模确定，并应安排好大集时临时占用的场地，休集时应考虑设施和用地的综合利用。

**(三)生产建筑用地布局**

生产建筑用地是独立设置的各种所有制的生产性建筑及其设施和内部道路、场地、绿化等地，是小城镇用地的重要组成部分，也是小城镇性质、规模、用地范围及发展方向的重要依据。小城镇生产建筑用地安排的合理，对生产项目的建筑速度、投资效益、经营管理乃至长远的发展起着重要作用。

**1. 生产建筑用地的类型**

(1)一类工业用地。对居住和公共环境基本无干扰和污染的工业，如缝纫、电子、工艺品等工业用地。

(2)二类工业用地。对居住和公共环境有一定干扰和污染的工业，如纺织、食品、小型机械等工业用地。

(3)三类工业用地。对居住和公共环境有严重干扰和污染的工业，如采矿、冶金、化学、造纸、制革、建材、大中型机械制造等工业用地。

(4)农业生产设施用地。各类农业建筑，如规划建设用地范围内的打谷场、饲养场、农机站、兽医站等及其附属设施用地(不包括农林种植地、牧草地、养殖水域)。

### 2. 生产建筑用地面积指标

生产建筑用地的面积指标，应按各种工业产品的产量和农业设施的经营规模等进行制定。由于各地生产条件、技术水平、发展状况差异很大，就业人员来源不同，可变因素以及不可预见因素较多，很难统一标准。

新建工业项目用地选址，尽可能利用荒地、薄地、废地，不占或少占耕地，所形成的工业小区内部平面布置，既要符合生产工艺流程又要紧凑合理、节约用地。其用地标准可参考表4-3。

表4-3　部分工业生产建筑用地参考指标

| 项目 | 单位 | 建筑面积($m^2$/单位) | 用地面积($m^2$/单位) |
|---|---|---|---|
| 粮食加工厂 | t/年 | 0.08～0.13 | 0.8～1 |
| 植物油加工厂 | t/年 | 4 | 20 |
| 食品厂 | t/年 | 0.03～0.05 | 1.5～2 |
| 饲料加工厂 | t/年 | 0.2～0.25 | 0.4～0.75 |
| 农机修造厂 | 台/年 | 1～1.3 | 10 |
| 预制件厂 | $m^3$/年 | 0.025 | 0.75～1 |
| 木器加工厂 | 万元/年产值 | 10～13 | 100 |
| 啤酒厂 | t/年 | 0.25～0.3 | 1.4～1.5 |
| 饮料厂 | t/年 | 0.22～0.25 | 1.1～1.5 |
| 罐头厂 | t/年 | 0.35～0.4 | 2～2.1 |

注：引自《小城镇规划与设计》(王宁，2001)。

### 3. 工业用地选择的一般要求

工业是小城镇发展的重要因素之一。从我国实际情况看，除了少量以集散物资、交通运输、旅游风景等为主的小城镇，大多数小城镇的经济收入、建设资金，主要靠工业、手工业以及各种家庭副业的生产。小城镇工业门类很多，由于它们的规模、生产工艺的特点、原料燃料来源及运输方式的不同，对用地的要求也不同。小城镇工业用地选择一般有以下要求。

(1)节约用地，考虑发展。工业用地在满足生产工艺流程的前提下，做到用地紧凑，外形简单。工业用地应尽量选择荒地、薄地，少占农田或不占良田。工业用地的规划布置应坚持分期建设、分期征用土地的原则，不宜把近期不用的土地圈入厂内，闲置起来。同时还应考虑与生活居住用地的关系，使它们之间既符合卫生防护的要求，又不拉大它们之间的距离而增加职工上下班的时间。此外，工业用地规划布置应考虑工业发展的远景，并留有发展余地。在工业发展预留用地的安排上，一般有以下几种方式。

1)以工业区为单位统一预留发展用地，这种安排有利于紧凑布局，但各工厂企业或生产车间缺少发展用地。

2)在各工厂企业附近预留发展用地，使各工厂企业和生产车间均有扩展的可能，但发展用地预留太多且分散，则可能形成一定时间内的布局松散，造成土地利用不经济。

3)在工业区内预留新建项目用地，即在一些工厂企业旁按需要有计划地预留一定数量的扩建用地。

(2)靠近水电，能源供应充沛。工业用地应靠近水质、水量均能满足工业生产需要的水源，并在安排工业项目时，注意工业与农业用水的协调平衡。用水量大的工业项目，如火力发电、造纸、纺织、化纤等，应布置在水源充沛的地方。对水质有特殊要求的工业，如食品加工业对水的味道和气味的要求，造纸厂对水的透明度和颜色的要求，纺织业对水温的要求，丝织业对水的铁质等含量的要求等，在工业用地选择时均应考虑给予满足。工业用地必须有可靠的能源，否则无法保证生产正常进行。在没有可靠能源或能源不足的情况下建厂，必然造成资金的严重积压和浪费。用电量大的炼铝合金、铁合金、电炉炼钢、有机合成与电解厂要尽可能靠近电源布置，争取采用发电厂直接输电，以减少架设高压线、升降电压带来的电能损失。某些工业企业在生产过程中由于加热、干燥、动力等需大量蒸汽与热水，如染料厂、胶合板厂、氨厂、人造纤维厂等，应尽可能靠近热电站布置。

(3)工程地质和水文地质较好的地段。工业用地一般应选在土壤的耐压强度不小于 1.5 $t/m^2$ 处，山区建厂时应特别注意，不要位于滑坡、断层等不良地质的地段。工业用地的地下水位最好是低于厂房建筑的基础，并能满足地下工程的要求；地下水的水质，要求不致混凝土产生腐蚀作用。工业用地应避开洪水淹没地段，一般应高出当地最高洪水水位 0.5 m 以上，在条件不允许时，应考虑围堤与其他防洪措施。

(4)交通运输的要求。工业企业所需的原料、燃料、产品的外销、生产废弃物的处理，以及各工业企业之间的生产协作，都要求有便捷的交通运输条件。若能在有便捷交通运输条件的地段建设工业企业，不仅能节省建设资金，加快工程建设进度，还能保证日后工业生产的顺利进行，提高经济效益。因此，许多小城镇的工业用地在条件适宜情况下大多沿公路、铁路、通航河流进行布置。

(5)环境卫生的要求。工业生产中排出大量废水、废气、废渣，并产生强大噪声，造成环境质量的恶化。对工业"三废"进行处理和回收，改革燃料结构，从生产技术上消除和减少"三废"的产生，是防止污染的积极措施。同时，在规划中注意合理布局，也有利于改善环境卫生。排放有害气体和污水的工业应布置在小城镇生活居住用地的下风位和河流下游处，这类工业企业用地不宜选择在窝风盆地，以免造成有害气体弥漫不散，影响小城镇环境卫生。应特别注意不要把废气能够相互作用而产生新污染的工业布置在一起，如氮肥厂和炼油厂相邻布置时，两个厂排放的废气会在阳光下发生复杂的化学反应，形成极为有害的光化学污染。此外，还应考虑工业之间、工业与居住用地之间可能产生的有碍卫生的不良影响，在它们之间设置必要的卫生隔离防护带，以有效地减少工业对居住区的危害。绿带应选用对有害气体有抵抗能力，最好能吸收有害气体的树种。

**4. 生产建筑用地的规划布局**

(1)镇区工业用地的规划布局。

1)同类型的工业用地应集中分类布置，协作密切的生产项目应邻近布置，相互干扰的生产项目应予分隔。

2)应紧凑布置建筑，建设多层厂房。

3)应有可靠的能源、供水和排水条件，以及便利的交通和通信设施。

4)公用工程设施和科技信息等项目宜共建共享。

5)应设置防护绿带和绿化厂区。

6)应为后续发展留有余地。

(2)农业生产及其服务设施用地的规划布局。

1)农机站、农产品加工厂等的选址应方便作业、运输和管理。

2)养殖类的生产厂(场)等的选址应满足卫生和防疫要求,布置在镇区和村庄常年盛行风向的侧风位和通风、排水条件良好的地段,并应符合国家现行标准《村镇规划卫生规范》(GB 18055—2012)的有关规定。

3)兽医站应布置在镇区的边缘。

**5. 工业厂区总平面布置**

(1)厂区总平面布置应满足如下要求。

1)厂区总平面图应在满足工艺要求的前提下,注意节约用地,尽量采用合并车间、组织综合建筑和适当增加建筑层数的措施。

2)要在符合生产工艺的要求下,使生产作业线通顺、连续和短捷,避免交叉或往返运输。

3)厂区内建、构筑物的间距必须满足防火、卫生、安全等要求,应将产生大量烟尘及有害气体的车间布置在厂区内的下风位。

4)要结合厂区的地形、地质等自然条件,因地制宜地进行布置。

5)考虑厂区的发展,使近期建设和远期发展相结合。

6)满足厂区内外交通运输要求,避免或尽量减少人流与货流路线的交叉。

7)应满足地上、地下工程管线敷设的要求。

8)厂区总平面布置应符合小城镇规划的艺术要求,生产建筑物的体型、层数,进出口位置,厂内道路的布置,厂区总平面布置的空间组织处理等,均应与周围环境相协调。

(2)厂区总平面布置形式。按照厂区内建筑物的数量、层数及建设场地的大小和周围环境,厂区总平面布置大致可分为下几种形式。

1)周边式或沿街式。主要适用于布置在小城镇生活区内的小型工业。在规划空间艺术方面对其有较高要求。生产建筑可沿地段四周的道路红线或退后红线布置,形成内院,故称周边式,如图 4-1 所示。这种布置方式,东西两边的建筑朝向不好,在我国南方炎热地区不宜采用。对于小城镇密集型手工业，因其生产设备较少，产品和部件又是轻型的，可采用适当增加厂房层数的沿街布置。这不仅能争取较好的采光通风条件，而且能改善小城镇街道景观，是我国各地小城镇均能行之有效的一种较好的布置方式。

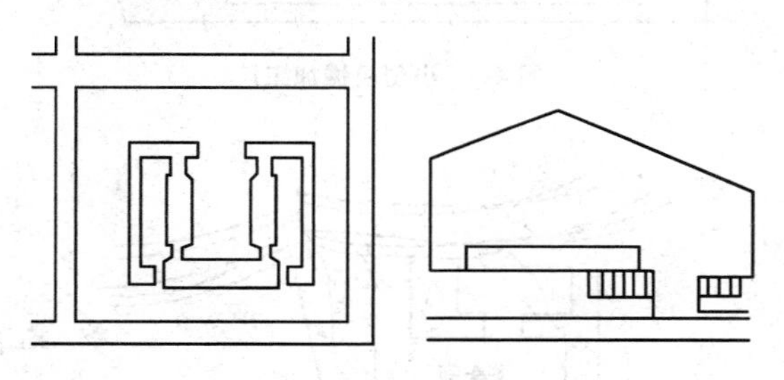

图 4-1 周边式布置

2)自由式。这种布置方式能较好地适应工厂生产特点、工艺流程的要求及地形的变化。如化工厂、水泥厂等工厂的工艺流程多半是较复杂的连续生产，厂区各主要车间一般采取自由式布置，如图 4-2 所示。这种布置的缺点是不利于节约用地，且占地面积大，但能适应厂区不规则的用地和破碎地形的利用。

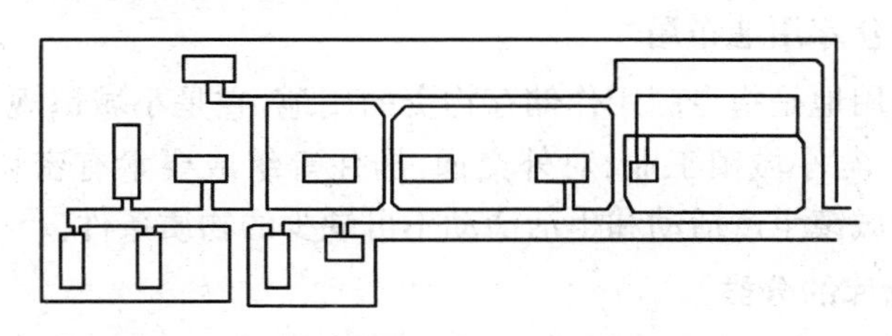

图 4-2 小型石棉水泥制品厂布置

3)整片式。这种布置方式是生产车间、行政管理设施、辅助车间等，尽可能集中布置成一个联合车间，形成一个连续整片的大建筑。这种布置方式能使总平面布置紧凑、节约用地、缩短各种工程管线，从而节省投资。另外，整片式布置简化了建设布局，为形成大体量建筑形体提供了有利条件，如图 4-3、图 4-4 所示。

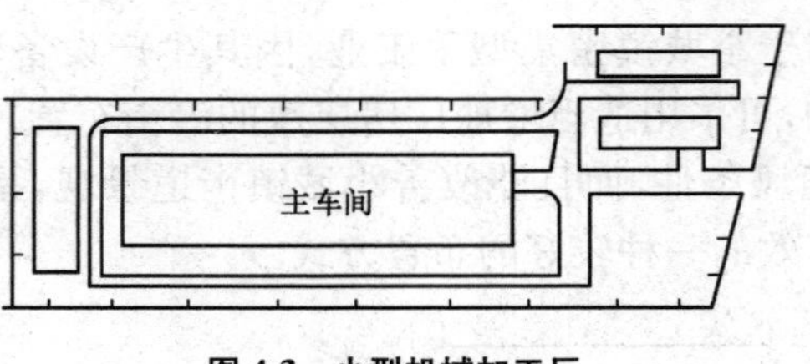


图 4-3 小型机械加工厂

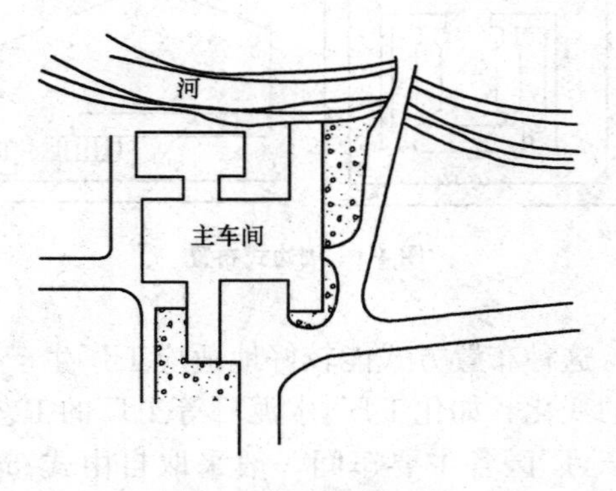


图 4-4 小型食品加工厂

**(四)仓库用地布局**

仓库用地是指专门用作储存物资的用地,它是小城镇规划的重要组成部分,与小城镇工业、对外交通、居住等组成要素有密切的联系,是组织小城镇生产活动和生活活动不可缺少的物质条件。

**1. 仓库的分类**

(1)从小城镇卫生安全观点看,可按储存货物的性质及设备特征分类。

1)一般性综合仓库。其技术设备比较简单,储存货物的物理、化学性能比较稳定,对小城镇环境没有污染,如百货、五金、土产仓库、一般性工业成品库和食品仓库(不需冷藏的)等。

2)特种仓库。这类仓库对交通、设备、用地有特殊要求,对小城镇环境、安全有一定的影响,如冷藏、活口、蔬菜、粮、油、燃料、建筑材料以及易燃、易爆、有毒的化工原料等仓库。

(2)从小城镇使用的观点看,按其使用性质分类。

1)储备仓库。主要用于保管、储存国家或地区的储备物资,如粮食、石油、工业品、设备等。这类仓库主要不是为本镇服务的,存放的物资流动性不大,但仓库的规模一般较大,而且对外交通运输便利。

2)转运仓库。其是专门为路过小城镇,并在本小城镇中转的物资作短期存放用的仓库,不需作货物的加工包装,但必须与对外交通设施密切结合。

3)供应仓库。主要存放的物资是为供应本镇生产和居民生活服务的生产资料与居民日常生活消费品,如食品、燃料、日用百货与工业品等。这类仓库不仅存放物资,有时还兼作货物的加工与包装。

4)收购仓库。这类仓库主要是把零碎物资收购后暂时存放,再集中批发转运出去,如农副产品等。

**2. 仓库用地的规模估算**

小城镇仓库用地有库房、堆场、晒场、运输通道、机械动力房、办公用房和其他附属建筑物及防护带等。小城镇仓库用地的规模估算,可首先估算小城镇近、远期货物的吞吐量,而后考虑仓库的货物年周转次数,再按如下公式估算所需的仓容吨位数,其计算公式为

$$\text{仓容吨位}=\text{年吞吐量}/\text{年货物周转次数}$$

根据实际仓容吨位分别确定进入库房与进入堆场的堆位比例,再分别计算出库房用地面积和堆场用地面积,其公式如下。

$$\text{库房用地面积}=\frac{\text{仓容吨位}\times\text{进仓系数}}{\text{单位面积荷重}\times\text{库房面积利用率}\times\text{层数}\times\text{建筑密度}}$$

$$\text{堆场用地面积}=\frac{\text{仓容吨位}\times(1-\text{进仓系数})}{\text{单位面积荷重}\times\text{堆场面积利用率}}$$

上述公式中的进仓系数是指需要进入仓内的各种货物存放数量占仓容吨位的百分比。

单位面积荷重是指每平方米存放面积堆放货物的质量。主要农业物资仓库单位有效面积的堆积数量见表 4-4。

表 4-4　农业物资仓库单位有效面积堆积数量参考数据

| 名称 | 包装方式 | 单位容积质量 (t/m³) | 堆积方式 | 堆积高度 (m) | 有效面积堆积数量 (t/m²) | 贮存方式 |
|---|---|---|---|---|---|---|
| 稻谷 | 无包装 | 0.57 | 散装 | 2.5 | 1.4 | 室内 |
| 大米 | 袋 | 0.86 | 堆垛 | 3.0 | 2.6 | 室内 |
| 小麦 | 无包装 | 0.80 | 散装 | 2.5 | 2.0 | 室内 |
| 玉米 | 无包装 | 0.80 | 散装 | 2.5 | 2.0 | 室内 |
| 高粱 | 无包装 | 0.78 | 散装 | 2.5 | 2.0 | 室内 |
| 大豆 | 无包装 | 0.72 | 囤堆 | 3.0 | 2.2 | 室内 |
| 豌豆 | 无包装 | 0.80 | 囤堆 | 3.0 | 2.4 | 室内 |
| 蚕豆 | 无包装 | 0.78 | 囤堆 | 3.0 | 2.3 | 室内 |
| 花生 | 无包装 | 0.40 | 囤堆 | 3.0 | 1.2 | 室内 |
| 棉籽 | 无包装 | 0.38 | 囤堆 | 3.0 | 1.1 | 室内 |
| 化肥 | 袋 | 0.80 | 堆垛 | 2.0 | 1.6 | 室内 |
| 水果、蔬菜 | 篓 | 0.35 | 堆垛 | 2.0 | 0.7 | 室内 |
| 小米 | 无包装 | 0.78 | 囤堆 | 3.0 | 2.3 | 室内 |
| 稞麦 | 无包装 | 0.75 | 囤堆 | 3.0 | 2.3 | 室内 |
| 燕麦 | 无包装 | 0.50 | 囤堆 | 3.0 | 1.5 | 室内 |
| 大麦 | 无包装 | 0.70 | 囤堆 | 3.0 | 2.1 | 室内 |

库房面积利用率是以库房堆积物资的有效面积除以库房建筑面积所得的百分数。一般来说，采用地面堆积可达60%～70%，架上存放为30%～40%，囤堆、垛堆为50%～60%，粮食散装堆积为95%～100%。

堆场面积利用率是以堆场堆积物质的有效面积除以堆场面积所得的百分数。一般堆场利用率为40%～70%。库房建筑的层数，在小城镇多采用单层库房，多层库房要增加垂直运输设备和经营管理费用，同时由于楼层荷载大，造成建筑物结构复杂，增加土建费用，故一般情况下不宜采用。库房建筑密度的大小与运输、防火等要求有关，但主要受库房建筑的基底面积和跨度的影响较大。在小城镇由于受建筑材料和施工技术条件的制约，常以砖木、砖混结构为多，跨度大约在 6～9 m，因此，库房建筑密度一般可取 35％～45％。

**3. 仓库用地选址和布置要求**

(1)应按存储物品的性质和主要服务对象进行选址。

(2)宜设在镇区边缘交通方便的地段。

(3)性质相同的仓库宜合并布置，共建服务设施。

(4)粮、棉、油类、木材、农药等易燃易爆和危险品仓库严禁布置在镇区人口密集区，与生产建筑、公共建筑、居住建筑的距离应符合环保和安全的要求。

(5)注意小城镇的环境保护，防止污染，保证小城镇卫生安全。易燃、易爆、毒品等仓库应远离小城镇布置，并有一定的卫生、安全防护距离。防护距离可参考表 4-5～表 4-7。

**表 4-5 炸药总库和分库与建筑物的安全距离** 单位：m

| 项目名称 | 分库按储藏量分(kg) | | | | | | 总库 |
|---|---|---|---|---|---|---|---|
| | 250 | 500 | 2 000 | 8 000 | 16 000 | 32 000 | |
| 距离易燃的仓库及爆炸材料制造厂 | 300 | 500 | 750 | 1 000 | 1 500 | 2 000 | 3 000 |
| 距离铁路通过地带、火车站、住宅建设用地、工厂、矿山，高压线及其他地面建筑物 | 200 | 250 | 500 | 750 | 1 000 | 1 250 | 1 500 |
| 距独立的住宅、通航的河流及运河 | 100 | 200 | 300 | 350 | 400 | 450 | 800 |
| 距离警卫岗楼 | 50 | 75 | 100 | 125 | 150 | 200 | 250 |

注：在小城镇中，仓库区的数目应有限制，不宜过于分散，必须设置单独的地段来布置各种性质的仓库。

**表 4-6　仓库用地与居住街坊之间的卫生防护带宽度标准**

| 仓　库　种　类 | 宽度(m) |
| --- | --- |
| 大型水泥供应仓库、可用废品仓库、起灰尘的建筑材料露天堆场 | 300 |
| 非金属建筑材料供应仓库、煤炭仓库、未加工的二级无机原料临时储藏仓库、500 $m^3$ 以上冷藏仓库 | 100 |
| 蔬菜、水果储藏库，600 t 以上批发冷藏库，建筑与设备供应仓库(无起灰材料的)，木材贸易和箱桶装仓库 | 50 |

注：所列数值至疗养院、医院和其他医疗机构的距离，按国家卫生监督机关的要求，可增加 0.5～1 倍。

**表 4-7　各类用地设施与易燃、可燃液体仓库的防火隔离宽度**

| 名　称 | | 防火间距(m) | |
| --- | --- | --- | --- |
| | | 一级库 | 二、三级库 |
| 工业企业 | | 100 | 50 |
| 森林和园林 | | 50 | 50 |
| 铁路 | 车站 | 100 | 80 |
| | 会让站或货物站台 | 80 | 60 |
| | 区间线 | 50 | 40 |
| 公路 | Ⅰ～Ⅱ级 | 50 | 30 |
| | Ⅳ～Ⅴ级 | 20 | 10 |
| 仓库宿舍 | | 100 | 50 |
| 住宅建筑用地和公共建筑用地 | | 150 | 75 |
| 高压架空线 | | 电杆高度的 1.5 倍 | |
| 木材、固体燃料、干草、纤维物资仓库以及大量蕴藏泥炭的地区 | | 100 | 50 |

注：1. 一级库，容量在 30 000 $m^3$ 以上；二级库，容量在 6 000～30 000 $m^3$；三级库，容量在 6 000 $m^3$ 以下；

2. 距离的量法应从库区危险性大的建筑(例如油罐装卸设备等)至另一企业、项目设施的边界；

3. 在特殊情况下根据当地条件以及有适当的理由时，上表的距离可减少 10%～15%。

### (五)道路交通布局

道路交通布局应根据城镇之间的联系和小城镇各项用地的功能、交通流量,结合自然条件与现实特点确定道路交通系统,要有利于建筑布置和管线敷设。

#### 1. 镇区道路的分级及规划技术指标

镇区的道路应分为主干路、干路、支路、巷路四级。镇区道路中各级道路的规划技术指标应符合表4-8的规定。

表4-8　镇区道路规划技术指标

| 规划技术指标 | 道路级别 | | | |
|---|---|---|---|---|
| | 主干路 | 干路 | 支路 | 巷路 |
| 计算行车速度(km/h) | 40 | 30 | 20 | — |
| 道路红线宽度(m) | 24～36 | 16～24 | 10～14 | — |
| 车行道宽度(m) | 14～24 | 10～14 | 6～7 | 3.5 |
| 每侧人行道宽度(m) | 4～6 | 3～5 | 0～3 | 0 |
| 道路间距(m) | ≥500 | 250～500 | 120～300 | 60～150 |

镇区道路系统的组成应根据镇的规模分级和发展需求按表4-9确定。

表4-9　镇区道路系统组成

| 规划规模分级 | 道路级别 | | | |
|---|---|---|---|---|
| | 主干路 | 干路 | 支路 | 巷路 |
| 特大、大型 | ● | ● | ● | ● |
| 中　型 | ○ | ● | ● | ● |
| 小　型 | — | ○ | ● | ● |

注:表中●—应设的级别;○—可设的级别。

#### 2. 镇区道路的布置

镇区道路应根据用地地形、道路现状和规划布局的要求,按道路的功能性质进行布置,并应符合下列规定。

(1)连接工厂、仓库、车站、码头、货场等以货运为主的道路不应穿越镇区的中心地段。

(2)文体娱乐、商业服务等大型公共建筑出入口处应设置人流、车辆集散场地。

(3)商业、文化、服务设施集中的路段,可布置为商业步行街,根据集散要求应设置停车场地,紧急疏散出口的间距不得大于160 m。

(4)人行道路宜布置无障碍设施。

(5)汽车专用公路,一般公路中的二、三级公路不应从小城镇内部穿过;对已在公路两侧形成的小城镇应精心调整。

## 第五节　小城镇近期建设规划

小城镇建设规划,一方面要着眼长远利益,考虑远期发展;另一方面要立足现实,具体落实近3～5年的建设项目,逐步改善居民的工作、生活休息条件和居住环境。

### 一、镇区近期建设规划的内容

(1)确定近期人口与建设用地规模,明确近期建设用地范围和布局。

(2)确定近期居住、工业、仓储、绿地等建设用地安排及各项基础设施、公共服务设施的建设规模和选址,建设项目应当具体确定。

(3)对住宅、卫生院、敬老院、学校和托幼等建筑进行日照分析,确定合理日照间距。

(4)确定近期建设各地块的用地性质、建筑密度、建筑高度、容积率、绿地率等控制指标;提出人口容量、公共设施配套、交通出入口方位、停车泊位、建筑后退红线距离、建筑间距、建筑风格及环境协调等要求。

(5)进行镇区住宅选型,确定主要公共建筑方案;对近期建设重点地段的建筑形式、体量、色彩提出反映城镇风貌的设计指导原则,做出示意性平面设计。

(6)根据规划建设容量,确定工程管线位置、管径和工程设施的用地界限,进行管线综合。

(7)进行综合技术经济论证,估算近期建设工程量、拆迁量和总造价,分析投资效益。

(8)确定控制和引导镇区近期建设的原则和措施,明确规划强制性内容。

## 二、确定近期建设项目应考虑的因素

小城镇建设项目的安排是一个比较复杂的问题,哪些项目应在近期内建设,哪些项目应放在远期安排,受到各因素的影响,如各部门的发展计划、小城镇的经济实力、政府领导的意图、居民的生活需要、资金方面的来源等。应重点考虑以下因素。

(1)满足居民生活需要。确定近期建设项目,首先应从居民生活需要出发,这是规划的基本指导思想。近期内应尽量安排一些生活服务设施,并使之逐步完善配套。对那些破旧的、质量低劣的危房应安排翻建或改造,以确保居民基本生活条件。

(2)资金来源。资金来源、数额是决定近期建设的速度、规模、建设标准的重要因素,没有资金,规划只能是一纸空文。近期建设项目的安排要根据小城镇资金的实际情况,“量体裁衣”,量力而行。资金比较宽裕的地方,可以考虑档次高一些、设备齐全一些的建设项目。资金不宽裕的地方,则应合理利用资金,精打细算。

(3)考虑远期发展。小城镇规划需要若干年动态的、连续的系统控制,才能完成。在这若干年内,小城镇建设都是以小城镇规划为依据,采取分期分批的方法来逐步实现。小城镇近期建设项目就是今后小城镇建设和发展的基础,因此,必须注意小城镇建设的一致性和连贯性,使近期建设项目成为促进小城镇发展的有利因素,而不能成为小城镇发展的障碍。

(4)各部门的发展计划。小城镇近期建设项目的安排应结合各部门的发展计划,在近期内,对各部门的计划和安排应做到心中有数,以便于统筹安排。

## 三、近期建设项目顺序的安排

(1)按照居民生活需要的轻重缓急进行安排。近期建设应抓住小城镇建设存在的主要矛盾,先急后缓。根据目前小城镇建设的实际情况看,大多数小城镇的基础设施都不配套,这不仅影响了小城镇的发展,而且影响到居民的基本生活条件,如有的地方吃水难,有的地方行路难,有的地方用电难等,这些问题都亟待解决。从近几年国家关于小城镇建设的政策看,也就是抓小城镇基础设施的配套、完善。待条件好转,也可考虑层次高一些的服务设施,如青少年之家、灯光球场、文化广场等。但是,有些小城镇忽视了主次,本末倒置,如有的地方,小学校舍条件非常差,把窑洞当教室,把石头当桌凳,既黑暗、潮湿,又不通风,而且极不安全,这是非常突出的问题,却没有得到解决。类似这种情况,在小城镇中并不少见。

(2)近期建设应成片建设,不要分散建设。小城镇建设规划编制完成以后,应分期分批地进行建设。近期建设应集中精力,集中资金,成片建设,这有利于用地结构的紧凑和相对完整,有利于基础设施的配套,有利于镇容镇貌的形成。近期建设要避免分散建设,东一块,西一块,点多面广,难以收到良好的成效。

(3)优先安排效益好的生产项目。生产项目一般投资比较大。为了加快资金的周转和有利发挥效益,应优先安排上马快、效益好的项目。

# 第五章　小城镇专项规划

## 第一节　公用工程设施规划

### 一、给水工程规划

**1. 小城镇给水工程规划内容**

(1)确定用水量标准,估算小城镇用水总量。

(2)根据水源水质、水量情况,选择水源,确定取水位置和取水方式。

(3)提出水源卫生防护措施要求,确定水源保护带范围。

(4)根据小城镇及其区域小城镇群发展布局及用地规划、小城镇地形,选择给水处理厂或配水厂、泵站、调节构筑物的位置和用地,输配水干管布置方向,估算干管管径。

(5)确定小城镇节约用水目标和计划用水措施。

**2. 小城镇给水系统的组成**

小城镇给水工程按其工作过程,大致可分为三个部分:取水工程、净水工程和输配水工程,并用水泵联系,组成一个供水系统。

(1)取水工程。即从水源取水的工程。它包括选择水源和取水地点,建造取水构筑物及相配套的附属管理用房。其主要任务是保证城镇获得足够的水量。

(2)净水工程。即将原水进行净化处理的工程,通常称为水厂。它包括根据水处理工艺而确定建造的净水构筑物和建筑物,以及与之相配套的生产、生活、管理等附属用房。其主要任务是生产出达到国家生活饮用水水质标准或工业企业生产用水水质标准要求的产品水。

(3)输配水工程。将足够的水量输送和分配到各用水地点,并保证水压和水质。为此需敷设输水管道、配水管网和建造泵站以及水塔、水池等调节构筑物。水塔或高地水池常设于城市较高地区,借以调节用水量并保持管网中有一定压力。

在输配水工程中，输水管道及城市管网较长，它的投资占很大比重，一般占给水工程总投资的50%～80%。

配水管网又分为干管和支管，前者主要向市区输水，而后者主要将水分配到用户。

**3. 小城镇用水量预测**

小城镇给水规划时，首先要确定用水量。这是选择水源，确定取水构筑物形式和规模，计算管网和选用各种设备的主要依据，小城镇用水量分为生活用水量、生产用水量和消防用水量等。

(1)小城镇生活用水量。每人每日的用水量称为生活用水量标准，它乘以镇区居民总数就得生活用水量。

1)居住建筑的生活用水量。居住建筑的生活用水量可根据国家现行标准《建筑气候区划标准》(GB 50178—1993)的所在区域按表5-1进行预测。

**表5-1　居住建筑的生活用水量指标**　　L/(人·d)

| 建筑气候区划 | 镇区 | 镇区外 |
|---|---|---|
| Ⅲ、Ⅳ、Ⅴ区 | 100～200 | 80～160 |
| Ⅰ、Ⅱ区 | 80～160 | 60～120 |
| Ⅵ、Ⅶ区 | 70～140 | 50～100 |

2)公共建筑的用水量。公共建筑的用水量可按居住建筑用水量的8%～25%进行估算，或按表5-2计算。

**表5-2　小城镇公共建筑用水量**

| 序号 | 建筑物名称 | 单位 | 最高日生活用水定额(L) | 使用时数(h) | 小时变化系数 $K_h$ |
|---|---|---|---|---|---|
| 1 | 宿舍 | | | | |
| | Ⅰ类、Ⅱ类 | 每人每日 | 150～200 | 24 | 3.0～2.5 |
| | Ⅲ类、Ⅳ类 | 每人每日 | 100～150 | 24 | 3.5～3.0 |

续一

| 序号 | 建筑物名称 | 单位 | 最高日生活用水定额(L) | 使用时数(h) | 小时变化系数 $K_h$ |
|---|---|---|---|---|---|
| 2 | 招待所、培训中心、普通旅馆 | | | | |
| | 设公用盥洗室 | 每人每日 | 50～100 | 24 | 3.0～2.5 |
| | 设公用盥洗室、淋浴室 | 每人每日 | 80～130 | | |
| | 设公用盥洗室、淋浴室、洗衣室 | 每人每日 | 100～150 | | |
| | 设单独卫生间、公用洗衣室 | 每人每日 | 120～200 | | |
| 3 | 酒店式公寓 | 每人每日 | 200～300 | 24 | 2.5～2.0 |
| 4 | 宾馆客房 | | | | |
| | 旅客 | 每床位每日 | 250～400 | 24 | 2.5～2.0 |
| | 员工 | 每人每日 | 80～100 | | |
| 5 | 医院住院部 | | | | |
| | 设公用盥洗室 | 每床位每日 | 100～200 | 24 | 2.5～2.0 |
| | 设公用盥洗室、淋浴室 | 每床位每日 | 150～250 | 24 | 2.5～2.0 |
| | 设单独卫生间 | 每床位每日 | 250～400 | 24 | 2.5～2.0 |
| | 医务人员 | 每人每班 | 150～250 | 8 | 2.0～1.5 |
| | 门诊部、诊疗所 | 每病人每次 | 10～15 | 8～12 | 1.5～1.2 |
| | 疗养院、休养所住房部 | 每床位每日 | 200～300 | 24 | 2.0～1.5 |
| 6 | 养老院、托老所 | | | | |
| | 全托 | 每人每日 | 100～150 | 24 | 2.5～2.0 |
| | 日托 | 每人每日 | 50～80 | 10 | 2.0 |
| 7 | 幼儿园、托儿所 | | | | |
| | 有住宿 | 每儿童每日 | 50～100 | 24 | 3.0～2.5 |
| | 无住宿 | 每儿童每日 | 30～50 | 10 | 2.0 |
| 8 | 公共浴室 | | | | |
| | 淋浴 | 每顾客每次 | 100 | 12 | 2.0～1.5 |
| | 浴盆、淋浴 | 每顾客每次 | 120～150 | 12 | |
| | 桑拿浴(淋浴、按摩池) | 每顾客每次 | 150～200 | 12 | |

续二

| 序号 | 建筑物名称 | 单位 | 最高日生活用水定额(L) | 使用时数(h) | 小时变化系数 $K_h$ |
|---|---|---|---|---|---|
| 9 | 理发室、美容院 | 每顾客每次 | 40～100 | 12 | 2.0～1.5 |
| 10 | 洗衣房 | 每 kg 干衣 | 40～80 | 8 | 1.5～1.2 |
| 11 | 餐饮业 | | | | |
| | 中餐酒楼 | 每顾客每次 | 40～60 | 10～12 | |
| | 快餐店、职工及学生食堂 | 每顾客每次 | 20～25 | 12～16 | 1.5～1.2 |
| | 酒吧、咖啡馆、茶座、卡拉 OK 房 | 每顾客每次 | 5～15 | 8～18 | |
| 12 | 商场 | | | | |
| | 员工及顾客 | 每 $m^2$ 营业厅面积每日 | 5～8 | 12 | 1.5～1.2 |
| 13 | 图书馆 | 每人每次 | 5～10 | 8～10 | 1.5～1.2 |
| | | 员工 | 50 | 8～10 | 1.5～1.2 |
| 14 | 书店 | 员工每人每班 | 30～50 | 8～12 | 1.5～1.2 |
| | | 每 $m^2$ 营业厅 | 3～6 | 8～12 | 1.5～1.2 |
| 15 | 办公楼 | 每人每班 | 30～50 | 8～10 | 1.5～1.2 |
| 16 | 教学、实验楼 | | | | |
| | 中小学校 | 每学生每日 | 20～40 | 8～9 | 1.5～1.2 |
| | 高等院校 | 每学生每日 | 40～50 | 8～9 | 1.5～1.2 |
| 17 | 电影院、剧院 | 每观众每场 | 3～5 | 3 | 1.5～1.2 |
| 18 | 会展中心(博物馆、展览馆) | 员工每人每班 | 30～50 | 8～16 | 1.5～1.2 |
| | | 每 $m^2$ 展厅每日 | 3～6 | | |
| 19 | 健身中心 | 每人每次 | 30～50 | 8～12 | 1.5～1.2 |
| 20 | 体育场(馆) | | | | |
| | 运动员淋浴 | 每人每次 | 30～40 | — | 3.0～2.0 |
| | 观众 | 每人每场 | 3 | 4 | 1.2 |

续三

| 序号 | 建筑物名称 | 单位 | 最高日生活用水定额(L) | 使用时数(h) | 小时变化系数 $K_h$ |
|---|---|---|---|---|---|
| 21 | 会议厅 | 每座位每次 | 6～8 | 4 | 1.5～1.2 |
| 22 | 航站楼、客运站旅客，展览中心观众 | 每人次 | 3～6 | 8～16 | 1.5～1.2 |
| 23 | 菜市场地面冲洗及保鲜用水 | 每 $m^2$ 每日 | 10～20 | 8～10 | 2.5～2.0 |
| 24 | 停车库地面冲洗水 | 每 $m^2$ 每次 | 2～3 | 6～8 | 1.0 |

注：1. 引自《建筑给水排水设计规范》(GB 50015—2003)(2009 年版)；

2. 除养老院、托儿所、幼儿园的用水定额中含食堂用水，其他均不含食堂用水；

3. 除注明外，均不含员工生活用水，员工用水定额为每人每班 40～60 L；

4. 医疗建筑用水中已含医疗用水；

5. 空调用水应另计。

3)综合生活用水量。小城镇给水工程统一供给的综合生活用水量宜采用表 5-3 的指标预测，并应结合小城镇地理位置、水资源状况、气候条件、小城镇经济社会发展与公共设施水平、居民经济收入、居住生活水平、生活习惯，经综合分析与比较后选定相应的指标。

**表 5-3 人均综合生活用水量指标** L/(人·d)

| 建筑气候区划 | 镇区 | 镇区外 |
|---|---|---|
| Ⅲ、Ⅳ、Ⅴ区 | 150～350 | 120～260 |
| Ⅰ、Ⅱ区 | 120～250 | 100～200 |
| Ⅵ、Ⅶ区 | 100～200 | 70～160 |

注：1. 表中为规划期最高日用水量指标，已包括管网漏失及未预见水量；

2. 有特殊情况的镇区，应根据用水实际情况，酌情增减用水量指标。

人均综合生活用水量指标在目前各地建制镇、村镇给水工程规划中作为主要用水量预测指标普遍采用。但除县级市给水工程规划可采用国家现行标准《城市给水工程规划规范》(GB 50282—1998)的指标外，其余建制镇规划无适宜标准可依，均由各规划设计单位自定指标；同时也缺乏小城镇这一方面的相关研究成果。

小城镇人均综合生活用水量指标（表 5-3）是四川、重庆、湖北、福建、浙江、广东、山东、河南、天津 89 个小城镇（含调查镇外补充收集规划资料的部分镇）的给水现状、用水标准、用水量变化、规划指标及相关因素的调查资料收集和相关变化规律的研究分析、推算，以及对照《城市给水工程规划规范》（GB 50282—1998）、《室外给水设计规范》（GB 50013—2006）成果延伸的基础上，按全国生活用水量定额的地区区划（下称地区区划）、小城镇规模分级和规划分期设定。

表 5-3 中地区区划采用《室外给水设计规范》（GB 50013—2006）城市生活用水量定额的区域划分；人均综合生活用水量是指城市居民生活用水和公共设施用水两部分的总水量，不包括工业用水、消防用水、市政用水、浇洒道路和绿化用水、管网漏失等水量。上述与《城市给水工程规划规范》（GB 50282—1998）完全一致，以便小城镇给水工程规划标准制定和给水工程规划使用的衔接。

（2）小城镇生产用水量。生产用水量应包括城镇工业用水量、畜禽饲养用水量和农业机械用水量，可按所在省、自治区、直辖市政府的有关规定进行计算。表 5-4～表 5-7 为一些参考数据。

**表 5-4　乡镇工业部分单位产品参考用水量**

<table>
<tr><th colspan="2">工业项目</th><th>单位</th><th>用水量（m³）</th><th>工业项目</th><th>单位</th><th>用水量（m³）</th></tr>
<tr><td colspan="2">水泥</td><td>t</td><td>1～3</td><td>酿酒</td><td>t</td><td>20～50</td></tr>
<tr><td colspan="2">水泥制品</td><td>t</td><td>60～80</td><td>啤酒</td><td>t</td><td>20～25</td></tr>
<tr><td colspan="2">制砖</td><td>万块</td><td>7～12</td><td>榨油</td><td>t</td><td>6～30</td></tr>
<tr><td colspan="2">造纸</td><td>t</td><td>500～800</td><td>榨糖</td><td>t</td><td>15～30</td></tr>
<tr><td colspan="2">纺织</td><td>万 m</td><td>100～150</td><td>制茶</td><td>t</td><td>0.1～0.3</td></tr>
<tr><td colspan="2">印染</td><td>万 m</td><td>180～300</td><td>罐头</td><td>t</td><td>10～40</td></tr>
<tr><td colspan="2">塑料制品</td><td>t</td><td>100～220</td><td>豆制品加工</td><td>t</td><td>5～15</td></tr>
<tr><td colspan="2">屠宰</td><td>头</td><td>0.8～1.5</td><td>食品</td><td>t</td><td>10～40</td></tr>
<tr><td rowspan="2">制革</td><td>猪皮</td><td>张</td><td>0.15～0.3</td><td>果脯加工</td><td>t</td><td>30～35</td></tr>
<tr><td>牛皮</td><td>张</td><td>1～2</td><td>农副产品加工</td><td>t</td><td>5～30</td></tr>
</table>

表 5-5 乡镇工业万元产值参考用水量

| 工业类别 | 用水量（$m^3$/万元） | 工业类别 | 用水量（$m^3$/万元） | 备 注 |
|---|---|---|---|---|
| 冶金 | 120～180 | 食品 | 150～180 | 表内万元产值是按 1985 年价格计算 |
| 电力 | 160～180 | 纺织 | 100～130 | |
| 石油 | 500～600 | 缝纫 | 15～30 | |
| 化学、医药 | 200～400 | 皮革 | 60～90 | |
| 机械 | 80～100 | 造纸 | 600～1 000 | |
| 建材 | 180～300 | 文化用品、印刷 | 60～120 | |
| 木材加工 | 90～120 | 其他 | 100～150 | |

表 5-6 主要畜禽饲养用水量

| 畜禽类别 | 单位 | 用水量 | 畜禽类别 | 单位 | 用水量 |
|---|---|---|---|---|---|
| 马 | L/(匹 · 日) | 40～60 | 羊 | L/(只 · 日) | 5～10 |
| 成牛或肥牛 | L/(头 · 日) | 30～60 | 鸡 | L/(只 · 日) | 0.5～1 |
| 牛 | L/(头 · 日) | 60～90 | 鸭 | L/(只 · 日) | 1～2 |
| 猪 | L/(头 · 日) | 20～80 | | | |

表 5-7 主要农业机械用水量

| 机械类别 | 单位 | 用水量 |
|---|---|---|
| 柴油机 | L/(马力 · 小时) | 30～50 |
| 汽 车 | L/(辆 · 日) | 100～120 |
| 拖拉机或联合收割机 | L/(台 · 日) | 100～150 |
| 农机小修厂机床 | L/(台 · 日) | 35 |
| 汽车、拖拉机修理 | L/(台 · 日) | 1500 |

(3)小城镇消防用水量。一般是从街道上消火栓和室内消火栓取水，小城镇消防用水量按《建筑设计防火规范》(GB 50016—2006)计算。小城镇规模越小，消防用水量所占的比例就越大。

(4)浇洒道路和绿地的用水量。可根据当地条件确定，浇洒道路用水量为1～1.5 L/($m^2$·次)，每日2～3次；绿地用水量1～2 L/($m^2$·d)。

(5)管网漏失水量及未预见水量。可按最高日用水量15%～25%计算。

(6)小城镇给水系统总用水量。小城镇给水系统总的用水量为上述各项之和。

(7)用水量变化系数。无论是生活用水还是生产用水，用水量常常发生变化。生活用水量随生活习惯和气候变化而变化，生产用水则因工艺流程而异。用水标准值是一个平均值，在设计给水系统时，还应考虑每日每时的用水量变化。

一年中用水最多一天的用水量，称为最高日用水量。一年中，最高日用水量与平均日用水量的比值称为日变化系数。小城镇的日变化系数一般比城市大，可取1.5～2.5。

最高日内的最高1 h用水量与平均时用水量的比值，称为时变化系数。其计算公式为

时变化系数＝最高日最大时用水量/最高日平均时用水量

小城镇用水相对集中，故时变化系数较大，取2.5～4.0。时变化系数与小城镇模、工业布局、工作班制、作息时间、人口组成等多种因素有关。

根据最高日用水量时变化系数，可以计算时最大供水量，并据此选择管网设备。

**4. 小城镇给水水源选择和水源保护**

(1)水源的分类。给水水源可分为地下水和地表水两大类。

1)地下水。水源包括潜水、自流水和泉水。一般来讲，地下水由于经过地层过滤且受地面气候及其他因素的影响较小，具有水清、无色、水温变化小、不易受污染等优点。但是，它受到埋藏与补给条件、地表蒸发及流经地层的岩性等因素的影响，同时又具有径流量小(相对于地面径流)、水的矿化度和硬度较高等缺点。另外，局部地区的地下水会出现水质浑浊，水中有机物含量较大，水的矿化度很高或其他物质(如铁、锰、氯化物、硫酸盐、各种重金属盐类等)含量较大的情况。

2)地表水。受各种地表因素的影响较大，其浑浊度与水温变化较

大,易受污染,但水的矿化度、硬度较低,含铁及其他物质较少;径流量一般较大,且季节性变化强。

(2)小城镇给水水源的选择。水源的选择应符合下列规定。

1)水量应充足,水质应符合使用要求。

2)应便于水源卫生防护。水源的卫生防护按现行的《生活饮用水卫生标准》(GB 5749—2006)的规定执行。水源地一级保护区应符合《地表水环境质量标准》(GB 3838—2002)中规定的Ⅱ类标准。

3)生活饮用水、取水、净水、输配水设施应做到安全、经济和具备施工条件。

4)选择地下水作为给水水源时,不得超量开采;选择地表水作为给水水源时,其枯水期的保证率不得低于90%。

5)水资源匮乏的镇应设置天然降水的收集贮存设施。

6)选择湖泊或水库作为水源时,应选在藻类含量较低、水较深和水域较开阔的位置,并符合《含藻水给水处理设计规范》(CJJ 32—2011)的规定。

(3)小城镇给水水源保护。

1)地表水。

取水点周围半径不小于100 m的水域内,不得停靠船只、游泳、捕捞和从事一切可能污染水源的活动,并应设有明显的保护范围标准。

河流取水点上游1 000 m至下游100 m的水域内,不得排入工业废水和生活污水;其沿岸防护范围内,不得堆放废渣,设置有害化学物品的仓库或堆栈,设立装卸垃圾、粪便和有害物品的码头;沿岸农田不得使用工业废水或生活污水灌溉及施用有持久性和剧毒的农药,并不得从事放牧。

供生活饮用的专用水库和湖泊,应根据具体情况,将整个水库湖泊及其沿岸列入防护范围,并应满足上述要求。

在水厂生产区或单独设立泵站时,沉淀池和清水池外围不小于10 m的范围内,不得设立生活居住建筑和修建禽兽畜饲养场、渗水厕所、渗水坑;不得堆放垃圾、类便、废渣或铺设污水管道;要保持良好的卫生状况,在有条件的情况下,应充分绿化。

2)地下水。

取水构筑物的防护范围,应根据水文地质条件、取水构筑物的形式和附近地区的卫生状况进行确定。其防护措施应按地表水水厂生产区的要求执行。

在单井或井群的影响半径范围内,不得使用工业废水或生活污水灌溉及施用有持久性和剧毒的农药,不得修建渗水厕所、渗水坑、堆放废渣或铺设污水渠道,并不得从事破坏深层土的活动。

分散式水源,水井周围 20～30 m 的范围内不得设置渗水厕所、渗水坑、粪坑、垃圾堆和废渣堆等,并应建立必要的卫生制度。

**5. 小城镇给水管网的布置**

在小城镇供水系统中,管网担负着输、配水任务。其建筑投资一般要占供水工程总投资的 50%～80%。因此,在管网规划布置中必须力求经济合理。

(1)管网布置形式。给水管网布置形式可分为树枝状和环状两大类,也可根据不同情况混合布置。

1)树枝状管网。干管与支管的布置如树干和树枝关系,如图 5-1 所示。它的优点是:管材省、投资少、构造简单;缺点是:供水的可靠性较差,一处损坏则下游各段全部断水;管网有许多末端,有时会恶化水质等。树枝状管网对供水量不大,对不间断供水无严格要求的村镇采用较多。

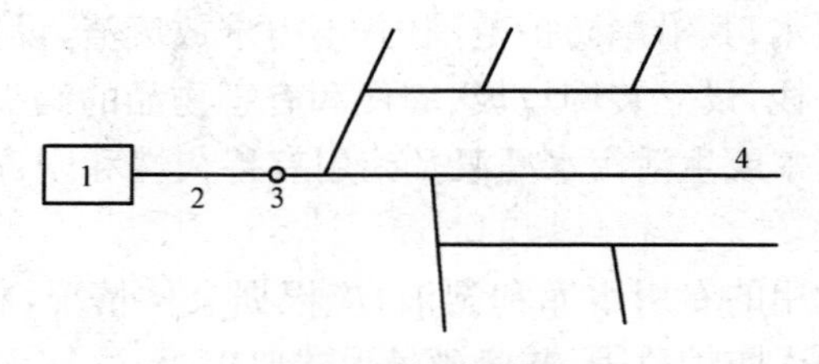


**图 5-1　树枝状管网**

1—泵站;2—输水管;3—水塔;4—配水管网

2)环状管网。干管之间用联络管互相接通,形成许多闭合环,如图 5-2 所示。每个管段都可以从两个方向供水,因此供水安全可靠,保证率高，但总造价较树枝状高。在供水中，对供水要求较高的村镇，应采用环状管网。

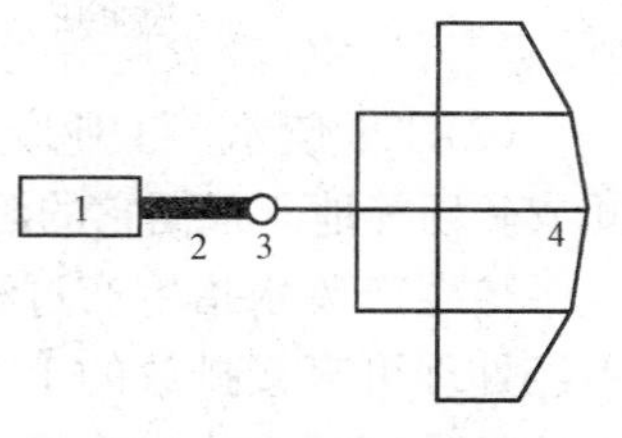


图 5-2 环状管网

1—泵房；2—输水管；3—水塔；4—配水管网

(2)给水管网布置原则。

1)给水干管布置的方向应与供水的主要流向一致，并以最短距离向用水大户送水。

2)给水干管最不利点的最小服务水头，单层建筑可按 5～10 m 计算，建筑物每增加一层应增加 3 m。

3)管网应分布在整个给水区内，且能在水量和水压方面满足用户要求。小城镇中心区的配水管宜呈环状布置；周边地区近期宜布置成树枝状，远期应留有连接成环状管网的可能性。

4)保证给水的安全可靠，当个别管线发生故障时，断水的范围应减少到最小程度。

5)选择适当的水管材料。

6)小城镇输水管原则上应有两条，其管径应满足规划期给水规模和近期建设要求。小城镇一般不设中途加油站。

**6. 小城镇给水水质处理**

生活饮用水的水质应按现行的《生活饮用水卫生标准》(GB 5749—2006)的规定执行。供水水质不能满足要求时，应采用适宜的净水构筑物和净水工艺流程进行处理。

## 二、排水工程规划

### 1. 小城镇排水工程规划的对象

城市排水工程的任务是把污水有组织地按一定的系统汇集起来，并处理到符合排放标准后再排泄至水体。污水按其来源，可分为三类，即生活污水、工业废水和降水。排水系统就是解决这三种水的处理与排放。

(1)生活污水。生活污水是指人们日常生活活动中所产生的污水。其来源为住宅、机关、学校、医院、公共场所及工厂生活间等的厕所、厨房、浴室、洗衣房等处排出的水。

(2)工业废水。工业废水是指工业生产过程中产生的废水,来自车间或矿场等地。根据它的污染程度不同,又分为生产废水和生产污水。

1)生产废水指生产过程中水质只受到轻微污染或只是水温升高,不经处理可直接排放的工业废水,如一些机械设备的冷却水等。

2)生产污水指在生产过程中水质受到较严重的污染,需经处理后方可排放的工业废水。其污染物质,有的主要是无机物,如发电厂的水力冲灰水;有的主要是有机物,如食品工业废水;有的含无机物、有机物,并有毒性,如石油工业废水、化学工业废水、炼焦工业废水等。

(3)降水。降水包括地面上径流的雨水和冰雪融化水,一般是较清洁的,但初期雨水却比较脏。雨水排放时间集中、量大。

以上三种水,均需及时、妥善地予以处理与排放。如处置不当,将会妨碍环境卫生,污染水体,影响工农业生产及人民生活,并对人民身体健康带来严重危害。

**2. 小城镇排水工程规划的内容**

小城镇排水系统规划是根据城市总体规划,制定全市性排水方案,使城市有合理的排水条件。其具体规划内容有下列几方面。

(1)估算小城镇各种排水量。分别估算生活污水量、工业废水量和雨水量。一般将生活污水量和工业废水量之和称为总污水量,而雨水量单独估算。

(2)拟定小城镇污水、雨水的排除方案。包括确定排水区界和排水方向;研究生活污水、工业废水和雨水的排除方式;旧城区原有排水设施的利用与改造以及确定在规划期限内排水系统建设的远近期结合,分期建设等问题。

(3)研究小城镇污水处理与利用的方法及选择污水处理厂位置。小城镇污水是指排入城镇污水管道的生活污水和生产污水。根据国家环境保护规定及城市的具体条件,确定其排放程度,处理方式以及污水、污泥综合利用的途径。

**3. 小城镇排水量的计算**

排水量应包括污水量、雨水量,污水量应包括生活污水量和生产污水量。排水量可按下列规定计算。

(1)生活污水量的计算。生活污水量可按生活用水量的75%～85%进行计算,或按表5-8和表5-9确定。生活污水量及变化系数可按产品种类、生产工艺特点和用水量确定,也可按生产用水量的75%～90%进行计算。

**表5-8　小城镇生活污水量标准**

| 供水情况 | 污水量标准[L/(日·人)] | 供水情况 | 污水量标准[L/(日·人)] |
|---|---|---|---|
| 集中龙头供水 | 10～25 | 室内设水冲厕所 | 45～85 |
| 几户合用龙头供水 | 20～35 | 室内设水冲厕所及沐浴设备 | 75～125 |
| 龙头供水到户 | 25～55 | | |

注:该污水量标准已考虑小城镇居民饲养少量畜禽污水量。

**表5-9　小城镇生活污水量时变化系数**

| 污水平均流量(L/s) | 5 | 15 | 40 | 70 | 100 | 200 | 500 | 1 000 | >1 000 |
|---|---|---|---|---|---|---|---|---|---|
| 时变化系数 $K_h$ | 2.3 | 2.0 | 1.8 | 1.7 | 1.6 | 1.5 | 1.4 | 1.3 | 1.2 |

(2)雨水量的计算。小城镇雨水排水量可根据降雨强度、汇水面积、径流系数进行计算,常用的经验公式为

$$Q=\phi Fq$$

式中　$Q$——雨水设计流量(L/s);

$F$——汇水面积,按管段的实际汇水面积计算(m);

$q$——设计降雨强度[L/(s·m²)];

$\phi$——径流系数。

降水强度$q$指单位时间内的降水深度,与设计降水强度和设计重现期、设计降水历时有关。正确选择重现期是雨水管道设计中的一个重要问题,设计重现期一般应根据地区的性质(广场、干道、工厂、居住区等)、地形特点、汇水面积大小、降水强度公式和地面短期积水所引起的损失大小等因素来考虑。通常低洼地区采用的设计重现期的数

值比高地大；工厂区采用的设计重现期数值就比居住区采用的大；雨水干管采用的设计重现期比雨水支管所采用的要大；市区采用的重现期比郊区采用的大，重现期的选用范围为 0.33～2.0 年。

设计降水强度还和降雨历时有关。降雨历时为排水管道中达到排水最大降雨持续的时间。雨水降落到地面以后要经过一段距离汇入集水口，需消耗一定的时间，水在管道内流行，也消耗一定的时间，所以设计降雨历时应包括汇水面积内的积水时间和管渠内水的流行时间，其计算公式如下。

$$t=t_1+mt_2$$

式中 $t$——设计降水历时；

$t_1$——地面集水时间(min)，视距离长短、地形坡度和地表覆盖情况而定，一般采用 5～15 min；

$m$——延缓系数，管道 $m=2$，明渠 $m=1.2$；

$t_2$——管渠内水的流行时间。

根据设计重现期、设计降水历时，再根据各地多年积累的气象资料，可以得出各地计算设计降水强度的经验公式。如果小城镇气象资料不足，可参照邻近镇的标准进行计算。

(3)工业废水计算。工业废水的设计流量一般是按工厂或车间的每日产量和单位产品的废水量来计算，有时也可以按生产设备的数量和每一生产设备的每日废水量进行计算。以日产量和单产废水量为基础的计算公式为

$$Q=\frac{mM\times 1\ 000}{T\times 3\ 600}\times K_s$$

式中 $Q$——工业废水设计流量，L/s；

$m$——生产每单位产品的平均废水量，$m^2$；

$M$——产品的平均日产量；

$T$——每日生产时数；

$K_s$——总变化系数。

**4. 小城镇排水体制**

对生活污水、工业污水和降水所采取的排出方式，称为排水体制，

也称排水制度。按排水方式，一般可分为分流制和合流制两种，见表 5-10。

**表 5-10　小城镇排水方式**

| 名称 | | 特点 | 图例 |
|---|---|---|---|
| 合流制 | 直泄式合流制（图 1） | 是将管渠系统就近排向水体，分若干个排出口，混合的污水未经处理直接泄入水体 | 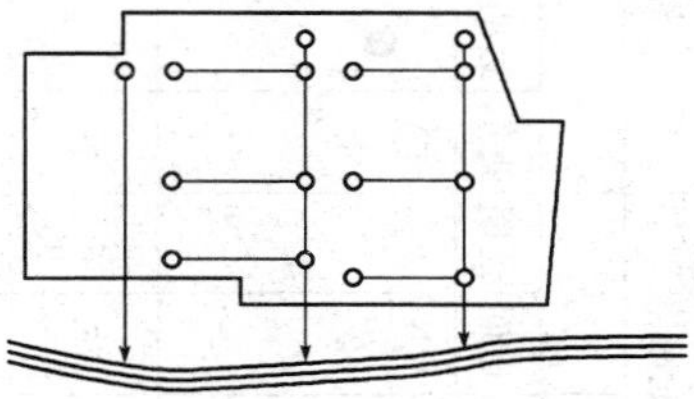 图 1　直泄式合流制 |
| | 截流式合流制（图 2） | 是将混合污水一起排向沿水体的截流干管，晴天时污水全部送到污水处理厂；雨天时，混合水量超过一定数量，其超出部分通过溢流并泄入水体 | 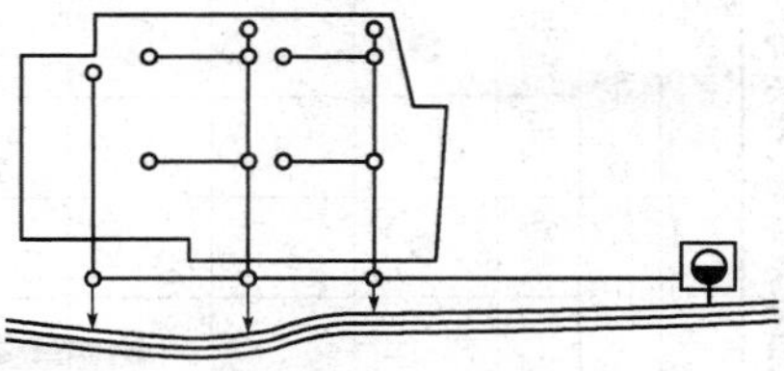 图 2　截流式合流制 |
| 分流制（图 3） | | 指用管道分别收集雨水和污水，各自单独成为一个系统。污水管道系统专门排除生活污水和工业废水；雨水管渠系统专门排除不经处理的雨水 | 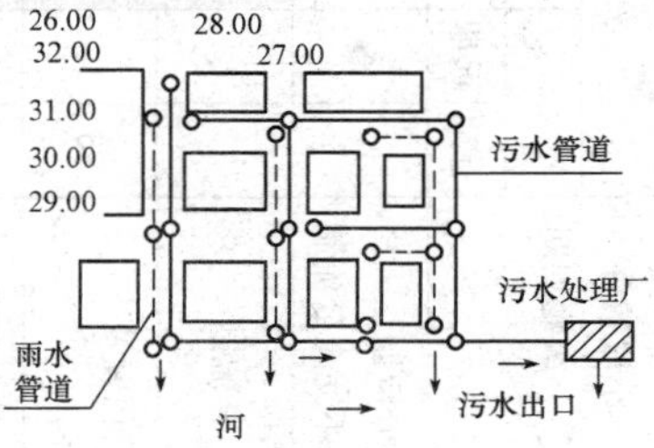 26.00 32.00 28.00 27.00 31.00 30.00 29.00 污水管道 污水处理厂 雨水管道 河 污水出口<br>图 3　分流制排水系统示意图 |

小城镇排水体制、排水与污水处理规划合理水平，见表 5-11。

表 5-11　小城镇排水体制、排水与污水处理规划要求

| 分项 \ 小城镇分级规划期 | | 经济发达地区 | | | | | | 经济发展一般地区 | | | | | | 经济欠发达地区 | | | | | |
|---|---|---|---|---|---|---|---|---|---|---|---|---|---|---|---|---|---|---|---|
| | | 一 | | 二 | | 三 | | 一 | | 二 | | 三 | | 一 | | 二 | | 三 | |
| | | 近期 | 远期 | 近期 | 远期 | 近期 | 远期 | 近期 | 远期 | 近期 | 远期 | 近期 | 远期 | 近期 | 远期 | 近期 | 远期 | 近期 | 远期 |
| 排水体制一般原则 | 1. 分流制<br>2. 不完全分流制 | △ | ● | △ | ● | | ● | △<br>2 | ● | ○<br>2 | ● | ○<br>2 | △ | ○<br>2 | ● | | △<br>2 | | △<br>2 |
| | 合流制 | | | | | | | | | | | | | | | ○ | | ○<br>部分 | |
| 排水管网面积普及率（%） | | 95 | 100 | 90 | 100 | 85 | 95～100 | 85 | 100 | 80 | 95～100 | 75 | 90～95 | 75 | 90～100 | 50～60 | 80～85 | 20～40 | 70～80 |
| 不同程度污水处理率（%） | | 80 | 100 | 75 | 100 | 65 | 90～95 | 65 | 100 | 60 | 95～100 | 50 | 80～85 | 50 | 80～90 | 20 | 65～75 | 10 | 50～60 |
| 统建、联建、单建污水处理厂 | | △ | ● | △ | ● | | ● | | ● | | ● | | ● | | △ | | △ | | |
| 简单污水处理 | | | | | | ○ | | ○ | | ○ | | ○ | | ○ | | ○ | | ○低水平 | △较高水平 |

注：1. 表中○—可设，△—宜设，●—应设；
2. 不同程度污水处理率指采用不同程度污水处理方法达到的污水处理率；
3. 统建、联建、单建污水处理厂指郊区小城镇、小城镇群应优先考虑统建、联建污水处理厂；
4. 简单污水处理指经济欠发达、不具备建设较现代化污水处理厂条件的小城镇，选择采用简单、低耗、高效的多种污水处理方式，如氧化塘、多级自然处理系统、管道处理系统以及环保部门推荐的几种实用污水处理技术；
5. 排水体制的具体选择按上表要求外，同时应根据总体规划和环境保护要求，综合考虑自然条件、水体条件、污水量、水质情况、原有排水设施情况，技术经济比较确定。

表5-11是在全国小城镇概况分析的同时，重点对四川、重庆、湖北的中心城市周边小城镇、三峡库区小城镇、丘陵地区和山区小城镇，浙江的工业主导型小城镇、商贸流通型小城镇，福建的生态旅游型小城镇、工贸型等小城镇的社会、经济发展状况，建设水平，排水、污水处理状况，生态状况及环境卫生状况的分类综合调查和相关规划分析研究及部分推算的基础上得出来的，因而具有一定的代表性。

对不同地区、不同规模级别的小城镇按不同规划期提出因地因时而异的规划不同合理水平，增加可操作性。同时表中除应设要求外，还分宜设、可设要求，以增加操作的灵活。

**5. 小城镇排水系统平面布置**

(1)中式排水系统。全镇只设一个污水处理厂与出水口，这种方式适用于小城镇。当地形平坦、坡度方向一致时，可采用此方式。

(2)分区式排水系统。大、中城市常采用此系统，而小城镇由于地形条件限制时，可将小城镇划分成几个独立的排水区域，各区域有独立的管道系统、污水处理厂和出水口。

(3)区域排水系统。几个相邻的小城镇，污水集中排放至一个大型的地区污水处理厂。这种排水系统能扩大污水处理厂的规模，降低污水处理费用，能以更高的技术、更有效的措施防止污染扩散，是我国今后小城镇排水发展的方向，特别适合于经济发达、小城镇密集的地区。

**6. 小城镇污水排放与处理**

(1)污水排放系统的布置。污水排放系统布置要确定污水厂、出水口、泵站及主要管道的位置。雨水排放系统的布置要确定雨水灌渠、排洪沟和出水口的位置，雨水应充分利用地面径流和沟渠排放。污水、雨水的管渠均应按重力流设计。排水泵站应单独设置，周边设置大于等于10 m的绿化隔离带，其面积应按市政工程投资估算的相关指标计算。

(2)污水处理方法。选择污水处理方案时应考虑环境保护、污水量、水质以及投资能力等因素。污水处理方法一般可归纳为物理法、生物法和化学法。

1)物理法。主要利用物理作用分离污水中的非溶解性物质。处理构筑物较简单、经济,适用于小城镇水体容量大、自净能力强、污水处理程度要求不高的情况。

2)生物法。利用微生物的生命活动,将污水中的有机物分解氧化为稳定的无机物质,使污水得到净化。此法处理程度比物理法要高,常作为物理处理后的二级处理。生物处理技术可以分为以下几种方法。

①活性污泥法(包括传统法、延时法、吸附再生发、纯氧法、射流曝气法、深井法、SBR 和 ICEAS 序批法、二段法、AB 法等)。

②生物膜法。

③厌氧法技术。

④厌氧—好氧技术。

⑤氧化沟(塘)技术(如奥贝尔氧化沟、卡鲁塞尔氧化沟、交替式氧化沟)。

⑥多种类型的稳定塘法(厌氧塘、兼性塘、好氧塘和曝气塘)和土地处理技术(包括湿地、漫流、快速渗滤等)。

3)化学法。其是利用化学反应作用来处理或回收污水的溶解物质或胶体物质的方法。化学处理法处理效果好、费用高,多用于对生物法处理后的出水做进一步的处理,提高出水水质,常作为三级处理。

## 三、供电工程规划

供电系统是现代小城镇的一项重要的工程设施。供电工程规划,一般以区域动力资源、区域供电系统规划为基础,调查收集小城镇电源、输电线路及电力负荷等现状资料,并分析其发展要求,对小城镇供电做出综合安排,以满足小城镇各部门用电增长的要求。

### 1. 供电工程的内容

供电规划包括的内容,对每一个城市来说,是不完全一样的。因为它们的具体条件和要求不同,所以必须根据每个城市的特点和对城市总体规划深度的要求来做规划。供电规划一般由说明书和图纸组成，具体包括以下内容。

(1)城市电源的选择。

(2)分期负荷的预测及电力的平衡。

(3)发电厂、变电所、配电所的位置、容量及数量的确定。

(4)电压等级的确定。

(5)高压线走向、高压走廊位置的定位及低压接线方式的优化。

(6)电力负荷分布图的绘制。

(7)供电电源、变电所、配电所及高压线路的城市电网平面布置图的综合。

编制供电规划大体可按六步进行：

(1)搜集资料。

(2)分析、归纳和选择搜集到的资料，进行负荷预测。

(3)根据负荷及电源条件，确定供电电源方式。

(4)按照负荷分布，拟定若干个输电和配电网布局方案，进行技术经济比较，提出推荐方案。

(5)进行规划可行性论证。

(6)编制规划文件，绘制规划图表。

**2. 供电工程的基本要求**

(1)满足小城镇各部门用电及其增长的需要。

(2)保证供电的可靠性，特别是对电压的要求。

(3)要节约投资和减少运行费用，达到经济合理的要求。

(4)注意远近期规划相结合，以近期为主，考虑远期发展的可能。

(5)要便于实现规划，不能一步实施时，要考虑分步实施。

**3. 供电负荷的计算**

供电负荷的计算应包括生产和公共设施用电、居民生活用电。用电负荷可采用现状年人均综合用电指标乘以增长率进行预测。

规划期末年人均综合用电量可按下式计算。

$$Q=Q_1(1+K)^n$$

式中　$Q$——规划期末年人均综合用电量[kW·h/(人·a)]；

$Q_1$——现状年人均综合用电量[kW·h/(人·a)]；

$K$——年人均综合用电量增长率(%)；

$n$——规划期限(年)。

$K$ 值可依据人口增长和各产业发展速度分阶段进行预测。

**4. 小城镇规划用电负荷指标**

(1)表 5-12 为小城镇规划人均市政、生活用电指标。

**表 5-12　小城镇规划人均市政、生活用电指标**

[kW·h/(人·a)]

| 规划期＼类型 | 经济发达地区 | | | 经济发展一般地区 | | | 经济欠发达地区 | | |
|---|---|---|---|---|---|---|---|---|---|
| | 小城镇规模分级 | | | | | | | | |
| | 一 | 二 | 三 | 一 | 二 | 三 | 一 | 二 | 三 |
| 近期 | 560～630 | 510～580 | 430～510 | 440～520 | 420～480 | 340～420 | 360～440 | 310～360 | 230～310 |
| 远期 | 1 960～2 200 | 1 790～2 060 | 1 510～1 790 | 1 650～1 880 | 1 530～1 740 | 1 250～1 530 | 1 400～1 720 | 1 230～1 400 | 910～1 230 |

表 5-12 主要依据及分析研究如下。

1)四川、重庆、湖北、福建、浙江、广东、山东、河南、天津等省、市不同小城镇的经济社会发展与市政建设水平、居民经济收入、生活水平、家庭拥有主要家用电器状况、能源消费构成、节能措施、用电水平及其变化趋势的调查资料及市政、生活用电变化规律的研究分析。

2)中国城市规划设计研究院城市二次能源用电水平预测课题调查及其第一、第二次研究的成果。

3)《城市电力规划规范》(GB 50293—1999)中的相关调查分析。

4)根据调查和上述有关的综合研究分析，得出 2000 年不同地区、不同规模等级的小城镇人均市政、生活用电负荷基值及其 2000—2020 年分段预测的年均增长速度见表 5-13。

表 5-13 小城镇人均市政、生活用电负荷基值及其 2000—2020 年各分段年均增长速度预测表

| 人均市政生活用电负荷 | 经济发达地区 | | | 经济发展一般地区 | | | 经济欠发达地区 | | |
|---|---|---|---|---|---|---|---|---|---|
| | 小城镇规模分级 | | | | | | | | |
| | 一 | 二 | 三 | 一 | 二 | 三 | 一 | 二 | 三 |
| 2000 年基值（kW·h/人·a） | 350～400 | 320～370 | 270～370 | 290～340 | 270～310 | 220～270 | 230～280 | 200～240 | 150～190 |
| 平均年均增长率（%） | | | | | | | | | |
| 2000—2005 年 | 9.5～10.5 | | | 8.5～9.5 | | | 9.0～10.0 | | |
| 2005—2010 年 | 8.8～9.4 | | | 9.2～9.8 | | | 9.5～10.5 | | |
| 2010—2020 年 | 8.2～8.8 | | | 8.8～9.2 | | | 8.9～10.2 | | |
| 备 注 | 人均市政生活用电负荷基值为有代表性的调查值或相关调查值的分析比较确定值 | | | | | | | | |

(2)表 5-14 和表 5-15 为小城镇规划单位建设用地电负荷指标和单位建筑面积用电负荷指标。

表 5-14 小城镇规划单位建设用地负荷指标

| 建设用地分类 | 居住用地 | 公共设施用地 | 工业用地 |
|---|---|---|---|
| 单位建设用地用电负荷指标（$kW/hm^2$） | 80～280 | 300～550 | 200～500 |

注:表外其他类建设用地的规划单位建设用地负荷指标的选取,可根据当地小城镇实际情况,调查分析确定。

表 5-15 小城镇规划单位建筑面积用电负荷指标

| 建设用地分类 | 居住建筑 | 公共建筑 | 工业建筑 |
|---|---|---|---|
| 单位建筑面积负荷指标（$W/m^2$） | 15～40（1～4kW/户） | 30～80 | 20～80 |

注:表外其他类建设用地的规划单位建筑面积用电负荷指标的选取,可根据当地小城镇实际情况,调查分析确定。

**5. 电源的选择**

电源是电力网的核心，小城镇供电电源的选择，是小城镇供电工程设计中的重要组成部分。电源种类有发电站和变电所两种。

(1)发电站。第一种类型为发电站。目前，我国小城镇主要有水力发电站、火力发电站、风力发电站，还有沼气发电站等。水力发电虽然一次性建造投资比较高，但运行费用低廉，是比较经济的能源。目前我国小城镇的自建电站中，小水电站占绝大部分。火力发电是燃烧煤、石油或天然气发电，其一次性建造投资高，运行费用也高，我国小城镇除少数产煤区外，很少建这种电站。风力发电是利用风能发电，沼气发电是燃烧沼气发电。这两种发电的方法目前在小城镇还未大规模应用。

(2)变电所。变电所是指电力系统内装有电力变压器、能改变电网电压等级的设施与建筑物。变电所可采用区域网供电方式将区域电网上的高压变成低压，再分配到各用户。这种供电方式具有运行稳定、供电可靠、电能质量好、容量大，能够满足用户多种负荷增长的需要以及安全、经济等优点。因此，在有条件的小城镇，应优先选用这种供电方式。变电所一般分为以下两种。

1)变压变电所。低压变高压为升压变电，高压变低压为降压变电。城市地区一般为降压变电所。

2)变流变电所。直流变交流或交流变直流，也称整流变电所。

**6. 供电电源的布置原则**

布置小城镇电源主要应根据动力系统规划、电力负荷的情况，并结合电源对厂址的要求而定。动力系统规划确定了城市电源的类型和容量之后，如何布置这些电源就应当结合小城镇的具体条件来确定。这是小城镇规划工作者的任务之一。下面介绍大、中型火电厂和变电所的布置问题。

(1)发电厂(或变电所)应靠近负荷中心。这样就可以减少电能损耗和输电线路的投资。因为发电厂(或变电所)距离负荷太远，路线很长，会增加投资。而且，距离太长，输电线路中电压损耗也大。

(2)需有充分的供水条件。由于大型火电厂用水量很大，能否保证供给它足够的水量,是一个极重要的问题,必须妥善地解决。

发电厂的用水主要是用作凝汽器、发电机的空气冷却器、油冷却器等的冷却水,锅炉补给水,除灰、吸尘、热力用户损失的补给水以及除硫等用水。

河水、湖水、海水以及地下水均可作为发电厂用水的水源。

发电厂排出的循环水的温度一般在 30 ℃左右,如果附近有需要热水的工厂,可将它加以利用。

(3)需保证燃料的供应。发电厂需用的燃料数量很大,这和发电量的多少、汽轮机的形式、燃料的质量等有关。

(4)排灰渣问题。处理灰渣最好从积极方面着手,综合利用以减少它的用地面积。

(5)运输条件。对于大型发电厂,在建厂时期要运进大量建筑材料和很多发电设备,而且在发电厂投入生产以后,还要经常运进燃料和运出灰渣,它们的数量都很可观。大型变电所的设备,如变压器等都很重,需要铁路专用线(或水运)来运送定期更换的主要设备。因此,在选择发电厂厂址时,应考虑是否有建设铁路专用线的条件,并使电厂尽可能靠近编组站或靠近有航运条件的河流,以减少建设费用。

(6)高压线进出的可能性。大中型发电厂以及大型变电所的高压线很多,需要宽阔的地带来敷设应有的出线。它们的宽度由导线的回数以及电压大小来决定。

(7)卫生防护距离。发电厂运行时有灰渣、硫磺气体和其他有害的挥发物或气体排出,在发电厂与居住区之间需有一定的隔离地带,靠近生活居住区的电厂,应布置在常年主导风向的下风向。

露天变电站到住宅和公共建筑物的最小距离见表 5-16。露天变电站附近,如果有化工厂、冶炼厂或其他工厂排出有害物质,飞到电气装置的瓷瓶上,就会降低瓷瓶的绝缘效能,容易造成短路事故,影响变电所生产,因此,在选择变电所的场址时,还应考虑到其他工厂对它的影响。

表 5-16 露天变电站到住宅和公共建筑物的最小距离

| 变压器容量(kVA) | 距 离(m) | |
|---|---|---|
| | 住宅、托幼、职工卧室、诊所 | 学校、旅馆、宿舍、音乐厅、电影院、图书馆 |
| 40 | 300 | 250 |
| 60 | 700 | 500 |
| 125 | 1 000 | 800 |

(8)对水文、地质、地形的要求。发电厂与变电所的厂址都不应设在可能开采矿藏或因地下开掘而崩溃的地区、塌陷地区、滑坡及冲沟地区,这些地区都是不安全的。发电厂与变电所厂址的标高应高于最高洪水位。如低于洪水位时,必须采取防洪措施。

要求一定的土壤承载力。在7级以上的地震地区建厂时,应有防震措施。

(9)有扩建的可能性。由于国民经济的迅猛发展,建厂要留有扩建的余地。

## 四、燃气工程规划

燃气是一种清洁、优质、使用方便的能源。目前,常用燃气主要有矿物质气和生物质气两大类。矿物质气主要有天然气、液化石油气、焦炉煤气等。生物质气主要包括沼气和秸秆制气等。

矿物质气品质好,质量稳定,供应可靠,但要求具有一定的规模以及较高的资金投入和运行管理。生物质气燃烧放热值较低、质量不稳定,均为可再生资源,且资金投入少,运行管理要求不高,适合小规模建设。燃气工程的规划应根据资源情况确定燃气种类。

### 1. 小城镇燃气规划应遵循的原则

(1)必须在小城镇总体规划指导下,按照总体规划的要求结合地区能源平衡的特点进行。

(2)要贯彻远、近期结合,以近期为主的方针,并应适当考虑发展的可能。城市燃气规划的年限,应根据国民经济发展计划来确定,一般为五年、十年或更长一些时间。

(3)小城镇燃气规划要符合统筹兼顾、全面安排、因地制宜、保护环境的要求。

**2. 小城镇燃气规划的任务**

(1)根据能源资源情况,选择和确定城市燃气的气源。

(2)通过调查研究,按照需要和可能,确定城市燃气供应的规模和主要供气对象。

(3)在计算各类燃气用户的气量消耗及总用气量的基础上,选择经济合理的输配系统和调峰方式。

(4)提出分期实现城市燃气规划的步骤。

(5)估算规划期内建设投资。

编写小城镇燃气规划说明书,对规划的指导思想、原则、方案选择等重要问题进行阐述,并绘制出城市燃气规划总图,在图中应标出气源、管网分布、供气区域和主要的储配站、调压室及液化气灌瓶站的位置。

**3. 小城镇燃气厂和储配站地址的选择**

燃气厂和储配站地址的选择要从小城镇的总体规划、起源和合理布局出发,并且要有利于生产,方便运输。

(1)尽量不占或少占良田,避免在不良工程地质的地区建厂。

(2)在满足保护环境和安全防火要求的条件下,气源厂要尽量靠近燃气负荷中心。

(3)要靠近交通(铁路、公路、水运)方便的地方,并要落实供电供水和燃气的出厂条件等,电源能保证双向供电。

(4)电源应能保证双路供电,供水和燃气管道出厂条件要好。

(5)厂区应位于城镇的下风向,尽量避免烟尘、废气、废水对居民、农业、渔业、大气等环境的污染。

(6)小城镇燃气,首先应考虑居民生活用气,其次是满足公共福利事业用气,在可能的条件下才满足那些工业上需要、用量不大由靠近燃气管网的工业企业用气。

**4. 燃气供应系统的组成**

燃气供应系统由气源、输配和应用等部分组成,如图 5-3 所示。

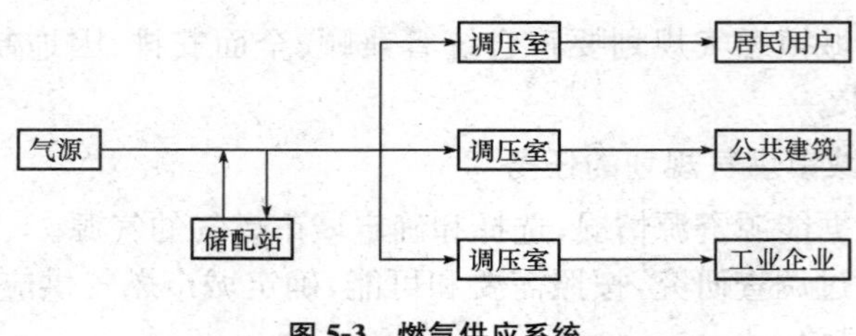


图 5-3 燃气供应系统

在燃气供应系统中,输配系统是由气源到用户之间的一系列煤气输送和分配设施组成,包括煤气管网、储气库、储配站和调压室。在小城镇燃气规划中,主要是研究有关气源和输配系统的方案选择和合理布局等一系列原则性的问题。

**5. 小城镇燃气输配管网压力级别和选择**

小城镇燃气输配管网系统压力设备一般分为单级系统、两级系统、三级系统和多级系统。

(1)单级系统。只采用 1 个压力等级(低压)来输送、分配和供应燃气的管网系统。其输配能力有限,因此仅适用于规模较小的小城镇,如图 5-4 所示。

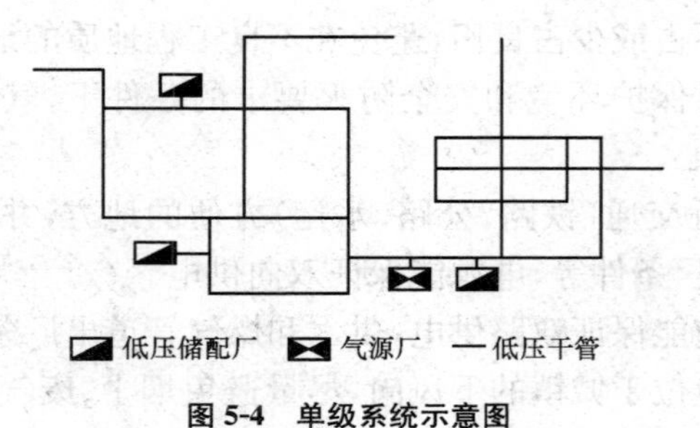


图 5-4 单级系统示意图

(2)两级系统。采用 2 个压力等级来输送、分配和供应燃气的管网系统如图 5-5 所示,包括有高低压和中低压系统两种。中低压系统由于管网承压低,有可能采用铸铁管,以节省钢材,但不能大幅度升高压力来提高管网通过能力,因此对发展的适应性较小。高低压系统因高压部分采用钢管,所以供应规模扩大时可提高管网运行压力,灵活性较大，其缺点是耗用钢材较多，并要求有较大的安全距离。

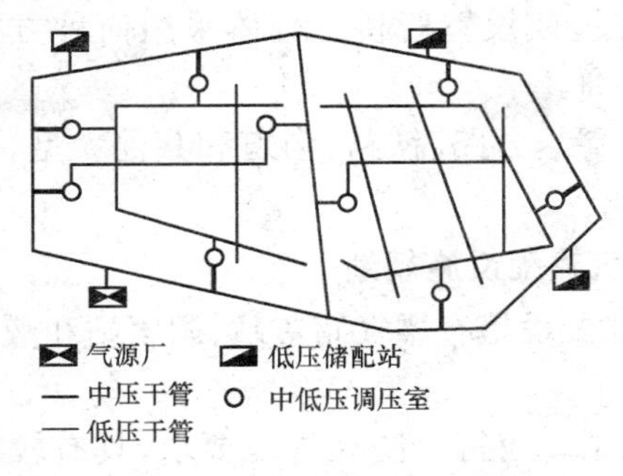


图 5-5　中低两级系统示意图

(3)三级系统。三级系统是由高、中、低三种燃气管道所组成的系统，仅适用于大城市。

(4)多级系统。在三级系统的基础上，再增设超高压管道环，从而形成四级、五级等多级系统。

小城镇燃气输配管网系统可采用中、低压的两级系统。

**6. 小城镇燃气管网的布置**

(1)高、中压燃气干管的位置应尽量靠近大型用户，主要干线应逐步连成环状。低压燃气管最好在居住区内部道路下敷设。这样既可保证管道两侧均能供气，又可减少主要干管的管线位置占地。

(2)一般应避开主要交通干道和繁华的街道，禁止在建筑物下、场堆、高压电力线走廊、电缆沟道、易燃易爆和腐蚀性液体堆场下及其他管道平行重叠敷设。

(3)沿街道敷设管道时，可单侧布置，也可双侧布置。低压干管宜在小区内部道路下敷设。

(4)不准敷设在建筑物的下面，不准与其他管线平行上下重叠，并禁止在下列地方敷设燃气管道：各种机械设备和成品、半成品堆放场地；易燃、易爆材料和具有腐蚀性液体的堆放场所；高压电线走廊、动力和照明电缆沟道。

(5)管道走向需穿越河流或大型渠道时，根据安全、经济、镇容镇貌等条件统一考虑,可随桥(木桥除外)架设,也可以采用倒虹吸管由河底(或渠底)通过,或设置管桥。具体采用何种方式应与小城镇规划、消防等部门协商。

(6)应尽量不穿越公路、铁路、沟道和其他大型构筑物,并应有一定的防护措施。

**7. 小城镇燃气输配设施规划**

小城镇燃气输配设施有燃气储备站、调压站和液化石油气瓶装供应站。

(1)燃气储配站。应符合防火规范要求,具有较好的交通、供电、供水和供热条件,应布置在镇区边缘。

(2)调压站。

1)一般设置在单独的建筑物内,中低压燃气管道当条件受限时可设置在地下,其供气半径以 0.5～1 km 为宜。

2)尽量布置在负荷中心或接近大用户。

3)尽可能避开繁华地段,可设在居民区的街坊内、广场和公园等地。

4)调压站为二级防火建筑,应保证其防火安全距离,更应躲开明火。

(3)液化石油气瓶装供应站。

1)一般设在居民区内,服务半径为 0.5 km,供应 5 000～7 000 户,居民耗气量可取 13～15 kg/(户·月)。

2)应有便于运瓶汽车出入口的道路。

3)其气瓶库与站外建筑物或道路之间的防火距离不应小于表 5-17 和表 5-18 的规定。

表 5-17 小城镇输气干线与架空高压输电线(或电信线)平行敷设时的安全、防火距离

| 架空高压输电线或电信线名称 | 与输气管最小间距(m) |
| --- | --- |
| ≥110 kV 电力线 | 100 |
| ≥35 kV 电力线 | 50 |
| ≥10 kV 电力线 | 15 |
| Ⅰ、Ⅱ线电信线 | 25 |

**表 5-18 小城镇埋地输气干线至各类建(构)筑物的最小允许安全、防火距离**

| 建(构)筑物的安全、防火类别 | 建(构)筑物名称 | 输气管公称压力 $p$(kg/cm$^2$) | | | | | | | | |
|---|---|---|---|---|---|---|---|---|---|---|
| | | $p\leqslant16$ | | | $16<p<40$ | | | $p\geqslant40$ | | |
| | | $D\leqslant200$ | $D=225\sim450$ | $D\geqslant500$ | $D\leqslant200$ | $D=225\sim450$ | $D\leqslant500$ | $D\leqslant200$ | $D=225\sim450$ | $D\geqslant500$ |
| Ⅰ | 特殊的建(构)筑物、特殊的防护地带(如大型地下构筑物及其防护区),炸药及爆炸危险品仓库、军事设施 | 大于 200m,并与有关单位协商确定 | | | | | | | | |
| Ⅱ | 城镇、公建(如学校、医院),重要工厂、车站、港口码头、重要水工建筑、易燃及重要物资仓库(如大型粮食、重要器材仓库),铁路干线和省、市级、战备公路的桥梁(m) | 25 | 50 | 75 | 50 | 100 | 150 | 50 | 150 | 200 |
| Ⅲ | 与输气管线平行的铁路干线、铁路专用线和县级、企业公路的桥梁(m) | 10 | 25 | 50 | 25 | 75 | 100 | 25 | 100 | 150 |
| Ⅳ | 与输气管线平行的铁路专用线,与输气管线平行的省、市、县级、战备公路及重要的企业专用公路 | >10 m 或与有关单位协商确定 | | | | | | | | |

注:1. 城镇——从规划建筑线算起。

2. 铁路、公路——从路基底边算起。

3. 桥梁——从桥墩底边算起。本表所列桥梁中:铁路桥梁为桥长 80 m 或单孔跨距 23.8 m 或桥高 30～50 m 以上者;公路桥梁为桥长 100 m 或桥墩距 40 m 以上者。如桥梁规格小于以上值,则按一般铁路或公路对待。

4. 与输气管线平行的铁路或公路指相互连续平行 500 m 以上者。

5. 除上述以外,其他建筑物从其外边线算起。

6. 表列钢管 $D\leqslant200$ 指无缝钢管,$D>200$ 指有缝钢管;钢管均由抗拉强度(36～52)kg/m$^2$ 的钢材所制成。

## 五、供热工程规划

小城镇供热工程规划主要包括确定热源、供热方式、供热量、布置管网和供热设施。

### 1. 小城镇供热方式

供热工程规划应根据采暖地区的经济和能源状况，充分考虑热能的综合利用，确定供热方式。具体有以下两点要求。

(1)能源消耗较多时可采用集中供热。

(2)一般地区可采用分散供热，并应预留集中供热的管线位置。

### 2. 小城镇热源种类选择

(1)一般情况下，小城镇应以区域锅炉房作为其供热主热源。

(2)在有一定的常年工业热负荷而电力供应紧张的小城镇地区亦可建发热电厂。

### 3. 小城镇热负荷计算

(1)计算法。

1)采暖热负荷计算。

$$Q=q \cdot A \cdot 10^{-3}$$

式中　$Q$——采暖热负荷(MW)；

$q$——采暖热指标(W/m²，取 60～67 W/m²)，

$A$——采暖建筑面积(m²)。

2)通风热负荷计算。

$$Q_r = KQ_n$$

式中　$Q_r$——通风热负荷(MW)；

$K$——加热系数(一般取 0.3～0.5)：

$Q_n$——采暖热负荷(MW)。

3)生活热水热负荷计算。

$$Q_w = Kq_wF$$

式中　$Q_w$——生活热水热负荷(W)；

$K$——小时变化系数；

$q_w$——平均热水热负荷指标(W/m²);

$F$——总用地面积(m²)。

当住宅无热水供应、仅向公建供应热水时,$q_w$ 取 2.5～3 W/m²;当住宅供应洗浴用热水时,$q_w$ 取 15～20 W/m²。

4)空调冷负荷计算。

$$Q_c = \beta q_c A \times 10^{-3}$$

式中　$Q_c$——空调冷负荷(MW);

$\beta$——修正系数;

$q_c$——冷负荷指标(一般为 70～90 W/m²);

$A$——建筑面积(m²)。

对不同建筑而言,$\beta$ 的值不同,见表 5-19。

表 5-19　小城镇建筑冷负荷指标

| 建筑类型 | 旅馆 | 住宅 | 办公楼 | 商店 | 体育馆 | 影剧院 | 医院 |
|---|---|---|---|---|---|---|---|
| 冷负荷指标 $\beta q_c$ | $1.0q_c$ | $1.0q_c$ | $1.2q_c$ | $0.5q_c$ | $1.5q_c$ | $1.2 \sim 1.6q_c$ | $0.8 \sim 1.0q_c$ |

注:当建筑面积<5 000 m² 时,取上限;建筑面积>10 000 m² 时,取下限。

5)生产工艺热负荷计算。对规划的工厂可采用设计热负荷资料或根据相同企业的实际热负荷资料进行估算。该项热负荷通常应由工艺设计人员提供。

6)供热总负荷计算。将上述各类负荷的计算结果相加,进行适当的校核处理后即得供热总负荷,但总负荷中的采暖、通风热负荷与空调冷负荷实际上是同一类负荷,在相加时应取两者中较大的一个进行计算。

(2)概算指标法。民用建筑供热面积热指标概算值见表 5-20。对居住小区而言,包括住宅与公建在内,其采暖热指标建议取值为 60～67 W/m²。

表 5-20　小城镇民用建筑供暖面积热指标概算值

| 建筑物类型 | 单位面积热指标(W/m²) | 建筑物类型 | 单位面积热指标(W/m²) |
|---|---|---|---|
| 住宅 | 58～64 | 商店 | 64～87 |

续表

| 建筑物类型 | 单位面积热指标（$W/m^2$） | 建筑物类型 | 单位面积热指标（$W/m^2$） |
| --- | --- | --- | --- |
| 办公楼、学校 | 58～87 | 单层住宅 | 81～105 |
| 医院、幼儿园 | 64～81 | 食堂餐厅 | 116～140 |
| 旅馆 | 58～70 | 影剧院 | 93～116 |
| 图书馆 | 47～76 | 大礼堂、体育馆 | 116～163 |

注：上表推荐值中，已包括了热网损失在内（约6%）。

### 4. 小城镇供热管网布置

（1）其主要干管应力求短直并靠近大用户和热负荷集中的地段，避免长距离穿越没有热负荷的地段。

（2）尽量避开主要交通干道和繁华街道。

（3）宜平行于道路中心线，通常敷设在道路的一边，或者是敷设在人行道下面。尽量少敷设横穿街道的引入管，尽可能使相邻的建筑物的供热管道相互连接。如果道路是有很厚的混凝土层的现代新式路网，则采用在街坊内敷设管线的方法。

（4）当供热管道穿越河流或大型渠道时，可随桥架设或单独设置管桥，也可采用虹吸管由河底（或渠道）通过。具体采用何种方式，应与城市规划等部门协商并根据市容要求、经济能力进行统一考虑后确定。

（5）与其他管线并行敷设或交叉时，为保证各种管道均能方便地敷设、运行和维修，热网和其他管线之间应有必要的距离。

（6）技术上应安全可靠，避开土质松软地区和地震断裂带、滑坡及地下水位高的地区。

## 六、工程管线综合规划

为了满足工业生产及人民生活需要，所敷设的管道和线路工程，简称管线工程。管线工程综合规划是搜集镇区规划范围内各项管线工程的规划设计及现状资料，加以分析研究，进行统筹安排，发现并解决它们之间以及它们与其他各项工程之间的矛盾，使其在用地上占有合理的位置，并指导单项工程下一阶段的设计，同时为管线工程的施工以及今后的管理工作创造有利条件。

**1. 工程管线分类**

(1)按性能和用途分类。根据性能和用途的不同，小城中的管线工程，大体可以分为以下几类。

1)铁路。包括铁路线路、专用线、铁路站场以及桥涵、地下铁路以及战场等。

在管线工程综合中，将铁路、道路以及和它们有关的车站、桥涵都包括在线路范围内。因此，综合工作中所称的管线比一般所称的管线含义要广一些。

2)道路包括小城镇道路、公路、桥梁、涵洞等。

3)给水管道包括工业给水、生活给水、消防给水等管道。

4)排水沟管包括工业污水(废水)、生活污水、雨水、管道和沟道。

5)电力线路包括高压输电、生产用电、生活用电、电车用电等线路。

6)电信线路包括镇内电话、长途电话、电报、广播等线路。

7)热力管道包括蒸汽、热水等管道。

8)可燃或助燃气体管道包括燃气、乙炔、氧气等管道。

9)空气管道包括新鲜空气、压缩空气等管道。

10)液体燃料管道包括石油、酒精等管道。

11)灰渣管道包括排泥、排灰、排渣、排尾矿等管道。

12)地下人防工程。

13)其他管道主要是工业生产上用的管道，如氯气管道以及化工用的管道等。

(2)按敷设形式分类。根据敷设形式不同，工程管线可以分为地下埋设、地表敷设、空中架设三大类。

给水、排水、煤气等管道绝大部分埋在地下；铁路、道路多设在地表面；在工业区、大型企业和一些居住区，其热力、燃气、原料、废料等管道既可埋在地下，也可敷设在地面和架设在空中，其敷设形式主要取决于生产、生活、维护维修要求和工程造价；电力电信管线目前多架设在空中，但在城镇市区，低压电力、电信管线有向地下发展的趋势。

地下埋管线，根据覆土深度不同又可分为深埋和浅埋两类。覆土厚度大于 1.5 m 属于深埋，我国北方地区土壤冰冻线较深，一般给水、排水、煤气、热力等管道均需要深埋，以防冰冻；而电力、电信、弱电管线等不受冰冻影响，可浅埋。另外，我国南方大部分地区土壤不冰冻或冰冻较浅，故给水、排水管道等一般都不深埋。

(3)按输送方式分类。根据输送方式不同，管道又可分为压力管道和重力自流管道。给水、燃气、热力等通常采用压力管道，排水管道一般采用重力自流管道。

管线工程的分类方法很多，主要是根据管线的不同用途和性能加以划分。

**2. 管线工程布置一般原则**

(1)厂界、道路、各种管线的平面位置和竖向位置应采用城镇统一的坐标系统和标高系统，避免发生混乱和互不衔接。如果有几个坐标系统和标高系统时，需加以换算，取得统一。

(2)充分利用现状管线，只有当原有管线不适应生产发展的要求或不能满足居民生活需要时，才考虑废弃和拆迁。

(3)对于基建期间施工用的临时管线，也必须予以妥善安排，尽可能使其和永久性管线结合起来，成为永久性管线的一部分。

(4)安排管线位置时，应考虑今后的发展，留有余地，但也要节约用地。在满足生产、安全、检修的条件下，技术、经济比较合理时应共架共沟布置。

(5)在不妨碍今后的运行、检修和合理占有土地的情况下，应尽可能缩短管线长度以节省建设费用。但需避免随便穿越和切割可能作为工业企业和居住区的扩展备用地，避免布置凌乱，造成今后管理和维修不便。

(6)居住区内的管线，首先考虑在街坊道路下布置，其次在次干道下，尽可能不将管线布置在交通频繁的主干道的车行道下，以免施工或检修时开挖路面和影响交通。

(7)埋设在道路下的管线，一般应和道路中心线或建筑红线平行。同一管线不宜自道路的一侧转到另一侧，以免多占用地和增加管线交叉的可能。靠近工厂的管线，最好和厂边平行布置，便于施工和今后的管理。

(8)在道路横断面中安排管线位置时，首先考虑布置在人行道下与非机动车道下，其次才考虑将修理次数较少的管线布置在机动车道下。往往根据当地情况，预先规定哪些管线布置在道路中心线的左侧或右侧，以利于管线的设计综合和管理。但在综合过程中，为了使管线安排合理和改善道路交叉口中管线的交叉情况，可能在个别道路中会变换预定的管线位置。

(9)工程管线在道路下面的规划位置应相对固定。从道路红线向道路中心线方向平行布置的次序，应根据工程管线的性质、埋设深度等确定。分支线少、埋设深、检修周期短及可燃、易燃和损坏时对建筑物基础安全有影响的工程管线应远离建筑物。

布置次序由近及远宜为：电力电缆、电信电缆、燃气配气、给水配水、热力干线、燃气输气、给水输水、雨水排水、污水排水。

垂直次序由浅及深为：电信管线、热力管、小于 10 kV 电力电缆、大于 10 kV 电力电缆、煤气管、给水管、雨水管、污水管。

(10)编制管线工程综合时，应使道路交叉口的管线交叉点越少越好，这样可减少交叉管线在标高上发生矛盾。

(11)管线发生冲突时，要按具体情况来解决，一般情况如下。

1)新建设管线让已建成管线。

2)临时管线让永久管线。

3)小管道让大管道。

4)压力管道让重力自流管道。

5)可弯曲的管线让不易弯曲的管线。

(12)沿铁路敷设的管线，应尽量和铁路线路平行；与铁路交叉时，尽可能成直角交叉。

(13)可燃、易燃的管道，通常不允许在交通桥梁上跨越河流。在交通桥梁上敷设其他管线，应根据桥梁的性质、结构强度，并在符合有关部门规定的情况下加以考虑。穿越通航河流时，不论架空或在河道下通过，均须符合航运部门的规定。

(14)电信线路和供电线路通常不合杆架设,在特殊情况下,征求有关部门同意,采取相应措施后(如电信线路采用电缆或皮线等),也可合杆架设。同一性质的线路应尽可能合杆,如高低压供电线等。高压输电线路和电信线路平行架设时,要考虑干扰的影响。一般将电力电缆布置在道路的东侧或南侧,电信管、缆在道路的西侧或北侧。

(15)在交通运输繁忙和管线设施多的快车道、主干道以及配合兴建地下铁道、立体交叉等工程地段,不允许随时挖掘路面的地段、广场或交叉口处,道路下需同时敷设两种以上管道;在多回路电力电缆的情况下,道路与铁路或河流的交叉处,开挖后难以修复的路面下以及某些特殊建筑物下,应将工程管线采用综合管沟敷设。综合管沟敷设应符合以下规定。

1)热力管不应与电力、通信电缆和压力管道共沟。

2)排水管道应布置在沟底,而沟内有腐蚀性介质管道时,排水管道则应位于其上面。

3)腐蚀性介质管道的标高应低于沟内其他管线。

4)火灾危险性属甲乙丙类的液体、液化石油气、可燃气体、毒性气体和液体以及腐蚀性介质管道,不应共沟敷设,并严禁与消防水管共沟敷设。

5)凡有可能产生互相影响的管线,不应共沟敷设。

敷设主管道的综合管沟应在车行道下,其中覆土深度必须根据道路施工和行车荷载的要求,综合管沟的结构强度以及当地的冰冻深度等确定。敷设支管的综合管沟,应在人行道下,其埋设深度可较浅。

(16)综合布置管线时,管线之间或管线与建筑物、构筑物之间的水平距离,除了要满足技术、卫生、安全等要求外,还必须符合国防有关的规定。

**3. 规划综合与设计综合编制**

在城镇规划的不同工作阶段,对管线工程综合有不同的要求,一般可分为规划综合、初步设计综合、施工详图检查。各阶段相互联系,内容逐步具体化。

(1)规划综合。规划综合主要以各项管线工程的规划资料为依据，进行总体布置。主要任务是解决各项工程干线在系统布置上的问题。例如，确定干管的走向，找出它们之间有无矛盾，各种管线是否过分集中在某一干道上。对管线的具体位置，除有条件的必须定出个别控制点外，一般不作规定。经过规划综合，可以对各单项工程的初步设计提出修改意见，有时也可以对道路的横断面提出修改建议。

(2)初步设计综合。初步设计综合相当于城镇的详细规划阶段，它根据各单项管线工程的初步设计进行综合。设计综合不但确定各种管线的平面位置，而且还确定其控制标高。将它们综合在规划图上，可以检查它们之间的水平间距和垂直间距是否合适，在交叉处有无矛盾。经过初步设计综合，对各单项工程的初步设计提出修改意见，有时也可以对市区道路的横断面提出修改建议。

(3)施工详图检查。经过初步设计的综合，一般的矛盾已解决，但是各单项工种的技术设计和施工详图，由于设计工作进一步深入，或由于客观情况变化，也可能对原来的初步设计有修改，需要进一步将施工详图加以综合核对。在一些复杂的交叉口，对各管线之间的垂直标高上的矛盾及解决的工程技术措施，需要加以校核综合。

## 第二节 防灾减灾规划

灾害是威胁城镇生存和发展的重要因素之一，它不仅造成巨大经济损失和人员伤亡，还干扰破坏小城镇各种活动的秩序。小城镇防灾减灾规划关系到小城镇的安危存亡，在小城镇中体规划中必须加以重视。

小城镇的防灾减灾规划主要包括消防、防洪、抗震防灾和防风减灾的规划。

### 一、消防规划

#### 1. 小城镇消防规划内容

(1)对易燃易爆工厂、仓库的布局(如石油化工厂、仓库设置的位置和距离)，火灾危险大的工厂、仓库的选点与周围环境条件，散发可燃气体、可燃蒸气和可燃粉尘工厂的设置位置，与城市主导风向的关系及与其他建筑之间的安全距离等，要采取严格控制办法。

(2)小城镇燃气的调压站布点、与周围建筑物的间距；液化石油储存站、储备站、灌瓶站的设置地点，与周围建筑物、构筑物、铁路、公路防火的安全距离等，严格按防火间距规定执行。

(3)城市汽车加油站的布点、规模及安全条件等，根据消防要求，认真控制与环境的关系。

(4)位于居住区，且火灾危险性较大的工厂，采取有效措施，保证安全。

(5)结合旧城区改造，提高耐火能力，拓宽狭窄消防通道，增加水源，为灭火创造有利条件。

(6)对古建筑和重点文物单位应考虑保护措施。

(7)对燃气管道和高压输电线路采取保护措施。

(8)设置消防站。

**2. 小城镇消防安全布局**

(1)生产和储存易燃、易爆物品的工厂、仓库、堆场和储罐等应设置在镇区边缘或相对独立的安全地带。

(2)生产和储存易燃、易爆物品的工厂、仓库、堆场、储罐以及燃油、燃气供应站等与居住、医疗、教育、集会、娱乐、市场等建筑之间的防火间距不应小于 50 m。

(3)现状中影响消防安全的工厂、仓库、堆场和储罐等应迁移或改造，耐火等级低的建筑密集区应开辟防火隔离带和消防车通道，增设消防水源。

**3. 小城镇消防给水**

(1)具备给水管网条件时，其管网及消火栓的布置、水量、水压应符合现行国家标准《建筑设计防火规范》(GB 50016—2006)的有关规定。

(2)不具备给水管网条件时应利用河湖、池塘、水渠等水源规划建设消防给水设施。

(3)给水管网或天然水源不能满足消防用水时，宜设置消防水池，寒冷地区的消防水池应采取防冻措施。

(4)小城镇消防用水量可按同一时间内只发生一次火灾,一次灭火用水量为 10 L/s,灭火时间不小于 3 h 来确定。室外消防用水量按表 5-21 确定。

表 5-21 小城镇室外消防用水量

| 人口数(万人) | 同一时间发生火灾次数 | 一次灭火用水量(L/s) | |
|---|---|---|---|
| | | 全部为一、二层建筑 | 一、二层或三层以上建筑 |
| 1 以下 | 1 | 10 | 10 |
| 1.0～2.5 | 1 | 10 | 15 |
| 2.5～5.0 | 2 | 20 | 25 |
| 5.0～10.0 | 2 | 25 | 35 |

### 4. 小城镇消防站的设置

消防站的设置应根据镇的规模、区域位置和发展状况等因素确定,并应符合下列规定。

(1)特大、大型镇区消防站的位置应以接到报警 5 min 内消防队到辖区边缘为准,并应设在辖区内的适中位置和便于消防车辆迅速出动的地段;消防站的建设用地面积、建筑及装备标准可按《城市消防站建设标准》(建标 152—2011)的规定执行;消防站的主体建筑距离学校、幼儿园、托儿所、医院、影剧院、集贸市场等公共设施的主要疏散口的距离不应小于 50 m。

(2)中、小型镇区尚不具备建设消防站时,可设置消防值班室,配备消防通信设备和灭火设施。

(3)小城镇消防站设置数量可按表 5-22 确定。

表 5-22 小城镇消防站设置数量

| 小城镇人口 | 消防站数量(个) |
|---|---|
| 常住人口不到 1.5 万人,物资集中或水陆交通枢纽的小城镇 | 1 |
| 常住人口 4.5 万～5.0 万人的小城镇 | 1 |
| 常住人口 5 万人以上,工厂企业较多的小城镇 | 1～2 |

**5. 小城镇消防通道和通信的设置**

(1)消防车通道之间的距离不宜超过160 m,路面宽度不得小于4 m,当消防车通道上空有障碍物跨越道路时,路面与障碍物之间的净高不得小于4 m。

(2)镇区应设置火警电话。特大、大型镇区火警线路不应少于两对。中、小型镇区不应少于一对。

镇区消防站应与县级消防站、邻近地区消防站以及镇区供水、供电、供气等部门建立消防通信联网。

## 二、防洪规划

**1. 小城镇防洪规划内容**

(1)搜集小城镇地区的水文资料,如江、河、湖泊的年平均最高水位,年平均最低水位,历史最高水位,年降水量,包括年最大、月最大、五日最大降雨量,地面径流系数等。

(2)调查城市用地范围内,历史上洪水灾害的情况,绘制洪水淹没地区图和了解经济上损失的数字。

(3)靠近平原地区较大的江河的城市应拟定防洪规划,包括确定防洪的标高、警戒水位、修建防洪堤、排洪闸门、排内涝工程的规划。

(4)在山区城市,应结合所在地区河流的流域规划全面考虑,在上游修筑防洪水库、水土保持工程,城区附近的疏导河道、修筑防洪堤岸,在城市外围修建排洪沟等。

(5)有的城镇位于较大水库的下方,应考虑泄洪沟渠及万一溃坝时,洪水淹没的范围及应采取的工程措施。

**2. 小城镇防洪标准**

(1)镇域防洪规划应与当地江河流域、农田水利、水土保持、绿化造林等的规划相结合,统一整治河道,修建堤坝、圩垸和蓄、滞洪区等工程防洪措施。

(2)镇域防洪规划应根据洪灾类型(河洪、海潮、山洪和泥石流)选用相应的防洪标准及防洪措施,实行工程防洪措施与非工程防洪措施相结合，组成完整的防洪体系。

(3)镇域防洪规划应按国家现行标准《防洪标准》(GB 50201—1994)的有关规定执行；镇区防洪规划除应执行《防洪标准》(GB 50201—1994)外，尚应符合现行行业标准《城市防洪工程设计规范》(GB/T 50805—2012)的有关规定。

邻近大型或重要工矿企业、交通运输设施、动力设施、通信设施、文物古迹和旅游设施等防护对象的镇，当不能分别进行设防时，应按就高不就低的原则确定设防标准及设置防洪设施。

(4)修建围埝、安全台、避水台等就地避洪安全设施时，其位置应避开分洪口、主流顶冲和深水区，其安全超高值应符合表 5-23 的规定。

表 5-23　就地避洪安全设施的安全超高

| 安全设施 | 安置人口(人) | 安全超高(m) |
|---|---|---|
| 围埝 | 地位重要、防护面大、人口≥10 000 的密集区 | >2.0 |
|  | ≥10 000 | 2.0~1.5 |
|  | 1 000~10 000 | 1.5~1.0 |
|  | <1 000 | 1.0 |
| 安全台、避水台 | ≥1 000 | 1.5~1.0 |
|  | <1 000 | 1.0~0.5 |

注：安全超高是指在蓄、滞洪时的最高洪水位以上，考虑水面浪高等因素，避洪安全设施需要增加的富余高度。

(5)各类建筑和工程设施内设置安全层或建造其他避洪设施时，应根据避洪人员数量统一进行规划，并应符合国家现行标准《蓄滞洪区建筑工程技术规范》(GB 50181—1993)的有关规定。

(6)易受内涝灾害的镇。其排涝工程应与排水工程统一规划。

(7)防洪规划应设置救援系统。包括应急疏散点、医疗救护、物资储备和报警装置等。

**3. 小城镇防洪工程设计**

(1)修筑防洪堤岸。根据拟定的城市防洪标准，应在常年洪水位以下的城镇用地范围的外围修筑防洪堤。防洪堤的工程标准断面，视城镇的具体情况而定:土堤占地较大;混凝土占地小,但工程费用较高。堤岸在迎江河的一面应加石块铺砌防浪护堤,背面植草保护。在堤顶上加修防特大洪水的小堤。在通向江河的支流或沿支流修防洪堤或设防洪闸门,在汛期时用水泵排堤内侧积水,排涝泵进水口应修在堤内侧最低处。

(2)整修河道。有些地区,降雨量集中,洪水量大势猛,但平时河床干涸,这样对城镇用地的使用和组织、道路桥梁的建造均不利,应该对河道加以整治。修筑河堤以束流导引,变河滩地为城镇建设用地或改造为农田。把平浅的河床加以浚深,把过于弯曲的河床加以截弯取直,可以增加对洪水的宣泄能力,降低洪水位。

有些城镇地区,根据水文资料估计的洪水位很高,以及由于城镇的重要性,确定的防洪标准很高,因而预留的排洪沟过宽,占地很大,平时河床内也无法利用,可以采取在河道两边按一般常年洪水位或较低的防洪标准修筑防洪堤,然后再按应采取的较高的防洪标准,在其两侧修建备用的防洪堤。在这两条堤之间的用地,可以加以利用,或作为农田,或作为一些不是永久性的建筑或场地使用。同时也要注意预留的排洪沟不要随意占用,以免必要排洪时宣泄不畅造成灾害。

(3)加固河岸。有的城镇用地高出常年洪水位,一般不修筑防洪堤,但应对河岸整治加固,防止被冲刷崩塌,以致影响沿河的城镇用地及建筑。对河岸可以做成垂直、一级斜坡、二级斜坡,从工程量大小作比较方案。在凹形的易受冲刷的地段,堤岸底脚基础更应予加固。

沿河岸可以规划为滨河路,设一些绿化带,增加城镇的美观及居民休息地点。滨河路的功能性质应按照在城镇总体规划中的位置来确定。滨河路不宜有过多的机动交通,否则会影响居民对河岸绿化带的接近。

(4)整治湖塘洼地。湖塘洼地对洪水的调节作用非常重要,但往往被人忽略。在有些城镇中,由于城镇管理不好,垃圾废渣没有妥善处理,填埋湖塘;也有以城镇卫生为理由,填埋湖塘结果减少了湖塘对洪水的积蓄作用,发生积水淹没城市用地。

应当结合城镇总体规划,对一些湖塘洼地加以保留及利用整治,有的改为公园绿地,有的也可以养鱼增加经济收入,有些零星湖塘与洼地，可结合排水规划加以连通，如能与河道连接，则蓄水的作用将更为显著。

(5)修建蓄洪水库。在一些城镇用地的上游，可修筑蓄洪水库。可以调节径流，减少洪水威胁。有时，因为城镇供水水源的需要，也要建水库。水库周围，风景优美，常常可以作为城市休养及游览地区。水库还可以用来发展渔业，也可以用作水力发电，增加城镇能源供应。

根据地形、水文、地质等等条件，可以在干流的上游修建大型水库，也可以在支流上修建若干小型水库。

但是，修建水库要考虑城镇的安全问题。特别是在主要城镇和工业点的上游修建大中型水库，要避免造成城市“头顶一盆水”的局面。水库不应距离城市过近，水库的泄洪道应在城市用地外围通过，并在汛期到来前先期放水，降低水库水位，以便增加蓄洪量。

在重要城镇或工矿企业的上游或在地震区修建水库，其防洪标准及水坝的工程标准，应当提高，要按特大型考虑，要防止由于自然灾害的原因造成溃坝，造成下游城镇的严重损失。但也不能因为曾偶然有过类似的事件而盲目地提高工程标准，而造成工程费用过大。应当设想如果万一上游水库溃坝时对下游城镇的淹没情况，绘出淹没范围图，以便在制定城镇规划时，不要把一些重要的单位放在淹没区内。

(6)修建截洪沟。如果城镇用地靠近山坡地，为了避免山洪泄入城镇，增加城镇排水的负担，或淹没城镇中的局部地区，可以在城镇用地较高的一侧。顺应地形，修建截洪沟，将上游的洪水引入其他河流。或在城镇用地下游方向排入城镇邻近的江河中。

(7)综合解决城市防洪。制定城镇防洪规划，不应孤立地进行，应当与所在地区的河流的流域规划结合起来，应当与城市郊区用地的农田水利规划结合起来，统一解决。农田排水沟渠可以分散排放降水，而减少洪水对城市的威胁。大面积造林既有利于自然环境的保护，也可以起水土保护作用。防洪规划也应与航道规划相配合。

## 三、抗震防灾规划

小城镇防震应从多层、多方面考虑，一方面要注意地震区内小城镇的合理选址，用地合理布局和考虑震后的出路、疏散场地等；另一方面要充分考虑小城镇内部的各种建筑物、构筑物等抗震设防的问题。

小城镇抗震防灾规划主要应包括建设用地评估和工程抗震、生命线工程和重要设施，防止地震次生灾害以及避震疏散的措施。具体表现在以下几点。

(1)在抗震设防区进行规划时，应符合国家现行标准《中国地震动参数区划图》(GB 18306—2001)和《建筑抗震设计规范》(GB 50011—2010)等的有关规定，选择对抗震有利的地段，避开不利地段，严禁在危险地段规划居住建筑和人员密集的建设项目。

(2)工程抗震应符合下列规定。

1)新建建筑物、构筑物和工程设施应按国家和地方现行有关标准进行设防。

2)现有建筑物、构筑物和工程设施应按国家和地方现行标准进行鉴定，提出抗震加固、改建和拆迁的意见。

(3)生命线工程和重要设施，包括交通、通信、供水、供电、能源、消防、医疗和食品供应等应进行统筹规划，并应符合下列规定。

1)道路、供水、供电等工程应采取环网布置方式。

2)镇区人员密集的地段应设置不同方向的四个出入口。

3)抗震防灾指挥机构应设置备用电源。

(4)生产和贮存具有发生地震的次生灾害源，包括产生火灾、爆炸和溢出剧毒、细菌、放射物等单位，应采取以下措施。

1)次生灾害严重的，应迁出镇区和村庄。

2)次生灾害不严重的，应采取防止灾害蔓延的措施。

3)人员密集活动区不得建有次生灾害源的工程。

(5)避震疏散场地应根据疏散人口的数量规划，疏散场地应与广场、绿地等综合考虑，并应符合下列规定。

1)应避开次生灾害严重的地段，并应具备明显的标志和良好的交通条件。

2)镇区每一疏散场地的面积不宜小于4 000 $m^2$。

3)人均疏散场地面积不宜小于3 $m^2$。

4)疏散人群至疏散场地的距离不宜大于500 m。

5)主要疏散场地应具备临时供电、供水,并符合卫生要求。

### 四、防风减灾规划

在小城镇防风减灾规划中应做到以下几点。

(1)易形成风灾地区的镇区选址应避开与风向一致的谷口、山口等易形成风灾的地段。

(2)易形成风灾地区的镇区规划,其建筑物的规划设计除应符合国家现行标准《建筑结构荷载规范》(GB 50009—2012)的有关规定外,尚应符合下列规定。

1)建筑物宜成组成片布置。

2)迎风地段宜布置刚度大的建筑物,体型力求简洁规整,建筑物的长边应同风向平行布置。

3)不宜孤立布置高耸建筑物。

(3)易形成风灾地区的镇区应在迎风方向的边缘选种密集型的防护林带。

(4)易形成台风灾害地区的镇区规划应符合下列规定。

1)滨海地区、岛屿应修建抵御风暴潮冲击的堤坝。

2)确保风后暴雨及时排除,应按国家和省、自治区、直辖市气象部门提供的年登陆台风最大降水量和日最大降水量统一规划建设排水体系。

3)应建立台风预报信息网,配备医疗和救援设施。

(5)宜充分利用风力资源,因地制宜地利用风能建设能源转换和能源储存设施。

## 第三节 小城镇生态环境规划

### 一、小城镇生态规划

“城乡规划”是设计多学科的一门综合学科,生态学是城乡规划涉及的十分重要的学科之一。早些年城乡规划只有环境保护规划,没有生态规划，如今城乡规划中已开始越来越重视生态规划。特别是强调生态规划的思想与理念应贯穿和体现在包括小城镇规划的城乡规划的各项规划中已成为规划界的共识。

生态环境与城乡规划建设在许多方面尚会产生相互影响，城乡规划建设要考虑生态评价与生态环境目标预测，要考虑生态的安全格局，城乡规划中的空间管制，规划区哪些范围适宜建设、可以建设，哪些范围不宜建设、不可建设都与用地生态适宜性评价直接相关。

城乡规划的产业布局，如果忽略工业发展和环境之间的关系，用地开发超越生态资源承载能力，就会导致所谓的“生态危机”。特别是对于那些强调保护的生态濒危地区、生态敏感区更需在城乡规划、生态规划中深入研究。

**1. 小城镇生态规划特点**

小城镇生态规划应是小城镇规划的重要组成部分，如前所述，如今城乡规划中已越来越重视生态规划。小城镇生态规划有以下特点。

(1)与县域城镇体系、小城镇总体规划密切相关。生态规划一般都是在规划特定的区域范围研究“社会—经济—自然”复合生态系统。城乡规划中的生态规划，其规划特定的区域范围，包括城镇体系规划的规划区域范围和城镇总体规划的城镇规划区范围都是与相应一级的城乡规划范围相一致的。另一方面，生态规划的核心是对规划区域的社会、经济和生态环境复合系统进行结构改善和功能强化，以促进国民经济和社会的健康、持续、稳定与协调发展。这本身就要求生态规划思想贯穿整个城乡规划，同时与城镇体系规划、城镇总体规划的社会经济发展规划、空间布局规划紧密同向协调。可见小城镇规划中的生态规划与县域城镇体系、小城镇总体规划密切相关。

(2)与城市相比，小城镇特别是县城镇、中心镇外的一般小城镇生态系统对城镇系统之外的物流和能流的依赖明显较弱。

小城镇是“城之尾，乡之首”，是城乡接合部的社会综合体。小城镇规模普遍较小，其生态环境的开放度明显高于城市，自然性的一面更强。城市生态系统是人工化的生态系统，生态系统从外界输入物质和能量，并向外界输出废弃物和弃能，生态系统的运行明显依赖于外环境输入和接受废弃物的能力；而小城镇特别是县城镇、中心镇外的一般小城镇、非城镇密集地区小城镇，上述依赖明显较弱。同时，就小城镇而言的一般上述依赖性，县城镇、中心镇高于一般小城镇；城镇密集地区小城镇高于分散独立分布的小城镇。

(3)小城镇生态规划更加滞后，基础更为薄弱。我国长期以来小城镇规划未能像城市规划那样引起社会普遍重视，小城镇规划滞后，基础薄弱，而小城镇生态规划更加缺乏与滞后，基础更为薄弱。

(4)因城市生态环境问题和产业结构而转移出来的劳动密集型，环境污染严重的工业、企业项目向小城镇集中是小城镇生态系统和生态规划不容忽视，必须高度重视切实解决的一个重要问题。

一些小城镇只重视经济建设，忽视生态环境问题，各自为政、盲目、无原则接纳环境污染严重的工业项目、企业；另一方面，污染防治基础设施建设又严重不足，造成小城镇大气、地表水、水资源污染严重，取得经济价值远不能抵消长远的生态环境负面影响。小城镇生态及其规划重视从源头污染严格控制刻不容缓。

**2. 小城镇生态规划主要内容**

不同学科的生态规划有不同的规划内容和规划侧重点。例如，园林规划中的生态规划与城乡规划中的生态规划内容就有很大不同。园林规划中的生态规划侧重植物、绿化方面的生态规划内容；而城乡规划中的生态规划内容则是侧重于与城乡规划区域社会经济、用地布局、生态保护紧密相关的生态资源、生态质量、生态功能、安全格局、生态建设等规划内容。

小城镇规划中的生态规划主要规划包括如下内容。

(1)小城镇规划区生态环境分析。

(2)小城镇规划区生态环境评价。

(3)小城镇规划区远期生态质量预测。

(4)小城镇规划区生态功能区划分。

(5)小城镇生态安全格局与生态保护。

(6)小城镇生态建设。

小城镇规划中生态规划应根据小城镇生态环境要素、生态环境敏感性与生态服务功能空间划分生态功能区，指导小城镇生态保护和规范小城镇生态建设，避免无度使用生态系统。

**3. 小城镇生态规划基本原则**

(1)与总体规划相协调原则。小城镇生态环境与小城镇规划建设在许多方面会相互影响，小城镇总体规划中的空间管制，规划区哪些范围适宜建设、可以建设，哪些范围不宜建设、不可建设与用地生态适宜性评价直接相关，生态规划应与总体规划相协调，总体规划要强调和贯穿生态规划的思想与理念。

(2)整体优化原则。生态规划以区域生态环境、社会、经济的整体最佳效益为目标。生态规划的思想与理念应该贯穿和体现在小城镇规划的各项规划中，各项规划都要考虑生态环境影响和综合效益。强调生态规划的整体性和综合性是从生态系统原理考虑的基本规划原则。

(3)生态平衡原则。生态规划应遵循生态平衡原则，重视人口、资源、环境等各要素的综合平衡，优化产业结构与布局，合理划分生态功能区划，构建可持续发展区域性生态系统。

(4)保护多样性原则。生物多样性保护是生态规划的基本原则之一。

生态系统中的物种、群落、生境和人类文化的多样性影响区域的结构、功能及它的可持续发展。生态规划应避免一切可以避免的对自然系统的破坏，特别要注意对自然保护区和特殊生态环境条件(如干、湿以及贫营养等生态环境)的保护，同时还应保护人类文化的多样性，保存历史文脉的延续性。

(5)区域分异原则。区域分异也是生态规划的基本原则之一。在充分研究区域和小城镇生态要素的功能现状、问题及发展趋势的基础上，综合考虑区域规划、小城镇总体规划的要求以及小城镇规划区现状，充分利用环境容量，划分生态功能分区，实现社会、经济、生态效益的高度统一。

(6)以人为本、生态优先、可持续发展原则。以人为本、生态优先、可持续发展原则是小城镇生态规划的基本原则之一。这一原则也即要求按生态学和社会、经济学原理，确立优化生态环境的可持续发展的资源观念，改变粗放的经济发展模式，并按与生态协同的小城镇发展目标和发展途径，建设生态化小城镇。

**4. 小城镇生态规划编制基本程序**

(1)提出和明确任务要求。政府规划行政主管部门作为规划编制组织单位委托具有相应资质的单位编制小城镇生态环境规划，并提出规划的具体要求，包括规划范围、期限重点，规划编制承担单位明确任务要求，并按下述(2)～(6)步骤进行规划编制。

(2)调研与资料收集。除收集和调查分析小城镇总体规划所需资料外，着重收集生态相关的自然状况资料和农、林、水等行业发展规划有关资料。重点调查相关的自然保护区、环境污染和生态破坏严重地区、生态敏感地区。

(3)编制规划纲要或方案。

(4)规划纲要专家论证或方案论证(由规划编制组织单位组织，相关部门与专家参与)。

(5)在纲要或方案论证基础上补充调研和规划方案优化编制。

(6)成果编制与完善。包括中间成果与最后成果的编制与完善，其间也包括成果论证和补充调研等中间环节。

(7)规划行政主管部门验收规划编制单位上报成果(包括文本、说明书、图纸)并按城乡规划编制的相关法规，组织规划审批及实施。

**5. 小城镇生态调查与生态环境分析**

(1)生态调查。小城镇生态系统现状调查和资料收集包括小城镇生态相关区域和小城镇规划区域的相关地形图、自然条件、气象、水文、地貌、地质、自然灾害、生态环境、资源条件、产业结构及乡镇企业状况、历史沿革，城镇性质、人口和用地规模、社会经济发展状况及计划，基础设施、风景名胜、文物古迹、自然保护区和生态敏感区、土地开发利用现状与用地布局、环境污染与治理、相关区域规划。

上述相关内容多数在小城镇总体规划编制现状调查和资料收集中一并进行。

小城镇生态规划专项调查包括生态系统、生态结构与功能、社会经济生态、区域特殊保护目标的调查。

1)生态系统调查。主要包括动植物种,特别是珍稀、濒灭物种相关调查和生态类型调查(包括类型的特点、结构)。

小城镇生态规划主要涉及城镇生态系统和农业生态系统,尚可能涉及草原生态系统等非主要相关生态系统。

①城镇生态系统。城镇生态系统是自然—社会—经济的人工复合生态系统。组成要素除生物与非生物环境要素外,还包括人类、社会和经济要素,通过人类的生产、消费过程,实现系统中能量与物质的流动和转化,从而形成一个内在联系的统一整体。

相关调查包括人口密度、经济密度、能耗密度、物耗密度、土地条件、建筑密度、交通强度、地表植被水资源、气象条件、环境质量状况、社会文明程度。

②农业生态系统。农业生态系统是自然生态系统基础上发展起来的一种人工生态系统,是在人类按照一定的要求对自然生态系统积极改造形成的生态系统。

小城镇镇域多为农村,小城镇生态规划除研究城镇生态系统外,农业生态系统也是主要研究和考虑的内容。其相关调查可包括主要农、蓄、水、林产品的种类、数量、结构,化肥、农药、能源等的用量,农业劳力状况等。

2)生态结构与功能调查。

①形态结构调查。包括小城镇规划区内的土地利用结构调查、绿化系统结构调查和所在区域生物群落结构及变化趋势调查(如重要林区、草地、生态保护区等调查)。

②营养结构特征及变化趋势调查分析。主要是生产者、消费者、还原者为中心的生态系统三大功能类群相关调查分析。

③生态流与生态功能调查。生态流主要是物质流、能量流与信息流;生态系统功能是物质流与能量流在生物与非生物环境之间不断运行,两个流动过程结合在一起就是生态系统功能,并表现为生产功能、生活功能、调节功能和还原功能。

3)社会经济生态调查。小城镇社会生态调查主要是调查小城镇人口、科技、环境意识与环境道德。

其中，产业结构分析包括第一、二、三产业结构比例，环保产业和高新产业分别在 GDP 中的比重，产业结构、乡镇企业污染型比例；能源结构分析包括各种能源比例关系，不可更新与可更新能源比例关系，排放污染物能源与清洁能源比例关系；投资结构分析包括各类开发建设的投资比例，环境保护投资占同期 GDP 的百分比以及新产品开发投资占同期 GDP 的百分比。

4)所在区域特殊保护目标调查。生态规划重点关注的区域特殊生态保护目标有以下方面。

①敏感生态目标。如自然景观风景名胜、水源地、湿地、温泉、火山口、地质遗迹等。

②脆弱生态系统。如岛屿、荒漠、高寒带生态系统。

③生态安全区。如江河源头区和对城镇人口经济集中区有重要生态安全防护作用的地区。

④重要生境。是指生物物种丰富或珍稀濒危野生生物生存的生境，如热带森林、原始森林、红树林等。

(2)生态环境分析。

1)生态系统分析。分析确定生态系统类型，分析小城镇生态系统结构的整体性和生态系统的物质与能量流动以及生态功能。此外，还有生态系统相关性、生态约束条件和生态特殊性分析。

生态系统相关性分析是分析复杂生态关系，确定相关性特别强的系统或因子，以便采取有效生态保护措施。

生态约束条件分析主要是水分、土地与土壤、气候条件、地质地貌条件、生物条件和社会经济条件等约束的系统分析。

生态特殊性分析主要是对生态系统特殊性、主导性生态因子和敏感生态环境保护目标进行分析。

2)生态环境现状分析。主要分析规划区土地资源开发利用中可能面临的水土流失、土地荒漠化、盐渍化等问题；分析小城镇绿地被挤占和绿化系统存在的缺陷造成的生态功能下降、景观生态不良变化等小城镇生态环境现状存在问题。

3)生态破坏效应分析。分析因森林破坏、绿地被挤占、水土流失、土地荒漠化、生物群落结构破坏，给人群生活和健康的影响和损害；同时分析因生态破坏造成的直接和间接经济损失。

4)生态环境变化趋势分析。包括小城镇人口压力对生态环境的影响和小城镇建设与经济增长对生态环境的影响分析。

**6. 小城镇生态环境建设**

我国小城镇的生态环境形势不容乐观，存在主要问题如下。

(1)小城镇人均建设用地普遍偏高，一些小城镇求大求全，占用土地面积过大，土地资源破坏和浪费严重。

(2)生态环境意识淡薄，产业结构和布局不合理，乡镇企业大多以原料开采、冶炼及简单加工制造业为主，环境污染、生态恶化相当严重，部分乡镇企业甚至对生态环境造成了毁灭性破坏，一些地区还继续将污染工业向小城镇和农村转移。小城镇的上述生态环境问题已成为我国生态环境的突出问题之一。

(3)小城镇基础设施和公共设施滞后，配套设施很不完善，特别是缺乏污水处理、垃圾处理和集中供热设施，使小城镇环境卫生、环境污染已成为严重问题。

(4)生态建设的非自然化倾向十分突出，普遍存在填垫水面、砍伐树木、破坏植被、人工护砌河道等的非自然化倾向，有的地方甚至造成对当地自然物种的浩劫，加剧小城镇生态恶化。

(5)防灾减灾能力薄弱和对自然、文化遗产保护及生态环境监管不力，造成自然生态和文化生态的破坏。

进入21世纪以来，生态小城镇规划建设已受到人们的普遍关注。

小城镇生态环境建设是应用生态学和系统工程学的方法，对小城镇社会—经济—自然复合生态系统进行多因素、多层次、多目标设计和调控，以及结构和功能的系统优化。

小城镇生态环境建设应重视以下方面。

(1)以建设生态小城镇为建设目标。

(2)发展循环经济和生态农业。

(3)以生态产业为发展方向，逐步调整传统产业结构，建立可持续发展的生态产业体系，以合理的产业结构、布局和生态产业链为基础，提高生态经济（绿色GDP）在国民经济中的比例。

（4）加强基础设施建设，特别是道路、能源、排水、环卫设施。

（5）建设山、水、城、林相依的宜居型生态小城镇。

## 二、小城镇环境规划

### （一）生态环境规划与总体规划

#### 1. 环境规划与总体规划的关联

小城镇环境规划主要是小城镇环境保护规划，是小城镇总体规划的重要组成部分。小城镇环境规划与小城镇总体规划有密切关联，主要表现在以下几方面。

（1）小城镇总体规划人口规模与社会经济发展水平。小城镇人口规模与社会经济发展水平，决定了小城镇对环境保护的要求。小城镇经济实力决定了小城镇环境保护的投资力度。

（2）小城镇总体规划的用地空间布局与产业结构及工业布局。小城镇总体规划的用地空间布局与产业结构及工业布局，决定小城镇环境规划的环境功能区划和环境污染的控制对象。

（3）小城镇总体规划的基础设施规划。小城镇总体规划中的基础设施规划，如给水、排水、电力、供热、燃气、环卫工程规划中的水资源保护、排水与污水处理、供能形式与技术水平、生活垃圾等固体废料流向与处理均与小城镇环境规划的主要内容和实施措施密切相关。

#### 2. 环境规划与生态规划的比较

小城镇环境规划以小城镇规划区的大气、水、噪声、固体废物的环境质量分析、评价、控制整治等自然环境保护为主要规划内容。小城镇生态规划不仅包括小城镇自然环境资源的利用和消耗对人类生存的影响，而且包括小城镇功能、结构等内在机理的变化和发展对生态变化的影响，以小城镇经济—社会—环境复合生态系统的调控与建设为主要规划内容。

小城镇环境规划与生态规划比较见表5-24。

表 5-24　小城镇环境规划与生态规划比较

| 比较分项 | 小城镇环境规划 | 小城镇生态规划 |
| --- | --- | --- |
| 规划理论基础 | 环境科学、城乡规划学 | 生态学、城乡规划学 |
| 主要规划研究内容 | 自然环境保护、控制环境对人类的负效应 | 经济—社会—环境复合生态系统的调控与建设 |
| 规划要素 | 以大气、水、土壤、噪声、固废等自然基质环境为主 | 除自然环境要素外，还包括经济、社会要素（经济的高效循环、社会关系的和谐稳定） |
| 规划目标 | 为小城镇发展提供良好的环境支持 | 实现经济社会、生态收益的统一、人与自然和谐、共生 |
| 规划载体 | 规划小城镇载体作为与自然环境相互作用和影响的物质个体 | 规划小城镇载体为经济、社会、环境构成的人工—自然复合生态系统 |
| 规划环境 | 主要是自然环境 | 包括自然环境和社会环境 |

### (二)生态环境规划的作用与任务

小城镇生态环境规划的宗旨和指导思想是贯彻可持续发展战略，坚持环境与发展综合决策，解决小城镇建设与发展中的生态环境问题；坚持以人为本，以创造良好的人居环境为中心，加强小城镇生态环境综合整治，改善小城镇生态环境质量，实现经济发展与环境保护“双赢”。

小城镇生态环境规划包括小城镇生态规划与环境规划。小城镇生态规划是依据规划期小城镇经济和社会发展目标，以小城镇环境和资源为条件，确定小城镇生态建设的方向、规模、方式和重点的规划。小城镇环境规划是以依据规划期小城镇环境保护为目标，以小城镇环境容量、环境承载力为条件，确定小城镇大气、水、土壤、噪声和固体废物、环境保护要求和环境整治措施的规划。

### (三)生态环境规划基本原则

(1)以生态环境理论和经济规律为依据，正确处理经济建设与环境保护之间的辩证关系。

(2)以经济社会发展战略思想为指导，从小城镇区域环境实际状况和经济技术水平出发，确定合适目标要求，合理开发利用资源，正确处理经济发展与人口、资源、环境的关系，合理确定产业结构和发展规模。

(3)坚持污染防治与生态环境保护并重、生态环境保护与生态环境建设并举。预防为主、保护优先，统一规划、同步实施，努力实现城乡环境保护一体化。

(4)加强环境保护意识和考虑区域、流域及地区的环境保护，杜绝源头污染。

(5)坚持将城镇传统风貌与城镇现代化建设相结合，自然景观与历史文化名胜古迹保护相结合，科学地进行生态环境保护与建设。

**(四)小城镇水体环境保护规划**

**1. 小城镇环境保护**

(1)从保护水资源的角度安排小城镇用地布局，特别是污染工业的用地布局。

(2)尽量保持河道的自然特征及水流的多样性，禁止截弯取直，为水生动植物创造良好的栖息环境，保护河道水生态环境，提高河流自净能力。

(3)在河流两岸建设林带绿地，在水边种植湿生树林、挺水植物、沉水植物等水生植物，恢复水生态系统，改善水环境质量。

(4)水利工程调度要由传统的城市防洪功能向兼顾保护水生态系统功能转变，要兼顾河流水生态系统和防洪安全，统筹考虑。

**2. 小城镇污水处理**

(1)小城镇生活污水治理，首先应完善排水系统，采取集中与分散相结合的处理方式，建设污水处理设施，对于地理位置比较集中的小城镇，生活污水处理设施以集中处理为主，对于地理位置相对分散的小城镇，如山区，则以分散处理为主，就地回用，逐步提高城镇生活污水处理率。对有经济较发达的小城镇，还可因地制宜地考虑污水的深度处理，进一步减少污染物的排放总量，还可以建立再生水回用系统，将污水处理后再利用。对生活污水排放进行严格管理，避免未经处理直接排入环境中。

(2)加强对小城镇工业污染源和乡镇企业的管理，限制污染严重企业的发展，关停或升级改造规模小、技术工艺落后、经济效益差、污染严重并且没有污水处理能力的企业。加强对工业企业污水排放的监督管理，贯彻执行“三同时”制度，使工业废水达标排放。鼓励工业企业内部开展水资源循环利用及梯级利用，减少工业废水排放量。加快城镇污水管网的铺设，对工业废水集中处理。企业排污口的设置应符合国家法律、法规的要求，严禁私设暗管或者采取其他规避监管的方式排放水污染物。

(3)在农业生产中减少或控制农药、化肥的施用量，提高农业生产科技水平，实行科学合理施肥，发展生态农业，从源头控制农业面源污染。对于化肥、农药施用带来的农业面源污染，可利用微区域集水技术、人工水塘技术、植被缓冲技术等一系列技术，使污染物在水塘得到相对富集，并构建湿地生态系统，延长水流滞留时间，通过沉淀、过滤、吸附、离子交换、植物吸收和微生物分解来实现对污水的高效净化。

(4)畜禽养殖行业生产过程中会产生大量的废水和粪尿，如不经处理排入水环境，会加重水体的富营养化程度，污染水体水质。将小城镇畜禽养殖业纳入环保监督管理的范围，合理布局，严禁在集中饮用水源地、生态环境敏感区建设畜禽养殖场。支持畜禽粪便、废水的综合利用，化废为宝，将养殖粪便用于种植业或渔业，作为肥料或鱼饵。建设畜禽养殖粪便、废水无害化处理设施，使污水达标排放。

(5)在规划建设小城镇污水管网和处理设施时，应突出工程设施的共享，避免重复建设。在城镇化程度较高、乡镇分布密集、经济发展和城镇建设同步性强的地区，可在大的区域内统一进行污水工程规划，统筹安排、合理配置污水工程设施，通过建造区域性污水收集系统和集中处理设施来控制城镇群的污染问题。

(6)提高节水意识，减少污水排放量，并积极推广污水回用技术和措施，特别是在农业方面的回用。

**3. 小城镇水体环境保护规划技术指标**

小城镇水体环境保护的规划目标包括水体质量，饮用水源水质达标率、工业废水处理率及达标排放量、生活污水处理率等。地表水环境质量标准应符合表 5-25 规定。

表 5-25　地表水环境质量标准基本项目标准限值　　单位:mg/L

| 序号 | 项目 | | Ⅰ类 | Ⅱ类 | Ⅲ类 | Ⅳ类 | Ⅴ类 |
|---|---|---|---|---|---|---|---|
| 1 | 水温(℃) | | 人为造成的环境水温变化应限制在:<br>周平均最大温升≤1<br>周平均最大温降≤2 | | | | |
| 2 | pH值(无量纲) | | 6～9 | | | | |
| 3 | 溶解氧 | ≥ | 饱和率90%(或7.5) | 6 | 5 | 3 | 2 |
| 4 | 高锰酸盐指数 | ≤ | 2 | 4 | 6 | 10 | 15 |
| 5 | 化学需氧量(COD) | ≤ | 15 | 15 | 20 | 30 | 40 |
| 6 | 五日生化需氧量($BOD_5$) | ≤ | 3 | 3 | 4 | 6 | 10 |
| 7 | 氨氮($NH_3$-N) | ≤ | 0.15 | 0.5 | 1.0 | 1.5 | 2.0 |
| 8 | 总磷(以P计) | ≤ | 0.02(湖、库0.01) | 0.1(湖、库0.025) | 0.2(湖、库0.05) | 0.3(湖、库0.1) | 0.4(湖、库0.2) |
| 9 | 总氮(湖、库,以N计) | ≤ | 0.2 | 0.5 | 1.0 | 1.5 | 2.0 |
| 10 | 铜 | ≤ | 0.01 | 1.0 | 1.0 | 1.0 | 1.0 |
| 11 | 锌 | ≤ | 0.05 | 1.0 | 1.0 | 2.0 | 2.0 |
| 12 | 氟化物(以$F^-$计) | ≤ | 1.0 | 1.0 | 1.0 | 1.5 | 1.5 |
| 13 | 硒 | ≤ | 0.01 | 0.01 | 0.01 | 0.02 | 0.02 |
| 14 | 砷 | ≤ | 0.05 | 0.05 | 0.05 | 0.1 | 0.1 |
| 15 | 汞 | ≤ | 0.000 05 | 0.000 05 | 0.000 1 | 0.001 | 0.001 |
| 16 | 镉 | ≤ | 0.001 | 0.005 | 0.005 | 0.005 | 0.01 |
| 17 | 铬(六价) | ≤ | 0.01 | 0.05 | 0.05 | 0.05 | 0.1 |
| 18 | 铜 | ≤ | 0.01 | 0.01 | 0.05 | 0.05 | 0.1 |
| 19 | 氰化物 | ≤ | 0.005 | 0.05 | 0.2 | 0.2 | 0.2 |
| 20 | 挥发酚 | ≤ | 0.002 | 0.002 | 0.005 | 0.01 | 0.1 |
| 21 | 石油类 | ≤ | 0.05 | 0.05 | 0.05 | 0.5 | 1.0 |

续表

| 序号 | 标准值 分类 项目 | | Ⅰ类 | Ⅱ类 | Ⅲ类 | Ⅳ类 | Ⅴ类 |
|---|---|---|---|---|---|---|---|
| 22 | 阴离子表面活性剂 | ≤ | 0.2 | 0.2 | 0.2 | 0.3 | 0.3 |
| 23 | 硫化物 | ≤ | 0.05 | 0.1 | 0.2 | 0.5 | 1.0 |
| 24 | 粪大肠菌群(个/L) | ≤ | 200 | 2 000 | 10 000 | 20 000 | 40 000 |

### (五)小城镇大气环境保护规划

#### 1. 小城镇大气环境功能区划分

(1)大气环境功能区的划分应遵循以下原则。

1)应充分利用现行行政区界或自然分界。

2)宜粗不宜细。

3)既要考虑空气污染状况,又要兼顾城市发展规划。

4)不能随意降低已划定的功能区类别。

划分大气环境功能区,首先分析区域或城市发展规划,确定范围,准备底图;通过综合分析,确定每一单元的功能区;然后将单元连片,绘出污染物日平均等值线图,经过反复审核,确定最终的功能区。

(2)在划分大气环境功能区过程中,要注意以下几点。

1)每个功能区不得小于 4 $km^2$。

2)三类区中的生活区,应根据实际情况和可能,有计划地迁出。

3)三类区不应设在一、二类功能区的主导风向的上风向。

4)一、二类区间,一类与三类间,二类与三类之间设置一定宽度的缓冲带,一般一类与三类间的缓冲带宽度不小于 500 m,其他类别功能区之间缓冲带的宽度不小于 300 m。

5)位于缓冲带内的污染源,应根据其对环境空气质量要求高的功能区影响情况,确定该污染源执行排放标准的级别。

#### 2. 小城镇大气环境保护措施

(1)优化调整乡镇企业的工业结构,积极引进和发展低能耗、低污染、资源节约型的产业。严格控制主要大气污染源,如电厂、水泥厂、化肥厂、造纸厂等项目的建设,并加快对现有重点大气污染源的治理,对大气环境敏感地区划定烟尘控制区。

(2)根据当地的能源结构、大气环境质量和居民的消费能力等因素,选择适宜的居民燃料。

(3)应采取有效措施提高汽车尾气达标。控制汽车尾气排放量,积极推广使用高质量的油品和清洁燃料,如液化石油气、无铅汽油和低含流量的柴油等。

### 3. 小城镇大气环境保护规划技术指标

小城镇大气环境保护规划目标宜包括大气环境质量、小城镇气化率、工业废气排放达标率、烟尘控制区覆盖率等。小城镇大气环境质量标准分为三级,空气污染物的三级标准浓度限值应符合表5-26的有关规定。

表5-26 空气污染物的三级标准浓度限值(GB 3095—1996)

| 污染物名称 | 取值时间 | 浓度限值 | | | 浓度单位 |
|---|---|---|---|---|---|
| | | 一级标准 | 二级标准 | 三级标准 | |
| 二氧化硫 $SO_2$ | 年平均 | 0.02 | 0.06 | 0.10 | $mg/m^3$(标准状态) |
| | 日平均 | 0.05 | 0.15 | 0.25 | |
| | 一小时平均 | 0.15 | 0.50 | 0.70 | |
| 总悬浮颗粒物 TSP | 年平均 | 0.08 | 0.20 | 0.30 | |
| | 日平均 | 0.12 | 0.30 | 0.50 | |
| 可吸入颗粒物 $PM_{10}$ | 年平均 | 0.04 | 0.10 | 0.15 | |
| | 日平均 | 0.05 | 0.15 | 0.25 | |
| 氮氧化物 $NO_x$ | 年平均 | 0.05 | 0.05 | 0.10 | |
| | 日平均 | 0.10 | 0.10 | 0.15 | |
| | 一小时平均 | 0.15 | 0.15 | 0.30 | |
| 二氧化氮 $NO_2$ | 年平均 | 0.04 | 0.04 | 0.08 | |
| | 日平均 | 0.08 | 0.08 | 0.12 | |
| | 一小时平均 | 0.12 | 0.12 | 0.24 | |
| 一氧化碳 CO | 日平均 | 4.00 | 4.00 | 6.00 | |
| | 一小时平均 | 10.00 | 10.00 | 20.00 | |
| 臭氧 $O_3$ | 一小时平均 | 0.12 | 0.16 | 0.20 | |

续表

| 污染物名称 | 取值时间 | 浓度限值 | | | 浓度单位 |
| --- | --- | --- | --- | --- | --- |
| | | 一级标准 | 二级标准 | 三级标准 | |
| 铅<br>Pb | 季平均<br>年平均 | 1.50<br>1.00 | | | μg/m³<br>(标准状态) |
| 苯并[a]芘<br>B[a]P | 日平均 | 0.01 | | | |

## (六)小城镇声环境保护规划

小城镇的主要噪声源为交通噪声、工业噪声、建筑施工噪声、社会生活噪声等。小城镇的主要噪声规划控制指标为区域环境噪声和交通干线噪声。

### 1. 小城镇噪声环境治理措施

(1)小城镇道路交通规划与小城镇环境保护规划同步实施,交通系统建设与外部系统协调共生。

交通噪声、振动严重危及人们的生理与心理健康,为减少小城镇交通噪声危害,必须从整体上对小城镇相关交通系统、空间布局环境保护全面考虑,实现交通系统与外部系统协调共生可持续发展的生态交通目标。

(2)过境公路与小城镇道路分开,过境公路不得穿越镇区,对原穿越镇区的过境公路段应采取合理手段改变穿越段公路的性质与功能,在改变之前应按镇区道路的要求控制道路红线和两侧用地布局,并严格限制现过境公路两侧发展建设。

(3)小城镇用地布局应考虑工业向工业园区集聚,居住向居住小区集聚,加强规划管理,非工业园区和工业用地不得新建、扩建工厂和工业项目。结合旧镇改造逐步解决工业用地和居住用地混杂现象。

(4)噪声严重的工厂除结合工业园区选址外,尚应考虑噪声影响小的边缘地区,酌情考虑噪声缓冲带,也可利用小城镇地形条件如山岗、土坡阻断、屏蔽噪声传播。

(5)产生较高噪声的声源建筑和设施与小城镇居民点的防噪距离

应按表 5-27 规定控制。

表 5-27 不同噪声级声源与小城镇居民点之间防噪距离要求

| 声源点噪声级(dB) | 与居民点防噪距离(m) | 声源点噪声级(dB) | 与居民点防噪距离(m) |
|---|---|---|---|
| 100～110 | 110～300 | 70～80 | 30～100 |
| 90～100 | 90～100 | 60～70 | 20～50 |
| 80～90 | 80～90 | | |

(6)穿越居住区、文教区车辆,应采取限速、禁止鸣笛等措施降低噪声,高噪声车辆不得在镇区内行驶。

(7)建筑施工作业时间应避开居民的正常休息时间,在居住密集区施工作业时,应尽可能采用低噪声施工机械和作业方式。

**2. 小城镇声环境保护规划技术指标**

小城镇声环境保护规划的主要目标是控制小城镇各类功能区环境噪声平均值与干线交通噪声平均值,并应符合表 5-28 的规定。

表 5-28 小城镇各类功能环境噪声标准等效率级

| 适用区域 | 昼 间(dB) | 夜 间(dB) |
|---|---|---|
| 特殊居民区 | 45 | 35 |
| 居民、文教区 | 50 | 40 |
| 工业集中区 | 65 | 55 |
| 一类混合区 | 55 | 45 |
| 二类混合区<br>商业中心区 | 60 | 50 |
| 交通干线<br>道路两侧 | 70 | 55 |

注:1. 特殊住宅区:需特别安静的住宅区;
2. 居民、文教区:纯居民区和文教、机关区;
3. 一类混合区:一般商业与居民混合区;
4. 二类混合区:工业、商业、少量交通与居民混合区;
5. 商业中心区:商业集中的繁华地区;
6. 交通干线道路两侧:车流量每小时 100 辆以上的道路两侧。

## (七)小城镇固体废弃物规划

### 1. 小城镇固体废物的分类、现状调查及其发展趋势预测

(1)小城镇固体废物分类。小城镇固体废物包括生活固体废物、工业固体废物和农业固体废物。其中,小城镇生活固体废物主要包括居民生活垃圾、医院垃圾、商业垃圾、建筑垃圾等;工业固体废物又包括危险废物和一般固体废物。

(2)小城镇固体废物现状调查。小城镇固体废物的现状调查应从原辅材料消耗、产生工业固体废物的工艺流程的物料平衡、工艺过程分析,从固体废物的产出、运输、堆存、处理处置等主要环节入手,就各类小城镇固体废物的性质、数量以及对周围环境中大气、水体、土壤、植被以及人体的危害方面进行全面、深入的分析调查,以筛选出主要污染源和主要污染物。

小城镇企业数量较少,可采用普查方式进行调查。逐个对工厂规模、性质、排污量等进行一次调查,摸清固体废物排放情况,并从中找出重点调查对象。普查的内容主要是污染源的地理位置、概况、污染物排放强度、固体废物综合利用和处理等。在普查的基础上,对重点污染源进行深入的调查分析。调查的内容主要有排污方式和规律,污染物的物理、化学、生物特性,主要污染物的跟踪分析,污染物流失原因分析等。

(3)小城镇固体废物的预测分析。小城镇生活垃圾产生量预测主要采用人口预测法和回归分析法等。近年来,随着经济的发展和城镇规模的扩大,城镇生活垃圾量也在增加。人口增长应考虑两方向的因素,即人口的自然增长率和农村人口向城镇转移的比例。依据城镇发展预测结果,预测生活垃圾产生量。

工业固体废物预测主要是根据经济发展和数理统计方法进行,如产品排污系数、工业产值排污系数,回归分析、时间序列分析和灰色预测分析。

### 2. 小城镇固体废物环境影响评价

小城镇固体废物环境影响评价采用全过程评分法,评价对象包括各类污染物中占总排放量80%以上的污染源。评分准则,即性质标准

分、数量标准分、处理处置标准分和污染事故标准分。各类标准分划分为若干等级，并给予不同的分值。在此基础上进行评分排序。

**3. 小城镇固体废物规划目标**

根据总量控制原则，结合小城镇的类型以及经济承受能力确定有关综合利用和处理、处置的数量与程度的总体目标。在此基础上，根据不同时间、不同类型的预测量与小城镇固体废物环境规划总目标，可以获得小城镇生活垃圾及工业固体废物在不同时间的削减量。

### (八)小城镇环境卫生规划

**1. 村镇用地的卫生要求**

(1)村镇规划用地应首先考虑对原有村庄、集镇的改造，新选用地要选择自然景观较好、向阳、高爽、易于排水、通风良好、土地未受污染或污染已经治理或自净、放射性本底值符合卫生要求、地下水位低的地段，并充分利用荒地，尽量少占或不占耕地。

(2)村镇用地必须避开地方病高发区、重自然疫源地，必须避开强风、山洪、泥石流等侵袭。

(3)村镇应选在水质良好、水量充足、便于保护的水源地段。

**2. 村镇各类建筑用地布局的卫生要求**

村镇用地要按各类建筑物的功能(例如住宅、工业生产、农副业生产、公共建筑、集贸市场等)划分合理的功能区。功能接近的建筑要尽量集中，避免功能不同的建筑混杂布置。对旧区的布局，要在充分利用的基础上逐步改造。

(1)住宅建筑用地。

1)住宅建筑应布置在村镇自然条件和卫生条件最好的地段；选择在本地大气主要污染源常年夏季最小风向频率的下风侧和水源污染段的上游。

2)要有足够的住宅建筑用地，其中应有一定数量的公共绿地面积和基本卫生设施。

3)住宅设计要符合《农村住宅卫生规范》(GB 9981—2012)，并使尽量多的居室有最好的朝向，以保证其良好日照和通风。

4)住宅用地与产生有害因素的乡镇工业、农副业、饲养业、交通运输及农贸市场等场所之间应设卫生防护距离。卫生防护距离标准见表5-29。

**表5-29　卫生防护距离**

| 产生有害因素的企业、场所和规模 | | 卫生防护距离(m) |
|---|---|---|
| 养鸡场(只) | 2 000～10 000 | 100～200 |
| | 10 000～200 000 | 200～600 |
| 养猪场(头) | 500～10 000 | 200～800 |
| | 10 000～25 000 | 800～1 000 |
| 小型肉类加工厂(t/a) | 1 500 | 100 |
| 小型化工厂(t/a) | | |
| 排氯化工厂 | 用氯 600 | 300 |
| 磷肥厂 | 40 000 | 600 |
| 氮肥厂 | 25 000 | 800 |
| 冶炼厂(t/a) | | |
| 小钢铁厂 | 10 000 | 300 |
| 铅冶炼厂 | 3 000 | 800 |
| 交通 | | |
| 铁路 | | 100 |
| 一～四级道路 | | 100 |
| 四级以下机动车道 | | 50 |
| 镇(乡)医院、卫生院 | | 100 |
| 集贸市场(不包括大牲口市场) | | 50 |
| 粪便垃圾处理场 | | 500 |
| 垃圾堆肥场 | | 300 |
| 垃圾卫生填埋场 | | 300 |
| 小三格化粪池集中设置场 | | 30 |
| 大三、五格化粪池 | | 30 |

注:1. 卫生防护距离是指产生有害因素的企业、场所的主要污染源的边缘至住宅建筑用地边界的最小距离;
2. 在严重污染源的卫生防护距离内应设置防护林带;
3. 养鸡场、养猪场和肉类加工厂应采用暗沟或管道排污,应设置不透水的储粪池,最好就近采用沼气或其他适宜的方式进行无害化处理;
4. 凡生产规模不足或超过本表规定的上述企业(场所)或有其他特殊情况者,其卫生防护距离由当地卫生监督部门参照本表确定。

(2)工业、农副业用地应布置在本地夏季最小风向频率的上风侧，污染严重的工、副业要布置在离住宅用地的最远端。

(3)公共建筑用地。

1)公共建筑主要指行政管理、教育、文化科学、医疗卫生、商业服务和公用事业等设施，各种设施应按各自功能合理布置。

2)中、小学校要布置在安静的独立地段，教室离一～四级道路距离不得小于 100 m。

3)医院、卫生院应设在水源的下游，靠近住宅用地，交通方便，四周便于绿化，自然环境良好的独立地段，并应避开噪声和其他有害因素的影响，病房离一～四级道路距离不得小于 100 m。

(4)集贸市场。

1)集贸市场要选在交通方便、避免对饮用水造成污染的地方。

2)集贸市场要有足够的面积，以平常日累计赶集人数计，人均面积不得少于 0.7 $m^2$，其中包括人均 0.15 $m^2$ 的停车场。

3)集贸市场必须设有公厕，应有给排水设施，有条件的地方应设自来水，暂无条件者，应因地制宜供应安全卫生饮用水。

4)市场地面应采用硬质或不透水材料铺面，并有一定坡度，以利清洗和排水。

**4. 给水、排水的卫生要求**

(1)村镇给水应尽量采用水质符合卫生标准、量足、水源易于防护的地下水源，给水方式尽量采用集中式。以地面水为水源的集中式给水，必须对原水进行净化处理和消毒。

(2)村、镇应逐步建立和完善适宜的排水设施，镇(乡)医院、卫生院传染病房的污水必须进行处理和消毒。

(3)工厂和农副业生产场(所)要对本厂(场、所)的污水进行适当的处理，符合国家有关标准后才能排放。

**5. 粪便、垃圾无害化处理**

要结合当地条件，建造便于清除粪便、防蝇、防臭、防渗漏的户厕和公厕。按《粪便无害化卫生要求》(GB 7959—2012)规定，根据当地的用肥习惯，采用沼气化粪池、沼气净化池、三格化粪池、高温堆肥等多种形式对粪便进行无害化处理。在接近农田的独立地段，合理安排足够的粪便和垃圾处理用地。

### 6. 环境卫生规划存在的主要问题

(1)目前，小城镇环境卫生设施落后，缺乏基本的收集、运输与处理设施，无法满足环境卫生需求。特别需要说明的是：村镇环卫基础设施建设相当薄弱，许多地方的村镇环卫设施基本上是空白。

(2)生活垃圾处理量占生活垃圾清运量的比例小，而生活垃圾无害化处理量占处理总量的比例更小。

(3)在生活垃圾无害处理方式方面，我国小城镇仍以卫生填埋为主。

(4)粪便无害化处理量占粪便清运量的比例小，且地区差别较大。公厕的数量远远不能满足居民需求。

(5)环卫建设资金投入不足。长期以来，我国对环卫设施固定资产投资水平过低，加之历史欠账较多，垃圾处理费收缴率低，使得垃圾处理设施建设与运营无稳定、规范的投资渠道。

### 7. 小城镇环卫设施面积指标

(1)小城镇公厕建筑面积指标。小城镇公共厕所建筑面积指标可按表 5-30 执行。

表 5-30　小城镇公共厕所建筑面积指标

| 分　类 | 建筑面积指标（$m^2$/千人） | 分　类 | 建筑面积指标（$m^2$/千人） |
|---|---|---|---|
| 居住小区 | 6～10 | 广场、街道 | 2～4 |
| 车站、码头、体育场（馆） | 15～25 | 商业大街、购物中心 | 10～20 |

(2)小城镇垃圾粪便无公害处理用地指标。处理场用地面积可根据处理量、处理工艺按表 5-31 确定。

表 5-31　小城镇垃圾粪便无害化处理场用地指标

| 垃圾处理方式 | 用地指标（$m^2$/t） | 粪便处理方式 | 用地指标（$m^2$/t） |
|---|---|---|---|
| 静态堆肥 | 200～330 | 高温厌氧 | 20 |
| 动态堆肥 | 150～200 | 厌氧—好氧 | 12 |
| 焚　烧 | 90～120 | 稀释—好氧 | 25 |

(3)小城镇环卫工人作息点规划指标。根据作业区大小和环卫工人的数量按表5-32确定。

表5-32 小城镇环卫工人作息点规划指标

| 休息场所设置数量(个/万人) | 环卫清扫、保洁工人平均占有建筑面积($m^2$/人) | 每个空地面积($m^2$/个) |
| --- | --- | --- |
| 1/(0.8～1.2) | 3～4 | 20～30 |

## 三、小城镇生态环境的主要问题

生态环境的保护与建设是实施可持续发展的重要内容,无论是从国外国内来看,当前生态环境面临的形势已日趋严峻,而小城镇生态环境面临的问题尤为突出,如不及时采取有效措施,将对整个生态环境造成灾难性的破坏。

改革开放以来,我国的小城镇建设突飞猛进,在加速乡镇企业发展、转移农村劳动力、支撑城镇经济方面发挥了重要作用,成为加快城镇化进程的主要力量,但同时,在小城镇快速发展过程中也暴露出一系列的生态环境问题。

(1)小城镇建设中环保意识不强。部分小城镇领导环保意识比较淡薄,重视经济发展,忽视环境保护和生态建设,片面强调经济增长,对环境保护认识不够,忽略了经济发展的环境成本,使小城镇的持续发展面临较大的隐患。

(2)生态环境基础设施配套落后。在经济欠发达地区这类问题突出存在,不少小城镇缺乏自来水、集中供热,有的甚至没有排水设施,生活污水直接排入河道或湖泊,垃圾多数采用简单的填埋或焚烧方式进行处理,二次污染极为严重。

(3)城镇周边农村及农业污染严重。随着农业的发展,农药、化肥对农产品的污染及农膜产生的“白色污染”大量增多,村镇居民产生大量的生活污水和垃圾,焚烧秸秆造成大气污染,规模化养殖及水产养殖造成的污染也愈加严重,特别是以化学肥料替代有机肥料造成的农田污染日益严重。

(4)乡镇工业污染不断加剧。改革开放带来了乡镇企业的蓬勃发展,带动了农村小城镇的复苏和兴起,但由于乡镇企业的发展具有布局分散、规模小和经营粗放等特征,也使得周边环境污染严重。

(5)农村工业企业占用和毁坏了大量农田,给农业生产带来了一定程度的损害。人地矛盾一直是制约我国农业发展的一个主要因素。农村工业还污染和破坏了大量农田。据统计,全国每年因工业废水而污染的耕地面积达 2 亿多亩,占耕地总面积的 15%左右;每年因污染而减少的粮食超过了 100 亿千克,直接经济损失 125 亿元,其中因为农村工业污染和破坏而引起的达 47%以上。

## 四、小城镇生态环境的主要影响因素

### 1. 资源因素

资源是小城镇经济建设的物质基础,资源的科学利用则是维持可持续发展战略的实施、全面建设和谐社会的保证。如果缺乏科学管理和长期利用规划,会给小城镇生态环境带来破坏和污染,而且这种破坏和污染的严重后果甚至会持续几十年或上百年,所带来的经济损失会远远超过经济效益。其中,森林资源、矿产资源、水资源及土地资源的储量减少更是影响小城镇生态环境质量的基本因素。

(1)森林资源。当前我国森林资源保护管理面临的形势不容乐观。一是林地流失严重,二是超限额采伐林木问题突出。一些地方超限额采伐屡禁不止,无证采伐也相当严重,盗伐、滥伐现象大量存在。森林资源的过度砍伐破坏了自然生态循环系统,降低了土地的蓄水保墒功能,最后导致水土流失、土地沙漠化现象发生,直接危及小城镇生态环境。

(2)矿产资源。矿产资源是不可再生的资源,是维持可持续发展的重要物质基础,矿产资源的保有量、利用效率和保护现状反映着一个国家的经济发展水平。我国虽然是位居世界前列的矿产资源生产大国和消费大国,但资源的相对不足和综合利用效率低也是我国的基本国情,由于小城镇矿产资源管理体制的不完善,掠夺性开采、粗放型开采现象在全国各地屡见不鲜,因采矿造成植被破坏、大气及水质污染等已成为破坏小城镇生态环境的主要因素。

(3)水资源。水资源是人类赖以生存的必要条件,也是小城镇可持续发展的基本条件。本来水资源就很贫乏的我国,因为水资源污染和粗放式利用变得更加紧张。我国地表水环境质量标准分五类,一类水最好,源头没有任何污染,三类以上的水可作饮用水源,最差的五类水可以用于农业灌溉。2003 年七大水系 407 个监测断面中,一~三类的水仅占 38.1%,劣五类的水占 29.7%,即近 1/3 的水用于农业灌溉才合格,水资源系统受到了严重的破坏。甚至在水资源极为丰富的江南水乡,由于水环境受到不同程度的污染,导致有限的地表水资源不能利用,水质性缺水严重制约了当地小城镇社会经济的发展。

(4)土地资源。土地资源破坏主要表现在水土流失、土地荒漠化,特别是后者,目前面积仍在扩大。人均耕地逐年减少,而且耕地环境质量不断下降,土壤污染问题突出,已成为制约农业和农村经济发展的重要因素。因固体废弃物堆存而被占用和毁损的农田面积已达 200 万亩以上,8 000 万亩以上的耕地遭受不同程度的大气污染;不同程度遭受农药污染的农田面积也已达到 1.4 亿亩;全国利用污水灌溉的面积已占全国总灌溉面积的 7.3%,比 20 世纪 80 年代增加了 1.6 倍。

**2. 资源及再生资源的开发利用**

(1)资源综合利用率低。资源消耗高、浪费大、综合利用率低是我国乡镇企业资源利用的现状,也是造成小城镇生态环境污染的主要原因。小城镇资源综合利用率低主要体现在:资源产出率低、资源利用效率低、资源综合利用率水平低、再生资源回收和循环利用率低。较低的资源利用率水平,已经成为乡镇企业降低生产成本、提高经济效益和竞争力的重要障碍,也是导致小城镇采用掠夺式资源开采的主要原因之一。

(2)秸秆综合利用率低。种植业废弃物(秸秆)是农业废弃物的主要来源,也是小城镇农业生态环境的主要面源污染源之一。随着农村经济的发展和广大农民生活水平的提高,农村生产和生活方式发生了较大转变,对秸秆的传统利用方式也随之发生了变化,秸秆在一些地区出现大量剩余,特别是经济发达地区和大城市周边的小城镇,秸秆剩余量高达70%～80%。这些剩余的大量秸秆由于得不到及时和妥善的处置,大都采用随处堆放或就地焚烧的简单处理方式,既浪费了宝贵的资源,也严重污染了小城镇生态环境。

(3)畜禽粪便综合利用率低。畜禽粪尿含有丰富的植物营养物质,而且在改善土壤理化性状、培肥土壤方面具有化肥所不能代替的作用,但未经处理的粪尿含有恶臭成分、有害微生物以及所产生的大量硫化氢、醇类、酚类、醛类、氨类、酰胺类等污染物,如果流进江河湖泊,会使水质污浊,散发恶臭,并且造成水体富营养化,威胁鱼类和贝类的生存。在我国大多数养殖场粪便、污水的贮运和处理能力不足,90%以上的规模化养殖场没有污染防治设施,大量粪便、污水不经任何处理直接排入水体,加速了水体富营养化趋势,严重破坏了小城镇和村居民的生活环境。

**3. 社会经济因素**

(1)人口因素。人口过剩、资源危机和环境污染是当代世界三大社会问题,也是制约我国小城镇社会经济发展的三大障碍。中国是个资源大国,但从人均占有量来说却是一个资源短缺的国家。人口数量长期持续增长已成为威胁当代以及子孙后代的生存条件、制约小城镇影响经济和社会发展的主要因素。

(2)科技因素。科学技术是第一生产力,实现经济发展与资源环境协调发展必须依靠科学技术。但是,与大中城镇相比,小城镇整体科技发展还处于较低的水平,主要表现以下几个方面:一是专业技术人员较少,总体素质不高,尚未形成有利于小城镇科技人才市场和科技人才流转机制,一些科技优惠倾斜政策尚未全面落实,不利吸纳引进高科技人才和高新技术成果引进、推广;二是科技推广服务体系不够健全,工业技术工艺落后、设备陈旧、清洁生产技术推广缓慢,科技进步对工业、农业生产的贡献率不高;三是科技经费投入不足,不能满足小城镇科技事业发展的需要。由于这些不利因素的存在,小城镇资源综合利用率及可再生资源利用率低都处于较低的水平,这也加重了小城镇的资源环境的负荷,使原本脆弱的小城镇生态环境更加脆弱。

(3)经济因素。农业比重偏大,工业尚不发达,第三产业发展相对滞后是我国小城镇经济发展的基本特征。这种传统的经济发展增长模式意味着创造的财富越多,消耗的资源就越多,产生的废弃物也就越多,对生态资源环境的负面影响就越大。

**4. 管理机制**

(1)缺乏有效的管理机构。小城镇生态环境建设管理体系不完善,政出多门、条块分割、各行其是,结果导致管理的权、责、利不明,不能实施有效管理;缺乏促进公众参与环保的机制。因而,急需建立适合小城镇的专门协调机构,统一负责生态环境保护工作。

(2)缺乏科学、有效的生态环境保护规划。小城镇生态环境保护规划的制定与出台往往比较仓促,缺少强有力的数据支撑与科学论证,规划编制过程中缺乏科学性、可行性和务实性;实施过程中则具有盲目性、随意性。尽管很多生态环境建设保护的重点地区也是贫困地区,但是,在这些小城镇的生态环境保护建设规划中仍然没有充分认识到环境保护建设应与扶贫工作相结合的重要性,致使生态环境保护规划与扶贫工作相脱节,无法得到小城镇居民的理解和支持。

(3)生态环境建设缺乏有效的技术保障。目前生态环境建设投资效益差,生态环境建设不能达到预期效果的主要原因在于生态环境建设缺乏有效的技术保障制度。如:干旱地区植被建设成活率低、保存率低的重要原因就在于没有充分考虑水分条件等技术问题,没有解决好科学植树种草及其管护问题,使得几十年来造林不成林,种草不见草,人工植被结构单一,水土保持效益低下。

(4)生态环境建设缺乏资金保障。目前,生态环境建设主要靠国家及地方政府投资建设,由于国家资金有限,生态环境保护建设经费投入不足,无法控制生态环境持续恶化的趋势。

(5)生态环境建设缺乏政策法规支撑。生态环境保护工作缺乏相应的政策法规支撑,生态环境保护工作处于消极、被动、盲目应付的阶段,未能将生态环境保护工作纳入法制建设的主渠道,对生态环境保护工作的开展缺乏有效的监督约束机制,难以保障项目的顺利实施。

# 第四节　历史文化村镇保护规划

历史文化名镇(村)作为我国历史文化遗产的重要组成部分，是不同时期城市和乡村发展的重要历史见证，长期以来在展示我国优秀传统文化，进行爱国主义教育以及促进城市、乡村经济协调发展等方面发挥着重要作用。尤其是近些年来，随着国际社会和我国政府对文化遗产保护的日益关注，历史文化村镇保护与利用已成为各地经济社会发展的重要组成部分，成为培育地方特色产业和提高群众收入的重要源泉，成为塑造城市与乡村特色、增强人民群众对各民族文化的认同感和自豪感，满足社会公众精神文化需求的重要途径。

历史文化名镇保护规划是历史文化名镇总体规划的重要专项规划。其目的在于保护历史文化名镇和协调历史文化名镇保护与建设发展之间的关系。村镇历史文化保护规划必须体现历史的真实性、生活的延续性、风貌的完整性，贯彻科学利用、永续利用的原则。

## 一、历史文化村镇的特征和类型

### 1. 历史文化村镇的特征

(1)传统特征。众多的历史文化村镇和传统古镇历经千百年，历史悠久，遗存丰富，有深厚的文化内涵，充分反映了城镇的发展脉络和风貌；这是一般的历史文化村镇和古镇的共性。

(2)民族特征。我国共有 56 个民族，大部分少数民族聚居在小城镇和村庄，生活、生产方式等多方面仍继承了少数民族的传统习俗，使许多这类古村镇和村寨具有浓郁的民族风情。

(3)地域特征。小城镇分布地域广阔，不同的地理纬度、海拔高度、地域类型、自然环境都赋予小城镇产生和发展的不同条件，从而产生不同的地方风情习俗，形成不同的地方风貌特征。

(4)景观特征。大多数历史文化村镇和古镇有着丰富的文物古迹、优美的自然景观、大量的传统建筑和独特的整体格局；自然景观和人工环境的和谐、统一构成了古镇的景观特征。

(5)功能特征。历史文化村镇在历史上都具有较为明显和突出的功能作用，在一定的历史时期内发挥着重大作用并具有广泛的影响，在文化、政治、军事、商贸、交通等诸方面有着重要的价值特色。

**2. 历史文化村镇的类型**

(1)传统建筑风貌类。完整地保留了某一历史时期积淀下来的建筑群体的古镇，具有整体的传统建筑环境和建筑遗产，在物质形态上使人感受到强烈的历史氛围，并折射出某一时代的政治、文化、经济、军事等诸多方面的历史结构，其格局、街道、建筑均真实地保存着某一时代的风貌或精湛的建造技艺，是这一时代地域建筑传统风格的典型代表。

(2)自然环境景观类。自然环境对村镇的布局和建筑特色起到了决定性的作用，由于山水环境对建筑布局和风格的影响而显示出独特个性，并反映出丰富的人文景观和强烈的民风民俗的文化色彩。

(3)民族及地方特色类。由于地域差异、历史变迁而显示出地方特色或民族个性，并集中地反映在某一地区。

(4)文化及史迹类。在一定历史时期内以文化教育著称，对推动全国或某一地区的社会发展起过重要作用，或其代表性的民俗文化对社会产生较大、较久的影响，或以反映历史的某一事件或某个历史阶段的重要个人、组织的住所、建筑为其显著特色。

(5)特殊职能类。在一定历史时期内某种职能占有极突出的地位，为当时某个区域范围内的商贸中心、物质集散地、交通枢纽、军事防御重地。

## 二、历史文化村镇保护规划原则、内容和界限划分

**1. 历史文化村镇规划的原则**

(1)原真性。古建筑的原真性是名镇(村)价值特色的根本所在，在保护整治中应防止不合理的功能及材料的使用对建筑遗产造成的真实性损害，任何修复工作都应力争使用原材料，并采用可逆性技术。

(2)整体性。名镇(村)是包括建筑、环境、空间格局以及人类活动等元素在内的统一整体，所有组成元素都与整体有着一定意义的联

系。因此，在保护中不能将其彼此割裂开分别对待，而应从整体上去考虑它们之间的关系，才能保持名镇(村)风貌的完整性。

(3)新老建筑相协调。名镇(村)的老建筑是反映名镇(村)历史文化价值和传统风貌的核心所在，这就要求新建筑应该从建筑体量、色彩、形式等方面与老建筑相协调，以保持和维护名镇(村)所代表的一定历史时期建筑风貌的主导特征，使这一地区的主流建筑文化得以延续和继承。

(4)近远期保护规划相结合。保护规划的实施是一个长期的过程，因此要根据当地的保护现状、保护规模以及经济发展状况，来制定近期和远期保护规划的目标、任务及实施措施，以保证规划有计划、有步骤地实现，防止保护整治中短期行为的出现。

(5)保护与发展互相促进。保护的目的是为了保证名镇(村)内的建筑遗产不受破坏，为一定历史文化时期提供真实见证。但保护活动并不是静止不动的保护，并不是要一味地限制当地的经济发展。相反，健康适度的旅游开发等经济活动，在展示遗产风貌和筹集保护资金等方面，不仅不会对名镇(村)造成破坏，而且会起到积极的促进作用。

(6)保护规划与建设规划相衔接。名镇(村)保护规划从性质上应属名镇(村)建设规划的专项规划，后者在名镇(村)保护上起宏观决策作用，前者应在后者的指导下展开。对于在建设规划层次基于保护因素而做出的诸如人口规模控制、古村落格局保护、建设用地及道路交通布局的调整、市政基础设施的安排等，保护规划都要以其为依据并与之相衔接，对确有不完善之处，可根据需要作进一步补充调整。

**2. 历史文化村镇规划的内容**

(1)名镇(村)价值特色的确认。在对名镇(村)自然环境、历史文脉、建筑风格以及空间布局进行分析的基础上，总结提炼出其自身独有的价值特色，明确保护和发展利用重点。

(2)名镇(村)保护范围划定。根据文物古迹、古建筑、传统街区的分布范围，并在考虑名镇(村)现状用地规模、地形地貌及周围环境影响因素的基础上，确定名镇(村)保护范围层次、界线和面积。

(3)名镇(村)建筑保护整治规划。根据名镇(村)保护范围内建筑的现状风貌、规模年限、考古价值等情况,对建筑进行保护整治,主要包括三方面内容:一是保护原有的文物古迹和历史建筑;二是整治已建成的新式建筑;三是控制引导未建的新建筑。

(4)名镇(村)街巷空间保护规划。根据名镇(村)街巷现状格局形态,在保持原有历史风貌的前提下,对街巷的空间尺度、街巷立面和铺地形式提出保护整治要求。

(5)名镇(村)重点地段保护规划。针对核心保护区内重点地段和空间节点采取的具体保护整治措施,主要内容包括两部分:一是空间整治,即对具体空间布局提出整治方案,确定具体建筑的平面形状、位置以及小品的设计和布置等;二是建筑整治,即对具体建筑的立面和门、窗、屋顶等建筑构件提出相应保护和整治要求。

(6)名镇(村)环境综合调整规划。从保护的角度,对名镇(村)建设规划中与历史环境保护有影响的规划内容进行适当深化调整。主要内容包括用地布局、道路交通、绿化、公用工程设施、环境保护和环境卫生等规划的调整完善。

(7)名镇(村)旅游发展规划。在分析名镇(村)旅游资源类型、分布及发展条件的基础上,进行名镇(村)的旅游市场定位、旅游资源整理及景区划分、线路设计和旅游环境容量测定。

(8)名镇(村)近期保护规划。确定近期内修缮整治的重点及时序安排,详细列出要修缮整治的街区、建筑以及需要改造的基础设施项目,做出相应的技术经济分析及投资估算,提出近期环境整治的具体措施。

(9)名镇(村)保护实施措施。提出保护规划实施措施和方法建议,包括拟定保护管理办法、建立保护资金的筹集渠道、鼓励公众参与、加强宣传教育等。

**3. 镇、村历史文化保护范围的界线**

划定镇、村历史文化保护范围的界线应符合下列规定。

(1)确定文物古迹或历史建筑的现状用地边界。

1)街道、广场、河流等处视线所及范围内的建筑用地边界或外观界面。

2)构成历史风貌与保护对象相互依存的自然景观边界。

(2)保存完好的镇区和村庄应整体划定为保护范围。

(3)镇、村历史文化保护范围内应严格保护该地区历史风貌,维护其整体格局及空间尺度,并应制定建筑物、构筑物和环境要素的维修、改善与整治方案,以及重要节点的整治方案。

(4)镇、村历史文化保护范围的外围应划定风貌控制区的边界线,并应严格控制建筑的性质、高度、体量、色彩及形式。根据需要并划定协调发展区的界线。

(5)镇、村历史文化保护范围内增建设施的外观和绿化布局必须严格符合历史风貌的保护要求。

(6)镇、村历史文化保护范围内应限定居住人口数量,改善居民生活环境,并应建立可靠的防灾和安全体系。

## 三、历史文化村镇保护规划编制

### 1. 保护规划编制的指导思想

历史文化街区和历史文化名村镇保护,要以邓小平理论和"三个代表"重要思想为指导,全面落实科学发展观,立足于继承和弘扬中华民族优秀传统文化,推动社会主义先进文化建设,立足于促进经济社会协调发展,推动城镇化和新农村建设,立足于改善城市和农村居民生活环境,构建和谐社会的大局,以完善基础设施和环境整治为重点,加大投入,强化管理,科学指导,力争通过几年的不懈努力,使历史文化街区和历史文化名村镇的基础设施水平得到明显改善,历史环境和传统建筑风貌得到有效保护,居民群众的居住生活条件得到明显提高,为我国悠久文明的传承、民族和地域文化特色的延续提供坚实保障。

### 2. 历史文化村镇的保护目标

通过加大投入,改善历史文化街区和历史文化名村镇的基础设施和环境条件,建立保护与发展的协调机制,采取科学指导与加强管理等措施,使我国的历史文化街区和历史文化名村镇的传统风貌和历史环境基本得到改善，历史文化名城、街区、镇村的保护体系日臻完善，合理有效的层级监督和动态管理体制基本建立，保护城市和乡村历史文化遗产逐步成为全社会共同关注和参与的自觉行动；使历史文化街区和历史文化名村镇成为展示和弘扬中华民族优秀传统文化的重要窗口，丰富人民群众精神文化需求和传播先进文化知识的重要场所，促进经济社会协调发展、推动城镇化和新农村建设的重要平台。

**3. 保护规划编制的深度和期限**

(1)历史文化名镇(村)规划是新农村建设规划阶段的规划，对于保护规划确定的重点保护区、传统风貌协调区和需要保护整体环境的文物古迹应达到详细规划深度。

(2)保护规划应纳入新农村建设规划，并应相互协调。

(3)保护规划的期限应与新农村建设规划期限一致，并提出分期保护目标。

**4. 基础资料调查**

(1)历史文化与地理方面：包括名镇(村)的历史沿革、镇(村)址的兴废变迁、自然地形及地貌状况、历史文化传统、名人逸事、民间工艺、饮食文化等。

(2)古建筑保护现状方面：一是名镇(村)内现存古建筑总规模(建筑面积)、原貌保存程度及整体风貌特色等；二是文物古迹、历史建筑单体的位置面积、现状用途、产权归属、建筑规模、建筑高度、建筑年代、建筑材料、建筑特征以及保存完好度等内容。

(3)环境与基础设施方面：名镇(村)内的水系、大气及山体植被等环境的保护状况，道路、绿化及各项工程设施现状建设情况。

(4)居民保护意向方面：为使保护活动得到居民的支持和参与，进一步了解居民在古建保护、房屋改造及工程设施方面的基本意愿，有必要进行居民保护意向调查。保护意向调查指标体系可分两个层次，第一层次是对古村镇保护的认知度、保护活动的支持度和居住环境的满意度；第二层次是以上述三方面为基础设计的 18 个具体指标(表 5-33)。

表 5-33　历史文化村镇居民保护意向调查指标体系

| 序号 | 调查意向内容 | 序号 | 调查意向内容 |
| --- | --- | --- | --- |
| 1 | 认为古建筑(群)很有价值特色 | 10 | 古建筑(群)是不可再生的资源 |
| 2 | 住在古村镇内感到自豪 | 11 | 保护古村镇是全社会的责任 |
| 3 | 古村镇及其环境是世界性的遗产 | 12 | 政府和居民应共同筹集保护资金 |
| 4 | 老区民住宅按原貌修建并实行公示 | 13 | 开辟古村镇步行专用街道 |
| 5 | 新建房应与古建筑风貌协调 | 14 | 进行保护知识的宣传教育 |
| 6 | 不应通过拆迁老区来建新区 | 15 | 发展古村镇旅游事业 |
| 7 | 古村镇内居住条件 | 16 | 古村镇绿化状况 |
| 8 | 古村镇给排水条件 | 17 | 古村镇环境卫生状况 |
| 9 | 古村镇道路交通状况 | 18 | 古村镇消防状况 |

## 四、历史文化名村镇历史风貌和传统格局保护

在我国的历史文化名城中，保持完整历史风貌的基本上已经没有，但是许多历史文化名镇(村)仍然保持着较完整的历史风貌。作为历史文化名镇(村)，必须具有比较完整的历史风貌，才能够反映一定历史时期该地区的传统风貌特征。一般地讲，并不是每个历史文化名镇(村)均有显赫的历史文化遗产，但每个历史文化名镇(村)均有其独特的风貌，这是历史文化名镇(村)乡镇宝贵的遗产，是历史文化名镇(村)纹理赖以发展的基础。

### 1. 历史文化名村镇风貌和格局组成要素

(1)小城镇的结构，历史格局。历史文化名城在历史上形成的城镇格局常常是富有某些特点的，有一些小城镇格局甚至保持了数百年乃至千年而未有较大变动(如苏州)，是有一定的原因的。因此，有些城镇不顾历史成因或对历史知之不多而滥加填河造地带来了不少苦头和教训。

另外，在对历史格局有选择地保存和继承的同时进行一些必要的改造，保存的范围和改造的方式应该同城市特色结合起来考虑。

北京是以加强原有中轴线的方式保持古都的传统格局的，新的规

划在中轴线上增加了商业步行区和绿地等内容，使这条轴线的内容更为丰富，它是北京古、新建筑精华的荟萃之地。

像苏州、绍兴这样的著名水城，如果要很好以水陆并进发挥前街后河的特点，前街以步行和客运交通为主，后河以货运为主，很可能成为一个很好的客货分流的交通体系，能起到积极保护城市特色的目的。而这一切作为格局特色来说，也应在镇中心区有所体现，如苏州人民路、绍兴的解放路应与这个格局特色有直接或间接的联系。

由于传统的一元化城镇矛盾的加剧，产生了多中心规划结构方式，它以特大城市为对象，根据自然地理条件划城市为若干综合规划片建立次结构体系。莫斯科是进行这种结构体系探索的城市之一，克里姆林仍然起着控制全局的地位，历史建筑精华得到了保证，接触自然、改善环境的目的也有所实现。在这种结构体系中，如果以古迹遗存为主（个别须调整）巧妙地引进各种结构的楔形绿化带中，将使古迹在调整城市结构的作用上使自己的价值得到提高。

(2)由历史建筑群构成的城市轮廓线。城市的天际轮廓是城市的总体形象，它给人以完整的形象概念并显示着城市的建筑景观个性。

我国古建筑群体的构图往往通过轴线组织、院落组合和平面的纵深宽狭来表现尊高卑下和其他各种意图，强调格局的纵深感。由于这个特点，高层建筑在城市轮廓线的构成中应格外谨慎从事，避免破坏原有的空间序列，对历史核心区建筑群的保护范围则应更大、更明确。如北京，以天安门广场作为主要景外视点观赏故宫群体时，那么这幅全景画面则是城市轮廓线的一个重要组成部分，任何不协调的高层建筑出现在背景上都会有损于这条天际线的艺术表现力。因此，在远期规划中，应在南池子、北池子、南长街、北长街至宫墙之间开辟为绿化环带，以形成更自由的视觉方式和更多的景外视点。

插建在历史建筑区的新建筑要注意与原有构图轮廓线相协调。大家熟知的莫斯科克里姆林宫大会堂插建之所以成功，除了高度、色调、材料的协调外，更主要的是它与历史天际线相协调。从水面上欣赏城市轮廓线常常是最好的位置，特别在风景旅游城市更是这样。从西湖上看杭州市区可以说就比较集中地反映着城市特色，从海面上看青岛的城市轮廓线，从黄浦江上看上海黄浦江畔建筑群……强烈地表现了青岛和上海的城市个性。因此，为了获得历史文化名城的城市特色，必须把城市轮廓线的设计作为城市设计的一个重要内容。

(3)古建筑之间的空间视廊。在强调表现城市特色的手段中，空间视廊的保护是一项重要措施。所谓“视廊”，就是人们对反映城镇风貌的代表性建筑(古建筑或新建筑)精心选择一些保证视线通透的廊状地带。在这些廊状地带上通过开辟道路、控制该带上的建筑高度、消除该带上可能遮挡视线的障碍物三种方式，使人们可以从精心选择的位置和更广大的范围看到它，使之在城市的景观构成中成为更活跃的因素，来强调和突出城市特色。

在一些欧洲城镇中，中世纪权力象征的核心建筑——市政厅、大教堂都布置在中心的某个制高点上，放射式道路布局作为视廊，以便人们从四面八方都能看到这些精神统帅的象征。中国古代城市的高大建筑常常是互为对景的，街道提供了它们之间的视廊，苏州北寺塔是以街道作为视廊的典型实例。

(4)典型的传统建筑街区(乡土建筑群)。传统建筑的保护区是历史文化名城的典型环境，它再现和展示了历史的社会和生活，场面完整又比较深刻。

保护区的选择，首先是现状条件和典型性，如北京拟选择保留的南锣鼓巷一带民居作为四合院的典型居民区。同时也可以考虑那些因史书、因文学而闻名的文化传统区域，如南京的秦淮河一带。那些与城市悠久的文化传统相关的街区也是重点保护的对象，如北京的琉璃厂街和大栅栏等。虽然没有更深的文化渊源，但是造型别致、乡土味浓、地方色彩浓的街区也可列为保护对象，如江南临水民居，四川民居，山西晋中、晋南民居等。

保护区选择的另一原则是尽量和重要的古迹、革命纪念建筑相联系的街区，这样可以起到保护文物环境的作用，而且就一街区来说，由于包括了不同类型的建筑，容易成为历史城市社会的缩影，其历史价值也就越高。

(5)建筑群体和城镇的缩影区。历史文化名城特色构成的又一重要因素是建筑群和市中心区的设计。建筑群有三种基本形式:历史建筑群,如北京故宫、沈阳故宫、曲阜孔庙;当代的优秀设计和历史古迹共同形成群体、构成该地区的价值,如天安门广场;与历史街区风格迥异的新建筑群,如北京建国门外建筑群、广州车站广场和交易会建筑群。第二种形式的建筑群是较难设计但又确实给建筑师以施展才华机会的形式,这些群体对城市特色形成的影响最大。

镇中心区是建筑群中的集中代表,是城市的"门面"。历史文化名城的中心区可以凭借与古建筑的精华巧妙结合而成为城市的缩影,反映出城市的文化特征和历史传统。

(6)城市标志性建筑(方位标和城徽)。在历史文化名城中,有一些建筑因其历史或艺术价值成为某种象征性标志,犹如城徽,是一批方位标志的代表性建筑。

这些建筑标志性的形成一般是由于平面位置显要(如天安门、前门箭楼),或在空间构图上占控制地位(如西安钟楼、南京鼓楼、广州宾馆),或因造型上的奇特美丽(如岳阳楼、天安门前华表)。这些标志性建筑应根据其形成标志的原因而加以不同的保护处理。比如,古建筑不应使其周围建筑产生压抑或贬低古建筑的倾向,新建筑则应开辟较多的视廊来突出它在城市景观中的作用。

**2. 历史文化名镇(村)历史风貌和格局保护方式**

历史文化名镇(村)历史风貌和传统格局的保护应从全面、整体的角度来把握历史,尽可能多地保护留存的文化遗产。不少历史文化名镇(村)的保护规划,把保护规划混同于一般的旧区改造或旅游景点的规划设计,导致一些错误的做法。保护历史风貌应尽量保护其真实性、完整性,一般采取分等级、分层次的方式进行。

(1)点、线、面的保护方式。在确定具体的风貌和格局之后,按照点、线、面的保护方式,分文物古迹、历史街区、历史环境三个等级进行风貌和格局的保护。点,指的是单体的文物古迹,具体讲,就是一座古寺、一幢古塔、一座古桥、一所老住宅以及一只石狮、一根石柱、一口古井等,这里是指被列为文物保护对象和拟推荐为文物保护的对象。线,指的是有许多古建筑或文物古迹连成线的情况,如一条古街、古巷、古河岸、古道路等。面，指的是更多的古建筑、文物古迹连成一片，如连成一片的街巷、街坊、寺庙群、民居群等。点、线、面的保护方法，就是按照分等分级、多层次的原则而采取的。就是说有大面积的就大面积保护，构不成面或片而能构成一条线的，就成条线保护，不能成面成线而只能成一个点保护的就单点保护，尽最大可能多保存一些历史的遗迹，以体现历史文化名镇（村）的历史风貌和传统格局。

(2)风貌分区的方式。风貌分区也是根据历史文化名镇（村）现存的情况按照分等分级，分不同层次的原则所采取的方式。每处历史文化名镇（村）都应有它自己历史风貌和传统格局，不能抄袭别人的形式。要体现一个历史文化名镇（村）的风貌主要有两个方面：一是历史文化的遗存，包括格局、古建筑、文物古迹、传统文化等；二是新建筑物的风格，包括建筑形式、装饰艺术、色彩等。两者虽然截然不同，一是保护，一是创新，但它们之间又是密不可分的，彼此要协调，共同体现历史文化名镇（村）乡镇的风貌。风貌分区即是按不同等级、不同层次的要求加以区分。在文物古迹集中区域，对原有古建筑物的保护和新建的要求都要高些，新增建筑物的形式、体量、色彩都应与原来的环境相协调。而对一些原状已经改变很大的地区，则可放宽限制，有的地方已完全改观，就可更为放宽了，但总的要求仍然希望能够表现传统历史文化特色和历史文化名镇（村）风貌。

## 五、历史文化村镇传统文化的保护

保护不能简单地理解为文物的保护，也不能只理解为对某些文化事业的保护，而应当把它看作是民族文化系统传承与发展的保护。历史文化名镇（村）保护是否能够取得成效，除法规制定及大量具体操作以外，还必须对这项保护活动的意义有清晰的认识，特别是当前大量破坏性建设带来巨大损失的时候，提高保护认识显得尤为重要。

要解决好历史文化名镇（村）的保护与利用问题，首先应解决传统文化和现代文化的接轨，以及思想观念和文化观念的继承、转变。只有这样保护工作才可能向深层次升华，才能从根本上接受历史的经验教训，处理好继承传统和走向现代化的关系等矛盾，才能真正解决好可持续发展的问题。历史文化名镇(村),代表着一段历史文化,这里涉及一个文化价值的问题,而且关系到对文化判断的标准。世界文化是多元的,每个文化有其存在的理由,有其优点也有其缺点,不能以某种文化价值来判断其他文化。因此,在讨论历史文化名镇(村)保护和利用时,首先必须有一种平等的文化观,看到每种文化存在的合理性,以尊重的态度去努力发现其真实价值。价值是通过人们主观介入,将其潜在的、静态的意义加以开发,并赋予新的意义,使之呈现出表象鲜活、含义久远的对象。对于历史文化名镇(村)的认知、保护、利用也同样如此。如果不能认识每个历史文化名镇(村)的特殊价值,历史文化名镇(村)的保护就无从谈起。因此,历史文化名镇(村)保护和利用仅沿着商业思路走的方向也就不可能明确。历史文化名镇(村)的保护和利用是文化和经济的有机结合,是两个文明建设的有机结合,做好这个工作必须统筹协调、形成合力,文化资源的利用,切忌目光短浅,只顾眼前有限的经济利益,忽视长远的根本利益和影响,或者盲目无限制地开发利用、消费、耗损,对不可再生的文化资源不注意保护,是绝对错误的。对于历史文化名镇(村),只有树立保护就是增值的观念,在利用中合理消费,把损耗降到最低限度,历史的脉络才能够世代延续。

在做历史文化村镇保护规划时,也应将历史文化传统进行统一的保护、发掘、整理、研究和发展。

## 六、历史文化村镇保护规划的成果

保护规划成果一般由规划文本、规划图纸和附件三部分组成。

(1)规划文本。规划文本表述规划意图、目标和对规划有关内容提出的规定性要求,文本表达应当规范、准确、肯定、含义清楚。它一般包括以下内容:城镇历史文化价值概述;历史文化城镇保护原则和保护工作重点;各级重点文物保护单位的保护范围、建设控制地带以及各类历史文化保护区的范围界限,保护和整治的措施要求;对重要历史文化遗存修缮、利用和展示的规划意见;重点保护、整治地区的详细规划意向方案;保护规划的实施管理措施等。

(2)规划图纸。保护规划作为名镇(村)建设规划的专项规划,规模较小的名镇(村)应与其建设规划一同编制;规模较大的可单独编制,但也应在建设规划的基础上,以能够表达保护规划基本意图为原则,增加必要的图纸。保护规划图纸比例尺一般宜采用1∶1 000～1∶2 000,至少应包括以下内容。

1)名镇(村)保护现状分析图。标明现状各类用地的使用性质、占地范围界限,用地性质要达到村镇规划标准中的小类;标明文物古迹、历史建筑、传统街巷、山体河流、名木古树等基本资源位置分布;标明古建筑的建造年代、高度、风貌及质量等级等内容。

2)名镇(村)保护规划图。划定保护范围的层次界线、高度分区,标明建筑的保护整治模式。

3)名镇(村)重点地段保护规划图。在比例尺为1∶500～1∶1 000的地形图上,标明重要节点、街巷的保护整治措施,及在色彩、高度、立面形式等方面的控制引导指标。

4)名镇(村)近期保护规划图。标明近期实施保护整治的项目位置、范围和相应措施。

5)名镇(村)旅游规划图。标明旅游景点位置、景区布局及旅游线路组织。

(3)附件。附件包括规划说明书和基础资料汇编,规划说明书的内容包括现状分析、规划意图论证、规划文本解释等内容。

## 七、历史文化村镇的新区建设

我国的历史文化名镇(村)与文物保护单位中的古城遗址、古建筑遗址不同,它们都是不仅现在仍然还在生活着的,而且还在继续发展着的。随着社会经济的发展和科技的进步,人们生活方式的改变,居住、交通等条件的改变,必然要对旧村落进行新建、扩建、改建。

### 1. 建设新区的历史发展

建设新区在历史文化名城、历史文化名镇(村)保护上也并非新路,而是世界其他各国和我国历史上几千年来已经有过的路子。在历史上古城的发展中另辟新区、另建新城的例子很多。如山西的平遥、辽宁的兴城、陕西的韩城、云南的大理等都先后采取了开辟新区的办法。如苏州、泉州两处第一批国家级历史文化名城采取保护古城、另辟新开发区的做法。

我国的历史文化名镇(村)的情况很不一致,人口、历史文化传统,文物古迹保存情况,经济基础的情况等更是千差万别。因此,绝对不能采取"一刀切"的保护办法,而是根据不同情况采取分级分等,分别按层次来进行保护。在现有基础上更多更好地进行保护,则是有可能的。为解决保护与发展之间的矛盾,在总结教训的基础上,把新的建设都安排在旧城以外,另建新区。这种办法可使旧城的格局,城内的古老街区、文物古迹得到更多的保护。但是具备这样条件的城市并不多,只能是个别的小乡镇。在已公布的历史文化名城中只有辽宁的兴城、山西的平遥等几处小城具备这样的条件,采取了另建新区的办法。

**2. 建设新区的客观原因**

历史文化名镇(村)存在的两个矛盾决定了建设新区的客观可能性。

(1)保护区范围内居住人口规模较大,势必导致人口的外迁。一方面居住空间需要改善;另一方面,老区内文物古迹和传统古建筑的用地占历史文化名镇(村)土地面积的50%以上,已无能力提供多余土地作为建设用地。原居民不得不迁移到其他地方或另辟新区。

(2)原有的传统建筑功能已无法适应现代生活需求。历史文化名镇(村)里的老建筑许多破落不堪,亟待维修,而且卫生、水电、消防、道路等基础设施较差,安全性较低,迫切需要对建筑功能进行改善,在改善成本过高而政府又无力投入保护资金的情况下,居民多选择拆除旧房建新房。

**3. 新区建设的类型**

一般地,从新区建设的角度讲,历史文化名镇(村)的新区建设可以分为两种类型。

(1)经济利益驱动下的发展型。即经济发展型,一般具有可发展旅游资源和房产开发价值,特别是一些地理位置较好、旅游资源丰富的古镇、历史文化名镇(村)等。为了开发旅游资源,在历史文化名镇

(村)内建景点、造宾馆、开商店等。目前,国内主要的工作重点在经济建设方面,全国各地都是一派建设高潮,开发区、工业园区、新居住区等占用了大量耕地,因此,政府出台了严格控制耕地使用的规定,这样新区开发基本停止了,因而转为开始了旧城改造、乡镇整治的热潮。

(2)解决居民生活需求型。从解决居民生活需求来看,许多历史文化名镇(村),大多有成片的旧时代建筑,虽历史悠久,但建筑质量较差,长期以来得不到维修,且居住人口拥挤。缺乏现代化的基础设施,缺少适合现代生活的环境。与现代建筑之间造成了居民居住环境的事实差距,居住在旧房的居民迫切要求改善居住条件,提高居住水平。在保护区的传统风貌协调区外围开辟一块新地,来发展新区,解决老百姓的生活和生产问题。

**4. 新区与老区之间的协调**

新区的建设一般都在历史文化名镇(村)的边缘地带,通常都是在保护区域范围之外,也有些是在传统风貌协调区内。总体来说,基本上是在景观视线控制范围之内,因此,在景观上必须考虑建筑色彩、样式、体量、高度等与保护区域的过渡,使新区建设与老区保护尽量在外观上协调,以展现优秀历史文化的传承和发展。同时在功能上,必须考虑新区基础设施的建设和住宅现代生活功能的要求。

新区与老区之间的协调,是历史文化名镇(村)保护中的一项重要内容,建设新区是为了更好地保护老区,适当疏散人口,是为了改善老区的居住环境,为繁荣老区创造条件。如江苏苏州在同里古镇隔河建设同里新江南的新区,保护了同里古镇的风貌,新旧区以河为界,新区建设既沿承了传统的江南水乡风貌,又赋予新的时代内容,为同里古镇增添了新的活力。福建邵武和平古镇的新区建设在明城墙的西门外,在规划布局中,新区道路与古街环境统一协调;鹅卵石步行小道及水系再现古镇风韵;古城和莲花池的布置增强文化延续和内涵;院落及院落组延续了与古民居的空间关系;青砖灰瓦、坡顶马头墙的运用,再现传统民居的风貌;过街亭的布置,加强了新区的文化氛围;五条景观连廊的设计,加强了新区与古城的联系。这些都是对历史文化名镇(村)新区建设的有益探索。

## 八、历史文化村镇规划相关政策措施

**1. 完善保护制度**

(1)积极开展已命名的历史文化名城(街区、村镇)资源普查工作,摸清街区、镇村内的历史文化资源现状、分布、数量与保存状况,建立历史文化资源档案,实行挂牌保护制度。

(2)逐步建立历史文化名城(街区、村镇)的动态监管信息系统,加强动态监管。对保护状况和规划实施情况进行跟踪监测,对历史文化名城(街区、村镇)的实行动态管理。对于那些未尽到保护责任、保护状况不佳,已丧失历史文化价值和风貌的历史文化名城(街区、村镇),建议由原审定机关提出警告乃至取消其称号,并追究有关人员的责任。

(3)加强历史文化名镇(村)命名及管理工作,加大对乡村历史文化遗产的抢救力度。在第一、二批中国历史文化名镇(村)申报命名工作的基础上,完善申报程序和评选制度,将更多具有不同地域特色、具有典型代表的历史文化村镇纳入保护范围。

**2. 规范保护管理**

(1)积极完善相关法规建设。在国务院出台《历史文化名城名镇名村保护条例》之后,进一步研究制定《历史文化名镇(村)保护管理办法》,深化名镇(村)保护规划编制、保护修复、动态管理、保护机构建立等具体操作办法。

(2)制定保护技术规范标准。在出台《历史文化名城保护规划规范》的基础上,进一步制定《历史文化名镇(村)保护规划编制办法》,对名镇(村)保护规划的编制原则、编制内容、编制成果做出明确规定,对保护范围划定、空间格局保护、建筑遗产保护以及非物质遗产保护等方面做出具体规划要求。

**3. 加强队伍建设**

(1)加强历史文化名城(街区、村镇)保护管理队伍建设。充分发挥国家对历史文化名城(街区、村镇)的监督职能,推广完善省级人民政府向下一级政府派驻城乡规划及历史文化名城（街区、村镇）保护监督员制度。同时，完善县、乡两级政府的保护管理队伍，通过及时了解保护状况，发现保护工作中存在的问题，及时提出改进措施和建议。

（2）积极宣传历史文化名城（街区、村镇）保护工作重要性，提高各级政府及全社会对遗产保护工作的认识。加强各级领导干部、专业技术人员的培训，不定期地举办历史文化名城（街区、村镇）保护培训班。开展面向全社会的宣传活动，加强全社会的保护意识，鼓励群众参与、支持历史文化名城（街区、村镇）保护工作。

**4. 建立投入机制**

加大地方各级政府的财政支持力度，每年要列支专款用于历史文化名城（街区、村镇）的保护。鼓励社会团体和个人对历史文化名城（街区、村镇）保护进行资助，扩大保护资金的筹集数量，更好地进行建筑遗产的保护及修复工作。

# 第六章　小城镇详细规划

## 第一节　小城镇居住小区规划

### 一、居住小区规划的任务与原则

**1. 居住小区规划的任务**

创造实用、安全、卫生、经济、舒适，满足居民日常物质和文化生活需要的居住环境，是居住小区规划的根本任务。在此基础上，兼顾到建设优美的环境、适宜的交往空间、方便的各项服务设施。与大城市相比较而言，在小城镇居住区建设中，因为住宅区与工业区往往没有太大的距离，因此，在居住环境建设中要尽量避免工业噪声污染。

居住小区规划任务的编制应根据新建或改建的不同情况区别对待，对于旧区改建前文已经有所论述，是必须建立在对现状况进行较为详细调查的基础上的。而新建居住小区的规划任务通常比较明确，可以通过一些指标的确定来完成。在旧区改建中，也可以参考这些指标，尽可能在结合现状的基础上合理地配置。

在居住小区规划中，应满足以下几点。

(1)根据镇区规划和近期建设的要求，结合地段周围发展态势，综合全面地安排居住小区内的各项建设。

(2)确认居住区建设的可行性与合理性。

(3)充分考虑城市之间的联系与互动，特别是根据地段周围交通与发展状况确定居住区的开口方向。

(4)考虑一定时期小城镇经济发展水平和居民的文化、经济生活水平，居民的生活需要和习惯，物质技术条件以及气候、地形和现状等条件，合理配置。

(5)注意近、远期规划结合，留有发展余地。

### 2. 居住小区规划的原则

小城镇居住小区的规划设计，应遵循下列基本原则。

(1)以小城镇总体规划为指导，符合总体规划要求及有关规定。

(2)统一规划，合理布局，因地制宜，综合开发，配套建设。

(3)小城镇住区的人口规模、规划组织、用地标准、建筑密度、道路网络、绿化系统以及基础设施和公共服务设施的配置，必须按小城镇的自身经济社会发展水平、生活方式及地方特点进行合理构建。

(4)小城镇住区规划、住宅建筑设计应综合考虑小城镇与城市的差别以及建设标准、用地条件、日照间距、公共绿地、建筑密度、平面布局和空间组合等因素来合理确定，并应满足防灾救灾、配建设施及小区物业管理等需求，从而创造一个方便、舒适、安全、卫生和优美的居住环境。

(5)为方便老年人、残疾人的生活和社会活动提供环境条件。

(6)小城镇住区配建设施的项目与规模，既要与该区的居住人口相适应，又要在以城镇级公建设施为依托的原则下与之有机衔接。其配建设施的面积总指标，可按设施的配置要求统一安排，灵活使用。

(7)小城镇住区的平面布局、空间组合和建筑形态应注意体现民族风情、传统习俗和地方风貌，还应充分利用规划用地内有保留价值的河湖水域、历史名胜、人文景观和地形等规划要素，并将其纳入住区规划。

(8)小城镇住区的规划建设要顺应社会主义市场经济机制的需求，为方便居住小区建设的商品化经营、分期滚动式开发以及社会化管理创造条件。

### 3. 居住小区的组成

(1)居住小区的要素。居住小区的组成要素包括物质和精神两个方面。

1)物质要素。指地形、地质、水文、气象、植物、各类建筑物以及工程设施等。

2)精神要素。指社会制度、组织、道德、风尚、风俗习惯、宗教信仰、文化艺术修养等。

(2)居住小区的用地组成。居住小区用地构成包括住宅用地、公共服务设施用地、道路用地、公共绿地和其他用地。在居住小区建设中应当综合考虑,合理配置各种用地。

1)住宅用地。指住宅建筑基底占有的用地及其四周合理间距内的用地。其用地包括通向住宅入口的小路、宅旁绿地和家务院。

2)公共建筑用地。指住区内各类公共服务设施建筑物基底占有的用地及其四周的用地(包括道路、场地和绿化用地等)。

3)道路用地。指住区内各级道路的用地,还应包括回车场和停车场用地。

4)公共绿地。指住区内公共使用的绿地,包括住宅小区级公园,小游园,运动场,林荫道,小面积和带状的绿地,儿童游戏场地,青少年、成年人和老年人的活动和休息场地。

5)其他用地。指上述用地以外的用地,例如小工厂和作坊用地、镇级公共设施用地、企业单位用地、防护用地等。

(3)居住小区用地范围的确定。

1)居住小区规划总用地范围的确定。

①当居住小区规划总用地周界为城镇道路、居住小区(级)道路、小区路或自然分界线时,用地范围划至道路中心线或自然分界线。

②当规划总用地与其他用地相邻,用地范围划至双方用地的交界处。

2)居住小区用地范围的确定。

①居住小区以道路为界线时:属城镇干道时,以道路红线为界;属居住小区干道时,以道路中心线为界;属公路时,以公路的道路红线为界。

②同其他用地相邻时,以用地边线为界。

③同天然障碍物或人工障碍物相毗邻时,以障碍物用地边缘为界。

④居住小区内的非居住用地或居住小区级以上的公共建筑用地应扣除。

3)住宅用地范围的确定。

①将居住小区内部道路红线作为界,住宅前后小路属住宅用地。

②住宅与公共绿地相邻时,没有道路或其他明确界线时,如果在

住宅的长边，通常以住宅高度的 1/2 计算；如果在住宅的两侧，一般按 3～6 m 计算。

③住宅与公共建筑相邻而无明显界限的，则以公共建筑实际所占用地的界线为界。

4)公共建筑用地范围的确定。

①公共用地自身有明显界限的，按照实际用地计算，如幼托、学校等。

②无明显界限的公共建筑，例如菜店，饮食店等，则按建筑物基底占用土地及建筑物四周所需利用的土地划定界线。

③当公共建筑设在住宅建筑底层或住宅公共建筑综合楼时，用地面积应按住宅和公共建筑各占该幢建筑总面积的比例分摊用地，并分别计入住宅用地和公共建筑用地；底层公共建筑突出于上部住宅或占有专用场院或因公共建筑需要后退红线的用地，均应计入公共建筑用地。

5)道路用地范围的确定。

①当小城镇居住小区道路作为居住小区用地界线时，以道路红线宽度的一半计算。

②小区路、组团路，按路面宽度计算。当小区路设有人行便道时，人行便道计入道路用地面积。

③凡不属于公共建筑配建的居民小汽车和单位通勤车停放场地，按实际占地面积计入道路用地。

④公共建筑用地界限外的人行道或车行道均按道路用地计算。属公共建筑用地界限内的道路用地不计入道路用地，应计入公共建筑用地。

⑤宅间小路不计入道路用地面积。

6)公共绿地范围的确定。

①公共绿地指规划中确定的居住小区公园、组团绿地，以及儿童游戏场和其他的块状、带状公共绿地等。

②宅前宅后绿地以及公共建筑的专用绿地不计入公共绿地。

③组团绿地面积的确定，是绿地边界距宅间路、组团路和小区路

边 1 m；距房屋墙脚 1.5 m 等地方的绿地面积。

7)其他用地。

①其他用地是指规划范围内除居住小区用地以外的各种用地，应包括非直接为本区居民配建的道路用地、其他单位用地、保留的自然村或不可建设用地等，如居住小区级以上的公共建筑，工厂（包括街道工业）或单位用地等。

②在具体进行用地计算时，可先计算公共建筑用地、道路用地、公共绿地和其他用地，然后从小区总用地中扣除，即得居住建筑用地。

## 二、影响小城镇居住区规模的因素

小城镇的居住区应根据实际发展情况来进行规模定位。小城镇居住区的规模大小主要与以下几个因素有关。

(1)配套公共服务设施的服务范围。如果居住区规模过大，配套的公共服务设施将不能满足需求；如果规模过小，又往往导致各种公共服务设施配套不齐全或者公共设施利用不经济。通常习惯使用千人指标等方式来计算小区规模与配套的公共服务设施。此外，在小城镇中可能还有很多其他的限制公共服务设施使用状况的因素，包括地形状况（山、水的阻隔）的影响、原有路网结构的限制、产权划分的影响等，这些也应在考虑范围之内。

(2)城镇规划路网对居住区的限制。在城镇总体规划中会对城镇的综合情况进行考虑，通常通过路网的划分来限定居住区的规模。小城镇居住区的规划规模也应当依据现有的总体规划。

(3)城镇生活水平与居民购买力。居住区规模与当地购买力有紧密的关系。如果盲目过量开发，会导致消费跟不上，增加空置率。应当在前期做好市场调研与策划工作。在有些地区，虽然当地居民的消费水平较低，但是可能周边地区较为富裕，也能带动当地的房地产业发展。例如杭州市向来被当作居住、休闲、疗养的风水宝地，由于本市住房供不应求，便带动了周边一些中小城镇的房地产业发展。同时由于这些小城镇的地价相对便宜，有时反而能形成一些规模较大的居住区。因此，在市场调研当中，应当综合考虑周边地区的经济状况。

(4)开发商或其他投资部门的经济实力。开发商或其他投资部门的经济实力对居住区规模的影响,应当与以上几点因素综合考虑。如果限于开发商的经济实力等原因而一时无法达到较为合适的居住区规模,可以考虑分期规划发展的模式,在一期预留出发展用地,并且考虑到配套公共服务设施对一期与二期的影响,尽可能地为合理规划留出余地。

## 三、住宅建筑的类型和规划布局

### 1. 住宅建筑的类型

小城镇住宅建筑按建筑形态可分为农户型住宅和城镇型住宅。

(1)农户型住宅。农户型住宅类型有独立式、并联式和院落式三种。

1)独立式。家庭成员比较多一般采用独立式住宅,这样的住户建筑面积在 150 $m^2$ 以上。在经济条件较好的地区布置住宅常采用此种类型。

2)并联式。住户建筑面积较小,一般采用几户联在一起修建的形式。这种布置形式比较适合于成片开发,可以节约用地,而且还可以节约室外工程设备管线用量,降低造价。

3)院落式。这样布置形式多数的住户住宅面积较大,房间较多又有充足的室外用地。院落式给用户提供的居住环境较接近自然,用地宽裕的部分村镇采用此种形式。

(2)城镇型住宅。城镇型住宅也就是单元式住宅。其特点是建筑紧凑,节约土地,便于成片开发。

### 2. 住宅建筑的规划布局

小城镇住宅建筑面积一般占整个总住宅建筑面积的 80%左右,住宅用地占总用地的 50%左右。住宅建筑的规划是小城镇居住区规划的重要内容。住宅建筑布置与建筑朝向、日照间距的关系非常密切。住宅群体的组合形式及住宅的造型、色彩等是影响住宅区面积的重要因素。为了有效提高土地利用率,小城镇住宅建筑应以多层(4～5 层)为主,还可以根据具体情况适量建造一些低层或者小高层。规划住宅之间距离和庭院围合应考虑满足日照要求,防止视线干扰,并综合通风、消防和其他救灾等要求合理确定。

(1)住宅建筑日照间距的要求。日光对人的健康有很大的影响，因此，在布置住宅建筑时应适当利用日照，冬季应争取最多的阳光，夏季则应尽量避免阳光照射时间太长。住宅建筑的朝向和间距也就在很大程度上取决于日照的要求，尤其在纬度较高的地区（$\phi=45°$以上），为了保证居室的日照时间，必须要有良好的朝向和一定的间距。为了确定前后两排建筑之间合理的间距，须进行日照计算。平地日照间距的计算，一般以农历冬至日正午太阳能照射到住宅底层窗台的高度为依据；寒冷地区可考虑太阳能照射到住宅的墙脚为宜。平地日照间距计算如图 6-1 所示。

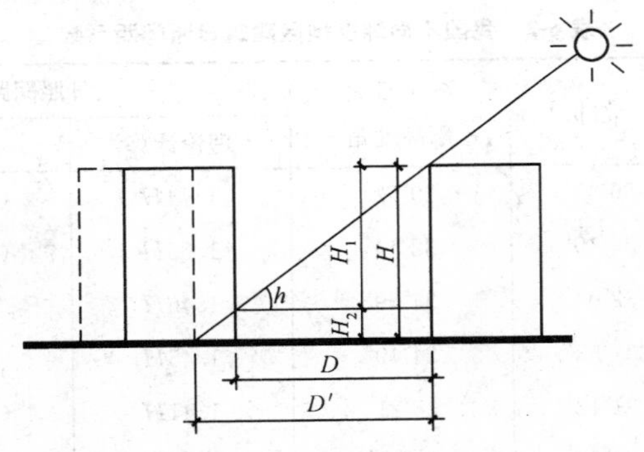


图 6-1　平地日照间距计算图

由图 6-1 可得出计算公式。

$$D=\frac{H_1-H_2}{\tan h} \qquad D'=\frac{H_1}{\tan h}$$

式中　$h$——冬至日正午该地区的太阳高度角；

$H$——前排房屋檐口至地坪高度(m)；

$H_1$——前排房屋檐口至后排房屋窗台的高差(m)；

$H_2$——后排房屋低层窗台至地坪高度(m)；

$D$——太阳照到住宅底层窗台时的日照间距(m)；

$D'$——太阳照到住宅的墙脚时的日照间距(m)。

当建筑朝向不是正南向时，日照间距应按表 6-1 中不同方位间距的折减系数作相应折减。

表 6-1　不同方位日照间距

| 方位 | 0°～15° | 15°～30° | 30°～45° | 45°～60° | >60° |
| --- | --- | --- | --- | --- | --- |
| 日照间距 | 1.0*L* | 0.9*L* | 0.8*L* | 0.9*L* | 0.95*L* |

注:*L* 是建筑的间距。

由于太阳高度角与各地所处的地理纬度有关,纬度越高,同一时日的高度角也就越小,所以,我国一般越往南的地方日照间距越小,相反,往北则越大。根据这种情况,对应的日照间距应进行适当的调整,表 6-2 对我国各地区的日照间距系数做出了相应的规定。

表 6-2　我国不同纬度地区建筑日照间距系数

| 地名 | 北纬 | 冬至日太阳高度角 | 日照间距 | |
| --- | --- | --- | --- | --- |
| | | | 理论计算 | 实际采用 |
| 济南 | 36°41′ | 29°52′ | 1.74*H* | (1.5～1.7)*H* |
| 徐州 | 34°19′ | 32°14′ | 1.59*H* | (1.2～1.3)*H* |
| 南京 | 32°04′ | 34°29′ | 1.46*H* | (1～1.5)*H* |
| 合肥 | 31°53′ | 34°40′ | 1.45*H* | |
| 上海 | 31°12′ | 35°21′ | 1.41*H* | (1.1～1.2)*H* |
| 杭州 | 30°20′ | 36°13′ | 1.37*H* | 1*H* |
| 福州 | 26°05′ | 40°28′ | 1.18*H* | 1.2*H* |
| 南昌 | 28°40′ | 37°43′ | 1.30*H* | (1～1.2)*H*,≤1.5*H* |
| 武汉 | 30°38′ | 35°55′ | 1.38*H* | (1.1～1.2)*H* |
| 西安 | 34°18′ | 32°15′ | 1.48*H* | (1～1.2)*H* |
| 北京 | 39°57′ | 26°36′ | 1.86*H* | (1.6～1.7)*H* |
| 沈阳 | 41°46′ | 24°45′ | 2.02*H* | 1.7*H* |

居民对日照的要求不仅仅只是局限于居室内部,室外活动场地的日照也同样重要。住宅布置时不可能在每幢住宅之间留出许多日照标准以外的不受遮挡的开阔地,但可在一组住宅里开辟出一定面积的宽敞空间,让居民活动时能获得更多的日照,如在行列式布置的住

宅组团里，将其中的一幢住宅去掉一二个单元，就能为居民提供获得更多日照的活动场地。尤其是托儿所、幼儿园等建筑的前面应有更开阔的场地，应获得更多的日照，这类建筑在冬至日的满窗日照不少于 3 h。

(2)住宅建筑朝向的要求。住宅建筑的朝向是指主要居室的朝向，在规划布置中应根据当地的自然条件——主要是太阳的辐射强度和风向来综合分析得出较佳的朝向，以满足居室获得较好的采光和通风。在高纬度寒冷地区，夏季西晒不是主要矛盾，而以冬季获得必要的日照为主要条件，所以，住宅居室的布置应避免朝北。在中纬度炎热地带，既要争取冬季的日照，又要避免西晒。在Ⅱ、Ⅲ、Ⅳ气候区，住宅的朝向应使夏季风向入射角大于 15°，在其他气候区，应避免夏季的风向入射角为 0°。

(3)住宅建筑通风的要求。我国大部分地区属温带，夏季比较热。在我国长江中下游以南广大地区，夏季持续时间长，而且湿度较大，因此，必须重视居住环境的自然通风问题。此外，在冬季寒冷地区，还必须考虑防风的问题。

居住区的自然通风不仅受到由于大气环流所引起的大范围风向的季变化或月变化的影响，而且还受到局部地形的特点(如山谷、河湖、海洋等)所引起的日变化的影响。

自然通风是借助于风压或热压的作用使空气流动，使室内外空气得以交换，如图 6-2 所示。在一般情况下，上述两种压差同时存在，而风压差往往是主要风源。

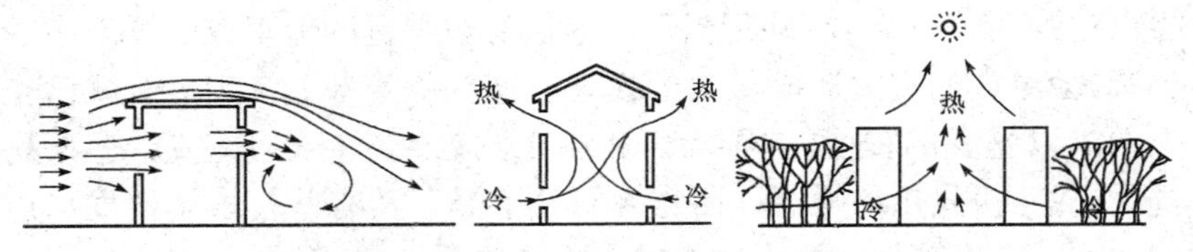


图 6-2　房屋室内、室外的空气流动情况

风的气流和风压对建筑及其群体的作用一般有以下几点。

1)建筑物高度越高，深度越小，长度越大时，背面旋涡区就越大，对建筑的通风有利。

2)建筑间距越大,自然通风效果越好。但为了节约用地和室外工程,不可能也不应该盲目增大建筑间距。因此,应将房屋朝向夏季(最需要自然通风的季节)主导风向,并保持有利的风向入射角。建筑的通风间距都是结合建筑的日照要求和充分利用有利的通风因素来确定的。一般在满足日照要求下,就能照顾到通风的需要。但在某些情况下,如在我国南方炎热地区,夏季为了防止日晒,通常将建筑间距缩小,而是用其他布置方法和措施来解决通风的问题。

3)为了提高自然通风的效果,还必须选择建筑合适的朝向。首先应使建筑朝向夏季的主导风向。在风向日变化较多的地区,则应按建筑的性质及其使用要求考虑合适的方位。如有昼夜风向日变化时,对于白天使用较多的房间,应迎向白天的风向;对于晚上使用较多的房间,如宿舍等,为保证职工晚上休息,则宜朝向晚上的风向。建筑朝向除满足朝向夏季主导风向外,最好与炎热季节的最佳朝向一致。我国东南部大部分地区都能达到这一要求。如两者不相一致时,应照顾矛盾的主要方面。

(4)住宅建筑噪声的要求。人们渴望宁静的生活。然而由于现代化生活的快节奏和多元化所造成的噪声,使得人们遭受噪声污染的干扰。不仅影响到人们的健康,也干扰了人们的正常生活。一般人说话的声音是40～60 dB,嗓门大的人的说话声音可达到60～80 dB。研究表明,临街建筑物内的噪声可达到65 dB,在这里居住的人的心血管受伤害的程度要比生活在50 dB以下声环境的人高出70%以上。如果噪声达到80～100 dB,即相当于一辆从身边驶过的卡车或电锯发出的声音,会对人的听力造成很大的伤害。而当噪声超过100 dB,就已是人们难以忍受的程度,这种噪声相当于圆锯、空气压缩锤或者迪斯科舞厅、战斗机发出的噪声。而当人们处于爆破及有些打击乐器发出声响达到120 dB以上时,人体的健康将会遭受极大的伤害。

人体长期处在噪声的环境之中,便会依声量强度及持续时间长短不同,对身体逐渐造成伤害,诱发多种疾病。

1)听力障碍。毫无防护地置身于80 dB以上的噪声之中,就容易使听觉细胞受损，容易造成耳聋。若突然受到诸如大炮声、爆炸声、凿岩机声等超过 120 dB 噪声的损害，便有可能立即导致耳聋。

2)心血管病。长期生活在 70～80 dB 以上声环境中，易使人的动脉收缩、心跳加速、供血不足，出现血压不稳定、心律不齐、心悸等症状，甚至演变成冠心病、心绞痛、脑溢血及心肌梗死。研究指出，噪声强度每升高 5 dB，患高血压的概率就可能提高约 20%。

3)破坏人体的正常运转。噪声会导致中枢神经功能失调、大脑皮质兴奋及抑制功能失去平衡，使得出现失眠、多梦、头痛、耳鸣、全身乏力等现象。

4)精神障碍。噪声会使人的肾上腺素分泌增加，以致容易惊慌、恐惧、易怒、焦躁，甚至演变成神经衰弱、忧郁或精神分裂。

5)消化道疾病。噪声会引起消化系统的功能障碍、内分泌失调，使人出现食欲不振、消化不良、肠胃衰弱、恶心、呕吐等症状，最后还可能导致消化道溃疡、肝硬化等疾病的产生。

6)影响生育功能。噪声会对妇女的月经和生育功能产生影响，使妇女出现月经失调、痛经等现象，还会使孕妇产生妊娠恶阻、妊娠高血压及产下低体重儿等情况，甚至造成流产、早产。

7)影响幼儿健康。胎儿和幼儿的听觉神经敏感脆弱，极易受噪声的破坏，严重时甚至会影响智力发育。

8)导致死亡。美国医学专家研究指出，突发的强烈噪声，可使听觉受到刺激，引发突发性心律不齐，易使人猝死。

长期在 80 dB 以上的声环境中工作、学习和生活，将使人的精神无法集中，听力下降，降低工作、学习效率。噪声还会使微血管收缩，降低血液中活性氧的流通，造成精神紧张亢奋，情绪无法安定，影响工作、学习和日常的生活。

(5)住宅建筑的平面布置类型。住宅建筑常见的平面布置有周边式和行列式两种，除此以外，还有多种组合形式，如：行列式、周边式、混合式、自由式、庭院式等。

1)行列式布置。根据一定的朝向，合理的间距，成行成排地布置建筑，是在居住区建筑布置中最普遍采用的一种形式。其优点是使绝大多数居室获得好的日照和通风，但由于过于强调南北向布置，处理不好，容易造成布局单调，感觉呆板。因此，在布置时常采用错落、拼接、成组偏向、墙体分隔、条点结合、立面上高低错落等方法，在统一中求得变化，打破单调呆板感（图 6-3）。

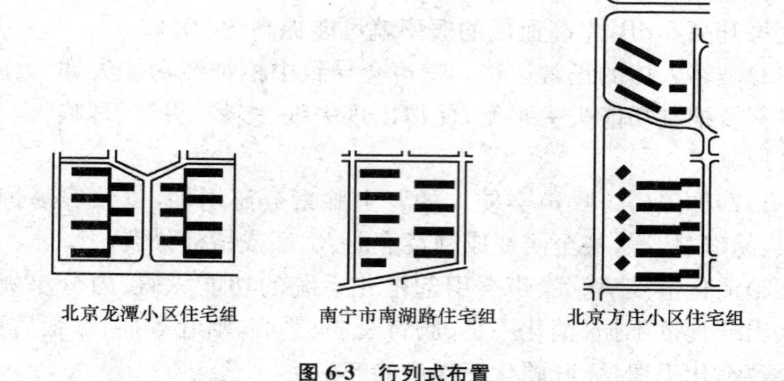


图 6-3　行列式布置

2)周边式布置。建筑沿着道路或院落周边布置的形式。这种形式有利于节约用地，提高居住建筑面积密度，形成完整的院落，便于公共绿地的布置，能有良好的街道景观，也能阻挡风沙，减少积雪。然而由于周边布置，使有较多的居室朝向差及通风不良（图 6-4）。

图 6-4　周边式布置

3)混合式布置。混合式布置是上述两种形式的结合,以行列式为主,由公共建筑及少量的居住建筑沿道路院落布置,以发挥行列式和周边式布置各自的长处(图 6-5)。

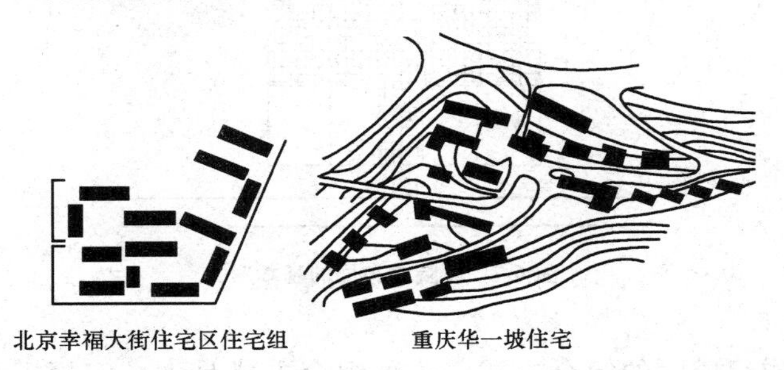


图 6-5　混合式布置

4)自由式布置。结合地形,考虑光照、通风,将居住建筑自由灵活的布置,其布局显得自由活泼(图 6-6)。

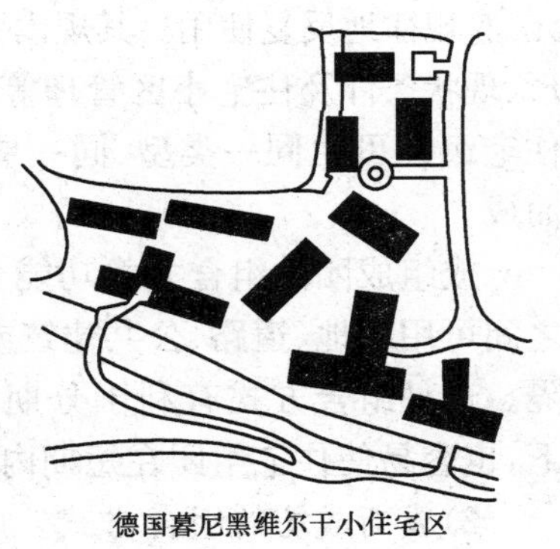


图 6-6　自由式布置

5)庭院式。低层住宅的群体可以把一幢四户联排住宅和两幢两户拼联的住宅组织成人车分流和宁静、安全、方便、便于管理的院落(图 6-7),并以此作为基本单元,根据地形、地貌灵活地组织住宅组团和住区。这是吸取传统庭院住宅的布局手法而形成的一种较有创意的布置形式,但应注意四户联排时,做好中间两户的建筑设计。

(6)住宅群体的组合方式。住宅群体的组合应在住宅小区规划结构的基础上进行,它是住宅小区规划设计的重要环节和主要内容。它是将小区内一定规模和数量的住宅(或结合公共建筑)进行合理而有序的组合,从而构成住宅小区、住宅群的基本组合单元。住宅群体的组合形式多种多样,但各种组合方式并不是孤立和绝对的,在实际中往往是相互结合使用。其基本组合方式有以下三种。

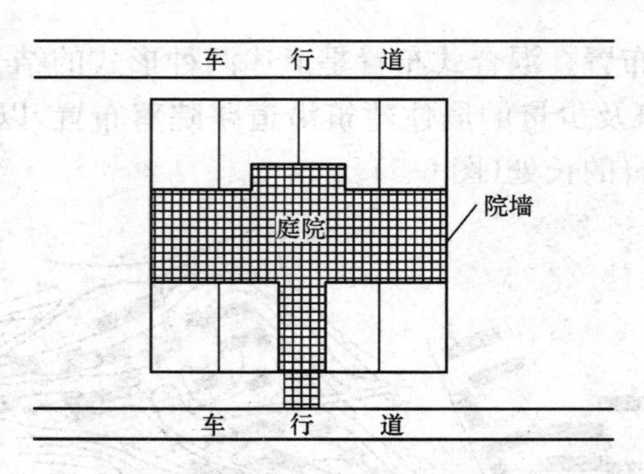


图 6-7 庭院式布局的基本形式

1)成组成团的组合方式。这种组合方式是由一定规模和数量的住宅(或结合公共建筑)成组成团地组合,构成住宅小区的基本组合单元,有规律地反复使用。其规模受建筑层数、公共建筑配置方式、自然地形、现状条件及住宅小区管理等因素的影响,一般为 1 000～2 000 人。住宅组团可由同一类型、同一层数或不同类型、不同层数的住宅组合而成。

成组成团的组合方式功能分区明确,组团用地有明确范围,组团之间可用绿地、道路、公共建筑或自然地形(如河流、地形高差)进行分隔。这种组合方式有利于分期建设,即使在一次建设量较小的情况下,也容易使住宅组团在短期内建成而达到面貌比较统一的效果。

2)成街成坊的组合方式。成街的组合方式是住宅沿街组成带形的空间,成坊的组合方式是住宅以街坊作为一个整体的布置方式。成街的组合方式一般用于小城镇或住宅小区主要道路的沿线和带形地段的规划。成坊的组合方式一般用于规模不太大的街坊或保留房屋较多的旧居住地段的改建。成街组合是成坊组合中的一部分,两者相辅相成、结合密切,特别在旧居住区改建时,不应只考虑沿街的建筑布置,而不考虑整个街坊的规划设计。

3)院落式的组合方式。这是一种以庭院为中心的院落,以院落为基本单位组成不同规模的住宅组群的组合方式。院落的布局类型,主要分为开敞型、半开敞型和封闭型几种,宜根据当地气候特征、社会环境和基地地形等因素合理确定。院落式组合方式科学地继承了我国民居院落式布局的传统手法,适合于低层和多层住宅,特别是小城镇及村镇的住区规划设计,由于受生产经营方式及居住习惯的制约,这种方式最为适合。

(7)住宅群体的空间组合。住宅群体的空间组合就是运用建筑空间构图的规律以及建筑空间构图的手段将住宅、公共建筑、绿化种植、道路和建筑小品等有机组成为完整统一的建筑群体。其基本构图手法主要有以下几种。

1)对比。所谓对比就是指同一性质物质的悬殊差别,如大与小、简单与复杂、高与低、长与短、横与竖、虚与实,及色彩的冷与暖、明与暗等的对比。对比的手法是建筑群体空间构图的一个重要的和常用的手段,通过对比可以达到突出主体建筑或使建筑群体空间富于变化,从而打破单调、沉闷和呆板的感觉。

2)韵律与节奏。其是指同一形体的有规律的重复和交替使用所产生的空间效果,犹如韵律、节奏。韵律按其形式特点可分为三种不同的类型。

①连续的韵律。以一种或几种要素连续、重复的排列而形成,各要素之间保持着恒定的距离和关系,可以无止境地连绵延长。

②渐变韵律。连续的要素如果在某一方面按照一定的秩序逐渐变化,如逐渐加长或缩短,变宽或变窄,变密或变稀等。

③起伏韵律。当渐变韵律按照一定规律时而增加,时而减小,犹如波浪起伏,具有不规则的节奏感。

3)比例与尺度。一切造型艺术,都存在着比例关系是否和谐的问题。在建筑构图范围内,比例的含义是指建筑物的整体或局部在其长宽高的尺寸、体量间的关系,以及建筑的整体与局部,局部与局部,整体与周围环境之间尺寸、体量的关系。而尺度的概念则与建筑物的性质、使用对象密切相关。如幼儿园的设计应考虑儿童的特点,门窗、栏杆等的尺度应与之相适应。一个建筑应有合适的比例和尺度,同样,一组建筑物相互之间也应有合适的比例和尺度的关系,在组织居住院落的空间时,就要考虑住宅高度与院落大小的比例关系和院落本身的长宽比例。一般认为,建筑高度与院落进深的比例在 1∶3 左右为宜,而院落的长宽比则不宜悬殊太大,特别应避免住宅之间成为既长又窄的空间,使人感到压抑、沉闷。沿街的建筑群体组合,也应注意街道宽度与两侧建筑高度的比例关系,比例不当会使人感到空旷或造成狭长胡同的感觉。一般认为,道路的宽度为两侧建筑高度的三倍左右为宜,这样的比例可以使人们在较好的视线角度内完整地观赏建筑群体。

4)色彩。色彩是每个建筑物不可分割的特性之一。建筑的色彩最重要的是主导色相的选择,这要看建筑物在其所处的环境中突出到什么程度,还应考虑建筑的功能作用。住宅建筑的色彩以淡雅为宜,使其整体环境形成一种明快、朴素、宁静的气氛。住宅建筑群体的色彩要成组考虑,色调应力求统一协调;对建筑的局部如阳台、栏杆等的色彩可作重点处理以达到在统一中又带有变化的目的。

## 四、住宅建筑设计要求

小城镇住宅建筑设计应考虑小城镇自身的人口特征和家庭结构。小城镇住户包括一般农业住户、专业生产型住户、个体工商服务型住户、企业职工型住户等多种类型,并且家庭结构复杂,每户平均人口一般为 3～5 人,多则 6～8 人。小城镇住宅设计应该体现多样化。

(1)一般农业住户。将以小型种植业为主要职业,并且兼顾家庭养殖、饲养、纺织等副业生产。住宅除了考虑生活部分外,还应配置家庭副业生产、农具存放及粮食晾晒和储藏设施。

(2)专业生产型住户。专门从事规模经营种植、养殖或饲养等生产的住户。应考虑配置单独的生产用房、场地,而且住宅内还需要设置业务工作室、接待会客室、车库等。

(3)个体工商服务型住户。专门从事小型加工生产,并经营餐饮、销售、运输等各项工商服务业活动。住宅内需增加小型作坊、铺面、库房等。

(4)企业职工型住户。完全脱离农业生产的乡镇企业职工进镇住户可采用城镇住宅形式。

小城镇住宅建筑由基本居住功能空间(门厅、起居室、餐厅、书房、过道或户内楼梯间、卧室、厨房、浴厕、储藏)和附加功能空间(客卧、车库、谷仓及禽畜舍等)组成。

## 五、公共服务设施规划

公共服务设施是小城镇居住区不可缺少的一部分,公共服务设施的设置为小城镇居民提供了便利,满足其物质和精神生活的基本需求。小城镇居住区公共服务设施的好坏直接影响小城镇居民的生活质量。

### 1. 居住区公共服务设施的分类及确定

(1)商业服务设施。主要是指为居住区居民生活提供必需品的各类商店以及综合便民商店。这类设施要想能够长久维持下去,需要有一定的人口规模去支撑,而商店类的公共设施还需要通过更大范围人口规模或全镇范围来统一解决。

(2)文教卫生设施。主要是指居住区内的托幼、小学、卫生站、文化站等项目。根据实际情况来考虑居住区的规模,如果居住区的规模过小,则托幼、小学等设施可由总体规划统筹安排,与其他居住区相结合来配置。

(3)市政服务设施。主要是变配电设施、加压泵房、邮政、煤气站、停车场、公共厕所、垃圾收集、垃圾转运站等项目。

(4)管理服务设施。指居委会、社区服务中心、物业管理等项目。

由于小城镇居住区的规模相对较小,因此在考虑设施的使用、经营、管理等方面因素要综合考虑,权衡经济、环境和社会三方面的效益。小城镇居住区公共服务设施一般不分等级设置。

### 2. 居住区公共服务设施配建项目影响因素

(1)与所服务的人口规模相关。服务的人口规模越大,公共服务设施配置的规模也就越大。

(2)与距镇区或城市的距离相关。距城市、镇区越远,公共服务设施配置的规模相应也越大。

(3)与当地的产业结构及经济发展水平相关。第二、第三产业比重越大，经济发展水平越高，公共服务设施配置的规模就相应大一些。

(4)与当地的生活习惯、社会传统有关。公共设施配建与居住区所在地的社会习俗和生活方式相关。

**3. 居住区公共服务设施的布置**

(1)沿街线状布置公共服务设施沿小区主要交通干道或者步行街道布置。这种布置形式要考虑街道的性质和走向，沿道路布置有利于组织街景及方便居民使用。

(2)居住区出入口布置。公共服务设施位于居住区主要出入口，结合居民出行，方便居民顺路使用。

(3)居住区内部设施布置。公共服务设施设置在居住区的中心位置，要考虑合理服务半径及服务对象，还有设施内容和服务项目，公共设施布置在居住区中心有利于物业管理。但综合便利店等设施内向布置不利于商业经营。

小城镇居住区的公共服务设施布置要注意这几类公共服务设施布置，如教育服务设施、交通服务设施、综合管理设施等。

教育服务设施根据小城镇整体考虑布置的设施，如幼托机构、小学校等。交通服务设施是基本由住户自己使用和管理的设施，如自行车、摩托车、小汽车的停放场所。综合管理设施包括综合便利商店、文化站、卫生站(室)、物业管理、社会服务设施等项目。综合便利商店等公共服务设施的布局主要有沿街道线状布置、在居住区主要出入口设置以及在住宅中心地段成片集中布置等形式。

## 六、居住区道路及停车场规划

**1. 路的功能**

(1)公共交通。在小城镇实际生活中，日常公共交通流量最大。日常公共交通是小城镇居住区道路的主要功能，为居民上下班，购物，上学等日常生活提供服务。

(2)市政公用交通。为了满足小城镇居住区供应货物及提供保障所需要的交通。多数是机动车辆，如垃圾的清运、货物的运输、设备设施的维护等车辆。

(3)情况交通。当居住小区内发生危险时所需要的交通,如火警、匪警或紧急救护时所需要的交通,也是以机动车为主。

(4)工程管线的必要交通。随着小城镇人民生活水平不断提高,居住区所需要敷设的工程管线的种类也在增加,管线一般沿路铺设,因此在进行道路规划的时候也应考虑必要的管线敷设需求。

(5)居民户外活动场所。小城镇住宅区道路不仅用作交通需要,并且也是许多居民活动的场所,这是小城镇区别于城市道路的重要内容,应该在住宅空间与环境规划中加以考虑,要在满足居民出行和通行的同时,充分考虑居住区的景观、空间层次、形象特征的塑造。

**2. 居住区道路分级**

居住区应当由小城镇道路网包围,但并不被它们所穿越,才能够既方便居住小区与小城镇其他地段的交通联系,又不被大量的小城镇交通车辆干扰,保证居住小区内部的宁静,从而保证居住小区是一个舒适、方便、安全、安静的居住生活空间。科学的道路规划是小城镇居住区规划设计中的首要问题。在小城镇居住区规划设计中,居住区内道路可分为四级:居住区道路、小区路、组团路和宅间小路,见表6-3。

**表6-3 居住区道路分级控制表**

| 道路类别 | 道路红线宽度(m) | 路面宽度(m) | 每侧人行道宽度(m) | 主要交通工具 |
|---|---|---|---|---|
| 小区路 | 5~8 | 5~8 | 2~3 | 消防车、救护车、住户小汽车、搬家车(农用机动车、商店货车和垃圾车) |
| 组团路 | — | 3~5 | — | 消防车、救护车、住户小汽车、搬家车 |
| 宅间路 | — | >2.5 | — | 住户小汽车、摩托车、自行车、行人 |

(1)居住区道路。红线宽度不宜小于20 m,在城市中,居住区道路是较大的居住区之间进行分区的主要道路。在小城镇中,由于很多

居住区的规模不大,这一级的道路便成为联系居住区与附近其他辅助功能区的主要道路。

(2)小区路。路面宽 5~8 m。建筑控制线之间的宽度,采暖区不宜小于 14 m;非采暖区不宜小于 10 m;小区路是连接居住小区主要出入口的道路,其人流和交通运输较为集中,是沟通整个小区的主要道路。道路断面以一块板为宜,并有人行道。在内外联系上要做到通而不畅,避免外部车辆穿行,但应保障对外联系安全便捷。

小区路的布置形式有环通式、尽端式、半环式、混合式等几种方式,具体选用何种形式应根据地形、现状条件、周围交通情况等因素综合考虑。

(3)组团路。路面宽 3~5 m;建筑控制线之间的宽度,采暖区不宜小于 10 m;非采暖区不宜小于 8 m;是小区各组群之间相互沟通的道路。重点考虑消防车、救护车、住户小汽车、搬家车以及行人的通行。道路断面以一块板为宜,可不专设人行道。在道路对内联系上,要做到安全、快捷地将行人和车辆分散到各组群内并能顺利地集中到干路上。

(4)宅间小路。路面宽不宜小于 2.5 m;是进入住宅楼或独院式各住户的道路,以人行为主,还应考虑少量住户小汽车、摩托车的进入。在道路对内联系中要做到简捷地将行人输送到组团路上和住宅中。

**3. 居住小区道路系统的布置**

(1)居住小区道路系统的基本形式。小城镇住区道路系统的形式应根据地形、现状条件、周围交通情况等因素综合考虑,不要单纯追求形式与构图。住宅小区内部道路的布置形式有内环式、环通式、尽端式、半环式、尽端式、混合式等,如图 6-8 所示。在地形起伏较大的地区,为使道路与地形紧密结合,还有树枝形、环形、蛇形等。

环通式的道路布局是目前普遍采用的一种形式。环通式道路系统的特点是,小城镇住区内车行和人行通畅,住宅组群划分明确,便于设置环通的工程管网,但如果布置不当,则会导致过境交通穿越小区,居民易受过境交通的干扰,不利于安静和安全。尽端式道路系统的特

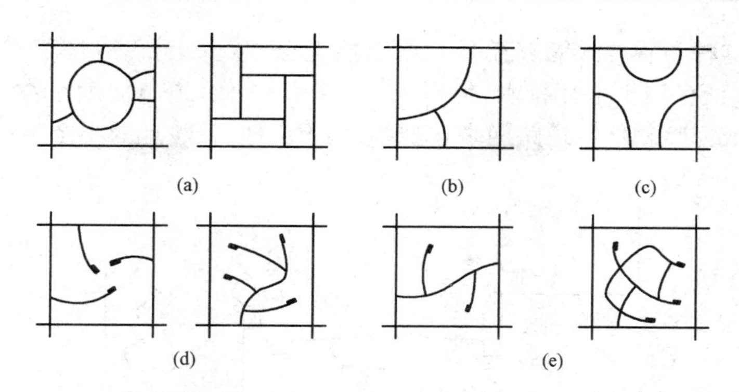


**图 6-8 小城镇住区内部道路的布置形式**

(a)内环式;(b)环通式;(c)半环式;(d)尽端式;(e)混合式

点是可减少机动车穿越干扰,宜将机动车辆的交通集中在几条尽端式道路上,步行系统连续,人行、车行分开,小区内部的居住环境安静、安全,同时可以节省道路面积,节约投资,但对自行车的交通不够方便。混合式道路系统是以上两种形式的混合,发挥环通式的优点,以弥补自行车交通的不便,保持尽端式安静、安全的优点。

(2)居住小区道路系统的布局方式。

1)车行道、人行道并行布置。

①微高差布置。人行道与车行道的高差为 300 mm 以下,如图 6-9 所示。这种布置方式能使行人上下车较为方便,道路的纵坡比较平缓,但当下大雨时,地面排水不迅速,这种方式主要适用于地势平坦的平原地区及水网地区。

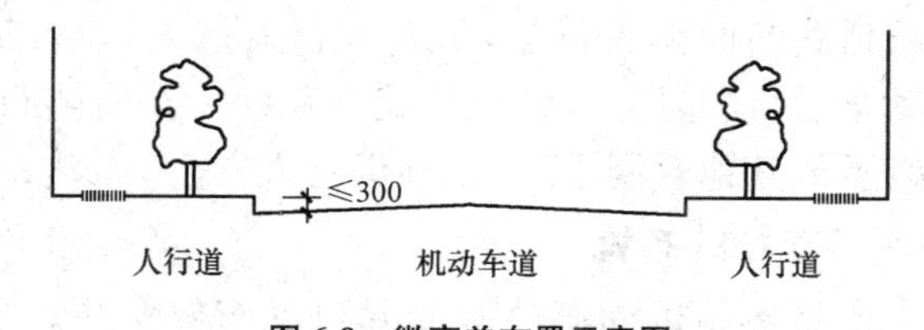


**图 6-9 微高差布置示意图**

②大高差布置。人行道与车行道的高差在 300 mm 以上,隔适当距离或在合适的部位应设梯步将高低两行道联系起来,如图 6-10 所

示。这种布置方式能够充分利用自然地形，减少土石方量，节省建设费用，且有利于地面排水，但行人上下车不方便，道路曲度系数大，不易形成完整的住区道路网络，主要适用于山地、丘陵地的小区。

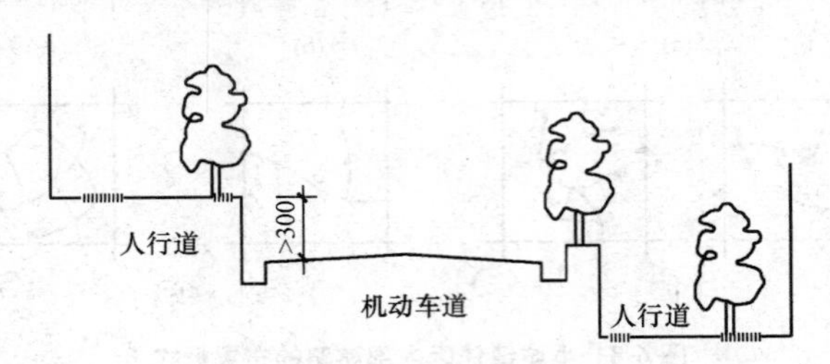


图 6-10　大高差布置示意图

③无专用人行道的人车混行路。这种布置方式已被各地居住区普遍使用，是一种常见的交通组织形式，比较简便、经济，但不利于管线的敷设和检修，车流、人流多时不太安全，主要适用于人口规模小的居住区干路或人口规模较大的居住区支路。

2)车行道、人行道独立布置。这种布置方式应尽量减少车行道和人行道的交叉，减少相互间的干扰，应以并行布置和步行系统为主来组织道路交通系统，但在车辆较多的住区内，应按人车分流的原则进行布置。适合于人口规模比较大、经济状况较好的小城镇住宅小区。

步行系统由各住宅组群之间及其与公共建筑、公共绿地、活动场地之间的步行道构成，路线应简捷，无车辆行驶。步行系统较为安全随意，便于人们购物、交往、娱乐、休闲等活动。

车行系统道路断面无人行道，不允许行人进入，车行道是专为机动车和非机动车通行的且自成独立的路网系统。当有步行道跨越时，应采用信号装置或其他管制手段，以确保行人安全。

**4. 居住区停车场的布置**

停车场主要是指非机动车停车场和机动车停车场。非机动车停车场的布置分住宅底层独立式车库和集中式车库两种方式。

(1)住宅底层独立式车库。住宅底层独立式车库是在住宅底层设置车库，供每户住宅独立使用，车库的使用和管理都比较方便。除了停放自行车、摩托车外，还可兼放其他杂物，方便居民使用。

(2)集中式车库。集中式车库一般设置在住宅楼的一侧或单独设置一幢低层的大型车库或地下室、半地下室，有专人负责和看管。在城市居住区内比较普遍采用这种形式的车库。就目前来说小城镇中除了规模较大的城镇外，一般不采用这种车库。但随着城市化进程的加快，集中式车库有可能会得到普遍应用。集中式主要特点是节约居住区用地，而且比较方便管理。

(3)机动车停车场。主要是指居民私家车停车、出租车以及来访车辆等其他外来车辆临时停车的停车场等，其中以居民的私家车停车为主。随着城镇经济水平的提高，小汽车已经进入小城镇居民家庭，小汽车的停放将成为住区规划建设的重要内容，应给予充分考虑。在停车布局上，应考虑使用方便，服务半径不超过 150 m。在居住区或组团出入口附近考虑设置通勤车、出租汽车以及个体运输机车等的停放，以保证居住区或组团内部的安全与宁静。

## 七、绿地休闲设施规划

### 1. 居住区绿地构成

小城镇居住小区绿地包括公共绿地、公共建筑绿地、近宅绿地、专用绿地、道路路堤等，它们构成小城镇居住绿地系统。

(1)公共绿地。小城镇公共绿地包含居住区公园、组团绿地、相邻院落公共绿地、道路绿地、儿童游戏场地等，为小区全体居民或部分居民使用的休闲绿地。小游园一般与公共服务设施、管理设施、娱乐设施、青少年活动场地、老年活动中心等相结合，形成居民日常生活的娱乐休闲的公共空间场所。

(2)公共建筑绿地。一般是指小城镇居住区公共建筑所附带的绿地，包括底层住户的宅前、宅后院落绿地，以及住宅山墙一侧的绿地。公共建筑绿地属于居民使用的半私有空间和私有空间。

(3)专用绿地。指居住区公共建筑和公共设施用地范围内的绿地。由各具体设施使用单位进行管理，按各自的使用要求进行绿化布置。规划设计时，应考虑与周围环境结合，并按照其自身功能要求进行绿化布置。还要考虑使用方便、用地紧凑等条件，达到改善公共建筑周边环境的目的。选择植物要结合公共建筑的性质来考虑，以达到良好的景观效果。

(4)近宅绿地。指环绕在住宅周围的绿地。包括住宅底层住户的宅前宅后院落绿地，以及住宅山墙一侧的绿地。近宅绿地属于居民使用的半私有和私有空间。近宅绿地环绕着居住区建筑周围，与建筑距离较近，也是居民出入住宅建筑的必经之路。近宅绿地中树木栽植非常重要。宅前树木的分枝应低，这样可以阻止底层住户的窗户被宅前道路上行人的视线穿透，满足底层住户私密性要求；但树木栽植也不能过密或太靠近住宅，以免影响底层住户的采光和通风。

(5)道路绿地。指居住区内沿各个不同级别道路两侧的绿地和行道树。道路绿化包括居住小区级道路绿化、居住组团道路绿化和宅前小路道路绿化。

1)居住小区级道路绿化。居住小区级道路是联系居住区内各组成部分的主要交通要道，其一般宽度在 6～7 m。在绿化设计时，首先要考虑交通的要求，一般设置行道树。当道路设置与住宅建筑距离较近时，需要通过绿化布置防尘、减噪。居住小区级道路绿化是居住区最为主要的带状绿化。

2)居住组团道路绿化。居住组团道路是自行车和行人的主要通道，并考虑满足消防、救护、清运垃圾、家具搬运等要求，是人车混行的路面，路面宽度一般为 3～5 m，道路两侧的绿化要与住宅建筑相协调，多以乔木、草地和灌木搭配为主。

3)宅前小路绿化。宅前小路是通向各住户或单元入口的道路，主要供行人通行，宽度为 2.5～3 m，具体要根据用地和住宅层数而定。如住宅楼为高层住宅，路面宽度最好为 3 m，以保证垃圾车辆顺利到达垃圾收集处。宅前小路绿化主要用来分隔道路与住宅的用地，通过道路绿化明确住宅附近空间的归属和界限，并满足各种视线控制要求。

**2. 居住区公共绿化规划基本要求**

(1)根据住区的功能组织和居民对绿地的使用要求，采取集中与分散、重点与一般，点、线、面相结合的原则，以形成完整统一的住区绿地系统，并与村镇总的绿地系统相协调。

(2)充分利用自然地形和现状条件，尽可能利用劣地、坡地、洼地进行绿化，以节约用地，对建设用地中原有的绿地、湖河水面等应加以保留和利用，节省建设投资。

(3)合理地选择和配置绿化树种，力求投资少，收益大，且便于管理，既能满足使用功能的要求，又能美化居住环境，改善住区的自然环境和小气候。

**3. 居住区公共绿地布置形式**

(1)居住区公共绿地按平面布局划分为规整式、自由式和混合式。

1)规整式。规整式绿地布局是整个公共绿地平面布局、立体造型以及建筑、广场、道路、水面、花草树木的种植等都比较规整。这种布局多以轴线组织景物，布置对称均衡，绿地中的道路多采用直线或几何规则的线形，绿化要素均采取规则几何型或者图案型来设置。比如树丛绿篱、水池、花坛用几何形式，花卉种植用几何图案，在道路交叉点或构图中心布置雕塑、喷泉、叠水等观赏性较强的小品。平坦的地域采用这种布局具有庄严、雄伟、整齐的效果，但缺点是不够活泼、自然。

2)自由式。自由式绿地是仿效自然景色的形式进行绿化布局，绿化各个组成要素多采用曲折流畅的自然形态，不要求严整对称，只希望达到自然生动的效果。应充分结合基地内的自然地形，并运用我国传统造园手法，模仿自然群落的形式，将植物、建筑、山石、水体融为一体，道路多用曲折弧线型，亭台、廊桥、池湖点缀其中，形成自然的绿化空间。种植疏密相间，空间开合相接。自由式布局适用于地形变化较大的用地，可在有限的面积中，充分营造出体现自然美的环境效果，在人工环境中求得理想的景观效果。

3)混合式。混合式绿地是规整式绿地与自由式绿地相结合的形式。在实际规划中混合式应用较多。根据居民的户外空间活动要求，以规整式绿地与自由式绿地兼用的形式，灵活布局，达到与整体环境相协调，对地形和周边环境的适应性较强，达到不同的艺术效果。

(2)居住区公共绿地按绿地空间开放性分为开放式、封闭式、半开放半封闭式。

1)开放式。开放式绿地可以为居民提供休憩、观赏和使用的场地,游人可亲近和参与其中。开放式绿地一般多采用自由式布局,结合场地设计、地面铺装,并配备一定的设施,而且环境较好,是居民日常活动较为集中的地方。在居住区中,这种开放式绿地可以供人进入和使用。

2)封闭式。封闭式绿地周边一般以绿篱或其他设施围合,形成封闭的空间,在其内部组织大面积草坪和绿化种植,可以提供视觉观赏,一般不能进入其内部活动。封闭式绿地便于养护管理,但游人活动面积小,使用效果较差,大多数居民不希望在居住区中过多地采用这种形式的公共绿地。

3)半开放半封闭式。这种形式的公共绿地采用局部对居民开放的方式,可结合绿化设置供居民停留的场地和活动设施,在绿地周围设小散步道可出入于绿地内,在场地和道路周边可以设置花坛或用于阻隔游人活动的绿篱、封闭树丛、建筑小品等。这种布局既可满足居民活动的要求,又可在活动场地周边通过设置绿篱等与其他空间隔离,或为绿化,或为低矮的建筑小品从空间进行了划分,保证人的视线通畅,使居民的活动行为和心理需求都能得到满足。

(3)宅间绿化布置方式有树林型、绿篱型、花园型、围栏型、庭院型等。

1)树林型。用高大的乔木,多行成排地布置,对改善环境、改善小气候有良好的作用,也为居民在树荫下进行各项活动创造了良好的条件。这种布置比较粗放、单调,而且容易影响室内通风及采光。

2)绿篱型。在住宅前后用绿篱围出一定的面积,种植花木、草皮,是早期住宅绿化中比较常用的方法。绿篱多采用常绿树种,如大叶黄杨、侧柏、桧柏、蜀桧、女贞、小叶女贞、桂花等;也可采用花灌木、带刺灌木、观果灌木等;做成花篱、果篱、刺篱,如贴梗海棠、火棘、六月雪、溲疏、扶桑、米仔兰、驳骨丹等。其中花木的布置,在有统一基调树种前提下,各有特色,或根据住户的爱好种植花木。

3)花园型。在宅间用地上,用绿篱或栏杆围出一定的用地,自然式或规则式的,开放式或封闭式的布置,起到隔声、防尘、遮挡视线、美化的作用,形式多样,层次丰富,也为居民提供休息的场所。

4)围栏型。用砖墙、预制花格墙、水泥栏杆、金属栏杆、竹篱笆等在建筑正面围出一定的面积,形成首层庭院,布置花木。

5)庭院型。一般在庭院式住宅内布置,除布置花木外,往往还有山石、水池、棚架、园林小品的布置,形成自然、幽静的居住生活环境。也可以草坪为主,栽种树木、花草。

**4. 居住区绿化植物配置**

(1)要考虑绿化功能的需要,以树木花草为主,提高绿化覆盖率,以期起到良好的生态环境效益。

(2)要考虑四季景观及早日普遍绿化的效果,采用常绿树与落叶树、乔木与灌木、速生树与慢长树、重点与一般相结合,不同树形、色彩变化的树种的配植。种植绿篱、花卉、草皮,使乔、灌、花、篱、草相映成景,丰富美化居住环境。

(3)树木花草种植形式要多种多样,除道路两侧需要成行栽植树冠宽阔、遮阴效果好的树木外,可多采用丛植、群植等手法,以打破成行成列住宅群的单调和呆板感,以植物布置的多种形式,丰富空间的变化,并结合道路的走向、建筑、门洞等形成对景、框景、借景等,创造良好的景观效果。

(4)采用多种攀缘植物,以绿化建筑墙面、各种围栏、矮墙,提高居住区立体绿化效果,并用攀缘植物遮蔽丑陋之物。如地锦、五叶地锦、凌霄、常春藤、山荞麦等。

(5)在幼儿园及儿童游戏场忌用有毒、带刺、带尖以及易引起过敏的植物,以免伤害儿童。如夹竹桃、凤尾兰、枸骨、漆树等。在运动场、活动场地不宜栽植大量飞毛、落果的树木,如杨、柳、银杏(雌株)、悬铃木等。

(6)植物材料的种类不宜太多,又要避免单调,力求以植物材料形成特色,使统一中有变化。各组团、各类绿地在统一基调的基础上,又各有特色树种,如玉兰院、桂花院、丁香路、樱花街等。

(7)居住区绿化是一项群众性绿化工作,宜选择生长健壮、管理粗放、少病虫害、有地方特色的优良树种。还可栽植些有经济价值的植物,特别在庭院内、专用绿地内可多栽既好看、又实惠的植物,如核桃、樱桃、玫瑰、葡萄、连翘、麦冬、垂盆草等。花卉的布置使居住区增色添景,可大量种植宿根球根花卉及自播繁衍能力强的花卉。

**5. 居住区绿地规划设计注意事项**

(1)要根据居住区的规划结构形式,合理组织,统一规划。采取集中与分散,重点与一般,点、线、面相结合,以居住区公园(居住小区中心游园)为中心,以道路绿化为网络,以住宅间绿化为基础,协同市政、商业服务、文化、环卫等建设综合治理,使居住区绿化自成系统,并与城市绿化系统相协调,成为有机的组成部分。

(2)充分利用自然地形和现状条件,尽量利用劣地、坡地、洼地及水面作为绿化用地,以节约用地,对原有树木,特别是古树名木应加以保护和利用,并组织到绿地内,以节约建设资金,早日形成绿化面貌。

(3)居住区绿化应以植物造园为主进行布局。植物材料的选择和配置要结合居住区绿化种、养、管依靠居民的特点,力求投资节省,能有收益,管理粗放,以充分发挥绿地的卫生防护功能。为了居民的休息和点景等的需要,适当布置园林建筑、小品也是必要的,其风格及手法应朴素、简洁、统一、大方为好。

(4)居住区绿化中,既要有统一的格调,又要在布局形式、树种的选择等方面做到多样而各具特色。可将我国传统造园手法运用于居住区绿化中,以提高居住区绿化艺术水平。

## 八、室外场地与环境小品规划

**1. 室外场地的规划布置**

(1)儿童游戏场地。儿童在居住区总人口中占有相当的比重,他们的成长与居住区环境,特别是室外活动环境关系十分密切,因此,在居住区为儿童们创造良好的室外游戏场所,对促进儿童智力和身心健康发展有着十分重要的作用。很多国家对修建儿童游戏场地十分重视,将儿童游戏场的建设作为国家的一项政策。我国近年来在有些城市也开始修建了一些儿童游戏场地，但从数量和质量上还远不能满足要求。

儿童游戏场地是居住区绿地系统中的一个组成内容，因此，它的规划布置应与居住区内居民公共使用的各类绿地相结合。由于儿童年龄的不同，其体力、活动量，甚至兴趣爱好等也随之而异，故在规划布置时，应考虑不同年龄儿童的特点和需要，一般可分为幼儿（2 岁以下）、学龄前儿童（3～6 岁）、学龄儿童（6～12 岁）三个年龄组。幼儿一般不能独立活动，需由家长或成人带领，活动量较小，可与成年、老年人休息活动场地结合布置；学龄前儿童的活动量、能力、胆量都不大，有强烈的依恋家长的心理，所以场地宜在住宅近旁，最好在家长从户内通过窗口视线能及的范围内，或与成年、老年人休息活动场地结合布置；学龄儿童随着年龄、体力和知识的增长，活动范围也随之扩大，对住户的噪声干扰也大，因此在规划布置时最好与住宅有一定的距离，以减少对住户的干扰。但场地不宜太大，以免儿童过于集中。此外，儿童游戏场地的规划布置必须考虑使用方便（合理的服务半径）与安全（无穿越交通），以及场地本身的日照、通风、防风、防晒和防尘等要求。

（2）成年人和老年人休息、健身活动场地。在居住区内为成年人和老年人创造良好的室外休息、健身活动场地也是十分重要的。特别是随着居民平均年龄的不断增加以及老年退休职工人数的日益增多这一需求显得更为突出。成年人和老年人的室外活动主要是打拳、练功养神、聊天、社交、下棋、打牌、晒太阳、乘凉等。成年人和老年人休息、健身活动场地宜布置在环境比较安静、景色较为优美的地段，一般可结合居民公共使用的绿地单独设置，也可与儿童游戏场地结合布置。

（3）晒衣场地。居民晾晒衣物是日常生活之必需，特别在湿度较大的地区或季节尤为需要。目前，居住区内居民的晒衣问题主要通过住宅设计来解决，如利用阳台或在窗外装置晒衣架，还有的利用屋顶作为晒衣场等。但当有大件或多量衣物需要曝晒时，往往会感到地方不够，需要利用室外场地来解决。

宅外晒衣场地的布置应考虑以下内容。

1)就近、方便,能随时看管。

2)阳光充分,曝晒时间长。

3)防风、防灰尘,避免污染。

4)有条件时,可在场地四周围以栅栏,以便管理。

(4)垃圾贮运场地。居住区的垃圾主要是生活垃圾,这些垃圾的集收和运送一般有以下几种方式。

1)居民将垃圾送至垃圾站或集收点,倒入垃圾箱或筒内,然后由垃圾集收车定期运走。

2)居民将垃圾装入塑料袋内,由专人或住户自己送至垃圾集收站,然后由垃圾集收车送至转运站。

3)在多层和高层住宅内,通过垃圾管道将垃圾集中在底层垃圾仓内,然后由垃圾集收车定期集收运至转运站。

4)采用自动化的风动垃圾清理系统来清除垃圾,即将垃圾沿地下管道直接送到垃圾处理厂或垃圾集中站。

目前我国大多采用的是第一种方式,因此在居住区内需要考虑设置垃圾箱或筒的场地。垃圾贮运场地的布置一般应考虑以下几点。

1)既要方便居民使用,但又不宜布点过多。从住宅入口至垃圾贮运场地的距离以 100～150 m 为宜。

2)离住宅居室窗户至少 10 m,并应在夏季主导风向的下风向。

3)应比较隐蔽,不妨碍观瞻,可用绿化来遮挡或隔离。

4)场地应铺砌、能排水,且便于垃圾装车操作和易于清扫。

5)便于垃圾集收车辆行驶路线的畅通。

**2. 居住区环境小品规划**

居住区环境小品是居民室外活动必不可少的内容,它们对美化居住区环境和满足居民的精神生活起着十分重要的作用。

(1)居住区环境小品分类。小城镇住区环境小品内容丰富,题材广泛且数量众多,按使用性质一般分为以下几类。

1)建筑小品:包括休息亭、廊,书报亭,钟塔,售货亭,商品陈列窗,出、入口,宣传廊,围墙等。

2)装饰小品:包括雕塑、水池、喷水池、叠石、花坛、花盆、壁画等。

3)公用设施小品:包括路牌、废物箱、垃圾集收设施、路障、标志牌、广告牌、邮筒、公共厕所、自动电话亭、交通岗亭、自行车棚、消防龙头、公共交通候车棚、灯柱等。

4)游憩设施小品:包括戏水池、游戏器械、沙坑、座椅、坐凳、桌子等。

5)工程设施小品:包括斜坡和护坡、台阶、挡土墙、道路缘石、雨水口、管线支架等。

6)铺地:包括车行道、步行道、停车场、休息广场等场所的铺地。

(2)居住区环境小品规划设计的基本要求。

1)建筑小品。休息亭、廊大多结合住区的公共绿地进行布置,也可布置在儿童游戏的场地内,用以遮阳和休息;书报亭、售货亭和商品陈列橱窗等往往结合公共商业服务中心进行布置;钟塔可以结合建筑物进行设置,也可布置在公共绿地或人行休息广场;出、入口指居住区和住宅组团的主要出、入口,可结合围墙做成各种形式的门洞,或用过街楼、雨篷或其他小品如雕塑、喷水池、花台等组成出、入口广场。

2)装饰小品。装饰小品主要起美化住区环境的作用,一般重点布置在公共绿地和公共活动中心等人流比较集中的显要地段。装饰小品除了活泼和丰富住区面貌外,还应追求形式完美和艺术感染力,可成为居住区的主要标志。

3)公用设施小品。公共设施小品的规划和设计在主要满足使用要求的前提下,其色彩和造型都应精心考虑,否则有损环境面貌。如垃圾箱、公共厕所等小品,它们与居民的生活密切相关,既要方便群众,但又不能设置过多。照明灯具是公共设施小品中为数较多的一项,根据不同的功能要求有街道、广场和庭园等照明灯具之分,其造型、高度和规划布置应视不同的功能和艺术等要求而异。公共标志是现代小城镇中不可缺少的内容,在居住区中也有不少公共标志,如标志牌、路名牌、门牌号码等,它给人们带来方便的同时,又给住区增添了美的装饰。道路路障是合理组织交通的一种辅助手段,凡不希望机动车进入的道路、出入口、步行街等均可设置路障,路障不应妨碍居民和自行车、儿童车通行，在形式上可用路墩、栏木、路面做高差等，设计造型应力求美观大方。

4)游憩设施小品。游憩设施小品主要是供居民的日常游憩活动之用，一般结合公共绿地、广场等进行布置。桌、椅、凳等游憩小品又称室外家具，是游憩小品设施中的一项主要内容。一般结合儿童、成年人或老年人活动休息场布置，也可布置在人行休息广场和林荫道内。这些室外家具除了一般常见形式外，还可模拟动植物等的形象，也可设计成组合式的或结合花台、挡土墙等其他小品来设计。

5)工程设施小品。工程设计小品的布置。首先应符合工程技术方面的要求。在地形起伏的地区常常需要设置挡土墙、护坡和踏步等工程设施，这些设施如能巧妙地利用和结合地形，并适当加以艺术处理，往往也能给居住区面貌增添特色。在有些地区，由于水文地质等原因，居住区内的某些管线必须架空布置，为此需要设置大量的支架，这就影响居住区的面貌。

6)铺地。住区内道路和广场的用地在整个住区用地中占有相当的比例，因此，这些道路和广场的铺地材料和铺砌方式在很大程度上影响着住区的面貌。地面铺地设计是小城镇环境设计的重要组成。铺地的材料、色彩和铺砌的方式要根据不同的功能要求去选择经济、耐用、色彩和质感美观的材料，为了便于大量生产和施工，往往采用预制块进行灵活拼装。

## 第二节　小城镇中心与集贸市场规划

### 一、小城镇中心规划

小城镇中心区是小城镇的核心地区和小城镇功能的重要组成部分，是反映小城镇经济、社会、文化发展与特色的重要地段，是镇区居民社会活动和心理指向的中心。它集中了镇域区主要的公共建筑，因而又称小城镇公共中心。小城镇中心以人流、物流、建筑密度、交通指向等数量较大为特征，且有不断增长的要求和能力，它的产生和发展是一个动态的演变过程。

**1. 小城镇中心的作用**

小城镇中心的地位和作用很重要，其政治、社会、文化、经济和生活中心的特点都十分明显。

(1)政治和信息服务的作用。小城镇中心是小城镇的政治、信息中心，是大多数政令、法规的传播源和实施地，是小城镇新闻信息的集散地，具有很大的敏感性。

(2)形象和价值观的作用。小城镇的中心是镇域乃至一定区域的“窗口”和“门户”，对塑造小城镇的形象起着重要的作用。它给城镇居民提供了人际交往的场所、活动的空间，其组成、结构、形态表达了人们生活方式、社会组织形式和价值观。

(3)公共生活服务、商业服务、区域服务、社会服务的作用。小城镇的综合发展，文体娱乐活动的增加，已成为各年龄、各阶层人群的活动中心。商品的门类和品种齐面进入小城镇中心，增加了小城镇中心的商业功能。一些具有突出特质和优势的城镇，如旅游、历史文化名城等城镇，其中心的内容更加丰富。

**2. 小城镇中心的构成和特征**

小城镇中心的构成主要由实体建筑和开放空间中的基础设施组成。实体建筑包括行政及经济管理中心、商业服务中心、居住建筑、邮电信息、对外交通枢纽、宗教建筑、商业建筑组成，开放空间中的步行道路、硬质广场、休闲绿地、水面和路灯、指示牌、广告牌等城市家具和相应服务设施组成。

小城镇中心的基本类型及特征与其所在城镇的功能和性质相吻合。按照功能可分为综合中心，以政府机关为主体形成的中心；文化中心，以文化建筑为主体形成的中心；商业中心，以集中的商业、娱乐建筑为主体形成的中心；交通中心，以汽车站、码头为主题形成的中心；传统中心，以传统的建筑或仿古的建筑为主体形成的中心；旅游中心，以旅游景点的服务设施为主形成的中心。

**3. 小城镇中心的布局要求**

(1)交通方便。内、外部道路必须畅通。另外，在新区开辟新的公共中心和辅助中心时，其位置选择须与原有中心用地有方便的联系。

(2)位置适中。小城镇居民最常用的交通方式是步行和骑自行车，因此小城镇中心的位置宜适中。

(3)传统文脉。小城镇中心须结合小城镇的历史文化，具有鲜明的个性。

(4)设施齐全。力求功能相互配套，以发挥综合效应、满足各方面的要求。

(5)聚集密度。小城镇中心应有一定的建筑密度和开发强度，同时应加强小城镇中心的区域空间特征。

**4. 城镇中心的布局形式和空间形态**

小城镇的布局形式可大致分为两种，一种是散点式布置；还有一种情况是由于地形、交通等条件的制约，出现偏心、边缘形及双中心等布局。每个小城镇都有其特点，应该根据其特征和发展情况合理布置，选择恰当的布局形式。

小城镇中心的空间布局形态体现了城镇风貌，由于社会环境和自然条件的差异，孕育出风格迥异的布局形态，大致有沿街式、自由式和集中式。

(1)沿街式布置。城镇中心建筑沿镇区主干道布置，方便居民出行。但这样布置存在交通和安全隐患。沿街式可分为沿街道两侧布置和沿街道一侧布置。

沿街道两侧布置：城镇中心常设置在交通要道附近，商业设施营业时间内禁止各种车辆进入，形成步行商业街的模式，具有安全、亲切的特性，但要协调好购物人流和货运交通之间的矛盾，并留出相应的停车场地和休息区域。

沿街道一侧布置：城镇中心公共建筑物沿街道一侧布置，减少了居民来回穿越道路的麻烦，达到了人车分流，但是拉长了居民的购物流线。

(2)自由式布置。根据小城镇自然条件，结合地形状况，将建筑、道路广场、绿化及各种设施巧妙地布置在中心地段内，公共建筑分散在小城镇的广场、路口、小区等位置，形式灵活，便于创造优美的城镇环境,但中心感不强。

(3)集中式布置。小城镇的中心建筑集中布置在城镇中心地段或某个区段内,或结合城镇中心广场围合布置,区域感强,综合利用率高。但容易受小城镇的地形和交通的限制。

**5. 中心镇的定位与培育**

(1)中心镇的定位。中心镇是在农村经济快速发展进程中自认形成的,具有特色鲜明、经济发达、功能齐全,有较强带动作用的特点。传统观念将中心镇定位为小城镇中区位较优、实力较强、发展前景广阔,对周边农村和乡镇具有较大吸引辐射能力,并能与省、市、县(市)城镇体系有机融合的城镇。

在传统意义上,是把中心镇作为城镇等级体系的一个组成部分,而没有从区域城镇扁平化发展的角度,认识中心镇的作用,给予准确定位。现代意义上的中心镇应是县(市)内一定片区的中心,也是若干一般小城(集)镇的中心,起着片区首位城镇的作用。应将中心镇真正纳入城市体系之中,作为区别于乡村和一般乡镇的城市进行建设,完成由农业城镇向工业城镇的转化,从而提升其在省域城镇体系中的地位,切实增强城镇的竞争力。有条件的中心镇应具备逐步向小城市乃至中等城市发展的潜力。

(2)中心镇培育评价标准的原则。

1)科学性。指标体系的设计必须建立在科学的基础上,指标的意义必须明确,指标的测定和统计必须符合有关规范,并能较好地反映重点中心镇建设的发展方向。

2)系统性。指标体系必须符合重点中心镇建设的目标体系,能够反映各方面的城镇建设,同时又要避免指标之间出现重叠、交叉,从而使重点中心镇建设目标和指标体系形成一个有机联系的整体。

3)可操作性。指标体系应避免过于烦琐,尽量利用现有统计资料及有关城镇建设的规范,做到简洁明了,并考虑数据获取的难易程度,保证具体指标全面反映重点中心镇建设的各种目标。

4)引导性。重点中心镇建设标准的设计,目的是为了引导重点中心镇的可持续发展。所以,指标设计及取值必须与重点中心镇建设的战略目标一致，并反映出其在政府决策中的指引性，引导小城镇的建设。

5)以管理功能为主，兼顾评价功能原则。重点中心镇建设指标体系应尽可能按地域实体划分构造，满足政府对重点中心镇建设的管理需要，并兼顾评价功能，以利于政府部门对小城镇建设的监测和调控。

(3)集聚重点中心镇的发展动力。重点中心镇的发展离不开政策的支持。应通过地区规划限制那些与重点中心镇形成竞争的一般小城镇的重复建设，在建设投资、建设用地、社会保障、财税政策等方面对重点中心镇实行倾斜，使重点中心镇获得比一般小城镇更广阔的发展空间，使其真正起到片区首位城镇的作用，带动区域发展。

1)增强重点中心镇的财政实力。应在重点中心镇设立一级财税机构和镇级金库，明确重点中心镇的事权与财权，合理划分收支范围，逐步建立分税财政体制。同时，大力拓展重点中心镇建设资金渠道，在各市、区、县财力允许的条件下，应通过贴息贷款、转移支付等形式支持重点中心镇的道路、给排水、污水及垃圾处理、教育文化场所、环境整治等基础设施和公共服务设施建设。重点中心镇的各项收费，应全额或一定的比例返还重点中心镇，用于重点中心镇的各项建设和管理。还应采取原地纳税、原地统计产值、管理费返还等办法，鼓励乡镇企业向重点中心镇集聚。省直有关部门及各地在技术改造和创新、结构调整、农业产业化、市场建设的项目安排和资金扶持等方面，应优先向重点中心镇倾斜。

2)拓展重点中心镇建设发展空间。对重点中心镇实行用地倾斜政策，并优先纳入市、区、县用地计划，由市、区、县综合平衡，逐年调剂解决。允许在全县、全市实行耕地占补平衡，重点中心镇的耕地保护指标可适当低于其他非重点中心镇，或通过置换等手段将建设用地向重点中心镇集中。

3)提高重点中心镇经济社会管理水平。市、县级政府应积极探索建立适应重点中心镇发展需要的管理体制，授予重点中心镇部分县级经济社会管理权限。有条件的市、县政府部门可以在重点中心镇设立分支机构，行使部分县级行政执法权，以提高重点中心镇在区建设发展中的决策能力，发挥辐射带动作用。

## 二、小城镇集贸市场规划

小城镇集市贸易是我国小城镇物资交流的重要途径。小城镇集贸市场则是市场经济体制下商品贸易的一种重要组织形式，是定期聚集、进行商贸交易的空间场所。

**1. 小城镇集贸市场的类别**

(1)按交易品类别划分。综合型市场经营的品类多，一般与本地生活、生产关系密切相关，服务范围较小而专业型市场虽然经营品种单一，但多是本地区的特色产品或传统经营产品，其影响范围大，有的销售至县外、省外乃至国外。

(2)按经营方式划分。分为零售型、批发型市场以及批零兼营型市场。不同的经营方式对于市场布局、设施布置、建筑构成、面积大小等均有不同的要求。

(3)按布局方式划分。分为集中式和分散式市场。小型集市一般多采取集中式布置，大、中型集市则多采取分散式布置，以利于交易、集散和管理。

(4)按设施类型划分。分为固定型和临时型市场。采取何种类型，应视交易商品的类别、经营方式的特点、经济发展水平等因素而确定。

(5)按服务范围划分。分为镇区型、镇域型和域外型市场。其服务范围的不同，也影响了集市的规模、选址、布局、设施的确定。

1)镇区型。指集市贸易经营的商品主要为镇区内居民服务，如蔬菜、副食、百货等。

2)镇域型。指集市贸易经营的商品为镇区及镇辖区居民服务，它交易本地的产品和本地生产、生活所需的各类物品。

3)域外型。分为乡镇域之外的县域、县际、省际或国际交易服务，经营的商品多为本地区的特色产品或传统经营的产品。

**2. 小城镇集贸市场的规模等级**

确定小城镇集贸市场的规模等级是小城镇集贸市场规划的重要

任务，集贸市场的规模等级直接影响到集贸市场的规划布局。集贸市场的规模应按其平集日参与集市贸易的人次进行分级。

（1）平集日是一年内大多数情况的集市日期，其特点是参加交易的商品和人数明显少于大集日（以当地习俗中的逢年、过节、赶会、农闲等传统交易季节而定，进入集市的人次数倍于平集日）。因此，以平集日作为确定集市用地面积和各项设施规模的依据，有利于节约用地，减少建设投资，充分发挥经济效益。

（2）选择以“平集日入集人次”作为表达集市规模的数值，符合我国各地乡镇表达集市规模的习惯，较之以商品交易额或以市场用地面积表达集市规模更具简明直观、易于操作的特点。

以零售为主的小城镇集贸市场的规划，按平集日（一年中一般情况下的集市日期）人次分为小型、中型、大型和特大型四级，其规模分级应符合表 6-4 的规定。

表 6-4　小城镇集贸市场规模分级

| 集贸市场规模分级 | 小型 | 中型 | 大型 | 特大型 |
| --- | --- | --- | --- | --- |
| 平集日入集人次 | ≤3 000 | 3 001～10 000 | 10 001～50 000 | >50 000 |

### 3. 小城集贸市场布点和规模预测

（1）小城镇集贸市场布点。县域乡镇集贸市场的分布应结合市场现状和发展前景，确定其类别、数量和布点。

1）布点均匀，距离适当，方便购销，避免同类、同级市场过于靠近和重复设置。

2）结合集贸市场现状，尊重传统习俗，根据发展需要，对现有的集贸市场进行调整完善。

3）适应经济发展要求，选择位置适宜、交通便利、条件良好的地点，建设新的集贸市场。

4）对于临近行政辖区边界和沿交通要道的乡镇集贸市场，在进行布点时，应充分考虑影响范围内区域发展经贸活动的需要。

（2）小城镇集贸市场的规模预测。集贸市场的规划应根据市场的现状和市场区位、交通条件、商品类型、资源状况等因素进行综合分析，预测其发展的趋势和规模。预测的内容应包括集市服务的地域范围、交易商品的种类和数量、入集人次和交易额、市场占地面积、设施选型以及分期建设的内容和要求等。集贸市场的现状统计方法有以下几种。

1)人口统计法。以此法测得入集人次。如分时统计进出集市人数，可求得购物平均停留时间、在集平均人数与高峰人数。

2)地段抽样法。以不同的典型地段人数的平均值及高峰值乘以集市总面积与该地段面积之比值，可求得在集人数的平均值及高峰值。

3)摊位抽样法。以各种摊位前的人数的平均值及高峰值，乘以摊位数，求得在集人数的平均值及高峰值。

**4. 小城镇集贸市场用地规模的确定**

确定集贸市场的用地规模应以规划预测的平集日高峰人数为计算依据。大集日增加临时交易场地等措施时，不得占用公路和镇区主干道。

集贸市场的规划用地面积应为人均市场用地指标乘以平集日高峰人数。平集日高峰人数是平集日入集人次乘以平集日高峰系数。集贸市场用地应按下式计算。

集贸市场用地面积＝人均市场用地指标×平集日入集人次×平集日高峰系数

其中，人均市场用地指标应为0.8～1.2 $m^2$/人。经营品类占地大的、大型运输工具出入量大的市场宜取大值，以批发为主的固定型市场宜取小值。平集日高峰系数可取0.3～0.6。集日频率小的、交易时间短的专业型的市场以及经济欠发达地区宜取大值，每日有集的、交易时间长的、综合型的市场以及经济发达地区宜取小值。

**5. 集贸市场选址和场地布置**

(1)市场选址。

1)新建集贸市场选址应根据其经营类别、市场规模、服务范围的特点，综合考虑自然条件、交通运输、环境质量、建设投资、使用效益、发展前景等因素，进行多方案技术经济比较，择优确定。当现有集贸市场位置合理，交通顺畅，并有一定发展余地时，应合理利用现有场地和设施进行改建和扩建。

2)集贸市场选址应有利市场人流和货流的集散，确保内外交通顺畅安全，并与镇区公共设施联系方便，互不干扰。

3)集贸市场用地严禁跨越公路、铁路进行布置，并不得占用公路、桥头、码头、车站等重要交通地段的用地。

4)小型集市的各类商品交易场地宜集中选址；商品种类较多的大、中型的集市，宜根据交易要求分开选址。

5)为镇区居民日常生活服务的市场应与集中的居住区临近布置，但不得与学校、托幼设施相邻。运输量大的商品市场应根据货源来向选择场址。

6)影响镇区环境和易燃、易爆以及影响环境卫生的商品市场，应在镇区边缘，位于常年最小风向频率的上风侧及水系的下游选址，并应设置不小于 50 m 宽的防护绿地。

(2)场地布置。

1)集贸市场的场地布置应方便交易，利于管理，不同类别的商品应分类布置，相互干扰的商品应分隔布置。

2)集贸市场的场地布置应利于集散，确保安全。商场型市场场地的规划设计应符合国家现行标准《建筑设计防火规范》(GB 50016—2006)、《农村防火规范》(GB 50039—2010)、《商店建筑设计规范》(JGJ 48—1988)等的有关规定。

3)集贸市场的所在地段应设置不少于表 6-5 规定数量的独立出口。每一独立出口的宽度不应小于 5 m、净高不应小于 4 m，应有两个以上不同方向的出口联结镇区道路或公路。出口的总宽度应按平集日高峰人数的疏散要求计算确定，疏散宽度指标不应小于 0.32 m/百人。

表 6-5　集贸市场地段出口数量

| 集市规模 | 小型 | 中型 | 大型特大型 |
| --- | --- | --- | --- |
| 独立出口数(个) | 2～3 | 3～4 | 3＋(市场规划人次/10 000) |

4)集贸市场布置应确保内外交通顺畅，避免布置回头路和尽端

路。市场出口应退入道路红线，并应设置宽度大于出口、向前延伸大于 6 m 的人流集散场地，该地段不得停车和设摊。大、中型市场的主要出口与公路、镇区主干道的交叉口以及桥头、车站、码头的距离不应小于 70 m。

5)集贸市场的场地应做好竖向设计，保证雨水顺利排出。场地内的道路、给排水、电力、电信、防灾等的规划设计应符合国家现行有关标准的规定。

6)集贸市场规划宜采取一场多用，设计为多层建筑兼容其他功能等措施，提高用地使用效率。

7)停车场地应根据集贸市场的规模与布置，在镇区规划中统一进行定量、定位。

**6. 集贸市场设施选型和规划设计**

(1)市场设施选型。

1)集贸市场设施按建造和布置形式分为摊棚设施、商场建筑和坐商街区等三种形式。

①摊棚设施。其是设有营业摊位和防护设施的市场，又分为行商使用的临时摊床和坐商使用的固定摊棚。

②商场建筑。其是在建筑内布置的集市，采用柜台或店铺的形式，设有固定摊位。

③坐商街区。其是每个坐商设有独自出口的店铺建筑群体。在通常情况下，建有居住或加工用房，如“下店上宅”、“前店后厂”式的街区。

2)集贸市场设施的选型应根据商品特点、使用要求、场地状况、经营方式、建设规模和经济条件等因素确定。

3)集贸市场设施的选型，可采取单一形式或多种形式组成。多种形式组成的市场宜分区设置。

(2)市场设施规划设计。

1)摊棚设施分为临时摊床和固定摊棚。摊棚设施的规划设计应符合下列规定。

①摊棚设施规划设计指标宜符合表 6-6 的规定。

表 6-6　摊棚设施规划设计指标

| 摊位指标 \ 商品类别 | | 粮油、副食 | 蔬菜、果品、鲜活 | 百货、服装、土特、日杂 | 小型建材、家具、生产资料 | 小型餐饮、服务 | 废旧物品 | 牲畜 |
|---|---|---|---|---|---|---|---|---|
| 摊位面宽(m/摊) | | 1.5～2.0 | 2.0～2.5 | 2.0～3.0 | 2.5～4.0 | 2.5～3.0 | 2.5～4.0 | — |
| 摊位进深(m/摊) | | 1.8～2.5 | 1.5～2.0 | 1.5～2.0 | 2.5～3.0 | 2.5～3.5 | 2.0～3.0 | — |
| 购物通道宽度(m/摊) | 单侧摊位 | 1.8～2.2 | 1.8～2.2 | 1.8～2.2 | 2.5～3.5 | 1.8～2.2 | 2.5～3.5 | 1.8～2.2 |
| | 双侧摊位 | 2.5～3.0 | 2.5～3.0 | 2.5～3.0 | 4.0～4.5 | 2.5～3.0 | 4.0～4.5 | 2.5～3.0 |
| 摊位占地指标($m^2$/摊) | 单侧摊位 | 5.5～9.0 | 6.5～10.5 | 6.5～12.5 | 15.5～25.0 | 11.0～17.0 | 12.5～26.0 | 6.5～18.0 |
| | 双侧摊位 | 3.5～5.5 | 4.0～6.0 | 4.0～7.5 | 11.0～21.0 | 6.5～10.0 | 11.0～21.0 | 4.0～10.5 |
| 摊位容纳人数(人/摊) | | 4～8 | 6～12 | 8～15 | 4～8 | 6～12 | 6～10 | 3～6 |
| 人均占地指标($m^2$/人) | | 0.9～1.2 | 0.7～0.9 | 0.5～0.9 | 1.5～8.0 | 1.1～1.7 | 1.3～2.6 | 1.3～3.0 |

注：1. 本表面积指标主要用于零售摊点；
2. 市场内共用的通道面积不计算在内；
3. 摊位容纳人数包括购物、售货和管理等人员。

②应符合国家现行的有关卫生、防火、防震、安全疏散等标准的有关规定。

③应设置供电、供水和排水设施。

2)商场建筑分为柜台式和店铺式两种布置形式。商场建筑的规划设计应符合下列规定。

①应符合国家现行标准《商店建筑设计规范》(JGJ 48—1988)等

的有关规定。

②每一店铺均应设置独立的启闭设施。

③每一店铺均应分别配置消防设施，柜台式商场应统一设置消防设施。

④宜设计为多层建筑，以利节约用地。

3)坐商街区以及附有居住用房或生产用房的营业性建筑的规划设计，应符合下列规定。

①应符合镇区规划，充分考虑周围条件，满足经营交易、日照通风、安全防灾、环境卫生、设施管理等要求。

②应合理组织人流、车流，对外联系顺畅，利于消防、救护、货运、环卫等车辆的通行。

③地段内应采用暗沟(管)排除地面水。

④应结合市场设施、购物休憩和景观环境的要求，充分利用街区内现有的绿化，规划公共绿地和道路绿地。公共绿地面积不小于市场用地的4%。

## 第三节 小城镇园林绿地与广场规划

### 一、小城镇园林绿地规划

园林绿地基为改善城市生态，保护环境，供居民户外游憩，美化市容，以栽植树木花草为主要内容的土地，是城镇和居民点用地中的重要部分。它包括以下三种含义。

(1)广义的绿地，是指城市行政管理辖区范围内由公共绿地、专用绿地、防护绿地、园林生产绿地、郊区风景名胜区、交通绿地等所构成的绿地系统。

(2)狭义的绿地，是指小面积的绿化地段，如街道绿地、居住区绿地等，有别于面积相对较大，具有较多游憩设施的公园。

(3)作为城市规划专门术语，是指在用地平衡表中的绿化用地，是城市建设用地的一个大类，划分为公共绿地和生产防护绿地两个种类。

### (一)园林的功能

**1. 保护城市环境**

(1)净化空气。利用绿色植物消耗二氧化碳,制造氧气的特点,种草植树,改善城市二氧化碳和氧气的平衡状态,使空气新鲜。

工业生产过程中污染环境的有害气体种类甚多,最大量的是二氧化硫,其他主要有氟化氢、氮氧化物、氯、氯化氢、一氧化碳、臭氧以及含汞、铅的气体等。这些气体对人体有害,对植物也有害。然而,许多科学实验证明,在一定浓度范围内,植物对有害气体具有一定的吸收和净化作用。

(2)吸滞粉尘。大气中的粉尘污染也是很有害的。一方面粉尘中有各种有机物、无机物、微生物和病原菌,吸入人体容易引起各种疾病;另一方面粉尘可降低太阳照明度和辐射强度,特别是减少紫外线辐射,对人体健康有不良影响。

森林绿地对粉尘有明显的阻滞、过滤和吸附作用,从而能减轻大气的污染。树木之所以能减尘,一方面由于树冠茂密,具有降低风速的作用,随着风速降低,空气中携带的大颗粒灰尘便下降;另一方面由于叶子表面不平,多绒毛,有的还能分泌黏性油脂或汁液,空气中的尘埃,经过树木,便附着于叶面及枝干的下凹部分,起到过滤作用。

草坪的减尘作用也是很显著的,草覆盖地面,不使尘土随风飞场,草皮茎叶也能吸附空气中的粉尘。据测定,草地足球场比裸土足球场上空的含尘量可减少 2/3～5/6。

(3)改善小城镇小气候。小气候主要是指地层表面属性的差异性所造成的局部地区气候。其影响因素除太阳辐射和气温外,直接随作用层的狭隘地方属性而转移,如小地形、植被、水面等,特别是植被对地表温度和小区气候的温度影响尤大。人类大部分活动是在离地 2m 的范围内进行,也正是这一层最容易给人以积极的影响。人类对气候的改造,实质上目前还限于对小气候条件进行改造,在这个范围内最容易按照人们需要的方向进行改造。改变地表热状况,是改善小气候的重要方法。

(4)降低噪声。研究表明,植树绿化对噪声具有吸收和消声的作用,可以减弱噪声的强度。其衰减噪声的机理,目前一般认为一方面是噪声波被树叶向各个方向不规则反射而使声音减弱;另一方面是由于噪声波造成树叶微振而使声音消耗。因此,树木减噪,主要是林冠层。树叶的形状、大小、厚薄、叶面光滑与否、树叶的软硬,以及树冠外缘凸凹的程度等,都与减噪效果有关。

要消除和减弱噪声,根本办法是在声源上采取措施。然而,采取和加强城市绿化,合理布置绿化带,建造防噪声林带等辅助措施,对减弱噪声也能起到良好的作用。

**2. 小城镇绿化景观功能**

许多风景优美的小城镇,不仅有优美的自然地貌和良好的建筑群体,园林绿化的好坏对小城镇面貌常起决定性的作用。如某海滨小城镇,尖顶红瓦的建筑群,高低错落在山丘之中,只有和林木掩映的绿林相互衬托,才显得生机盎然,没有树木,整个小城镇都不会有生机。再如我国南方某小城镇的街道绿化,大量采用开花乔木作行道树,许多沿街的公共建筑和私家庭院,建筑退后红线,使沿街均有前庭绿地,种植各类花草,春华秋实,不但美化了环境,同时美化了街景,从而获得“花城”的美称。

**3. 文教和游憩功能**

小城镇中的公共绿地是环境美化的重要地段。对美好环境的向往和追求是人们的天性和愿望,到公园中去休息、活动,也是居民的生活内容之一。公园中常设有各种展览馆、陈列馆、纪念馆、博物馆等。还有专类公园如动物园、植物园、水族馆等。这些公园使人们在游憩参观中受到社会科学、自然科学和唯物论的教育以及爱国主义教育。

我国风景区不论自然景观或人文景观都非常丰富,园林绿地和园林艺术的造诣水平很高,被誉称为“世界园林之母”。桂林山水,黄山奇峰,泰山日出、峨眉秀色、庐山避暑、青岛海滨、西湖胜境、太湖风光、苏州园林、北京宫殿、长安古都等均是历史上形成的旅游胜地,也是国内外游客十分向往的地方。

在有森林、水域或山地的小城镇，利用风景优美的绿化地段，来安排为居民服务的休疗养地，或从区域规划的角度，充分利用某些特有的自然条件，如海滨、水库、高山、矿泉、温泉等，统一考虑休疗养地的布局，在休疗养区中结合体育和游乐活动，组成一个特有的绿化地段。

**(二)园林绿地的分类**

小城镇园林绿地尚无统一的分类方法，目前主要有以下几种分类方法。

(1)按服务对象划为公共绿地、私用绿地、专用绿地等。公共绿地是供市民游乐的绿地，如公园、游园等；私用绿地是供某一单位使用的绿地，如学校绿地、医院绿地、工业企业绿地等；专用绿地是供科研、文化教育、卫生防护及发展生产的绿地，如动物园、植物园、苗圃、花圃、禁猎禁伐区等。

(2)按位置划分为城内绿地和郊区绿地，前者是指市区范围内的绿地，后者是指位于郊区的绿地。

(3)按功能划为文化休息绿地、美化装饰绿地、卫生防护绿地和经济生产绿地等。文化休息绿地指供居民进行文化娱乐休息的绿地，如风景游览区、公园、游园等；美化装饰绿地是指以建筑艺术上的装饰作用为主的绿地；卫生防护绿地是指主要在卫生、防护、安全上起作用的绿地；经济生产绿地是指以经济生产为主要目的的绿地。

(4)按规模划分为大型、中型、小型绿地，大型绿地面积在 50 $hm^2$ 以上，中型在 5～50 $hm^2$，小型在 5 $hm^2$ 以下。

(5)按服务范围划分为全市性绿地、地区性绿地和局部性绿地。

(6)按功能系统划分为生活绿地系统、游憩绿地系统、交通绿地系统。生活绿地系统如居住区绿地、大中小学校绿地、医院绿地、文化机构绿地、防风林等；游憩绿地系统如各类大小公园、动植物园、名胜古迹绿地、广场绿地、风景休疗养区绿地等；交通绿地系统如道路和停车场绿地、站前广场绿地、港湾码头及机场绿地、对外交通的公路铁路绿地等。

目前，我国将园林绿地划分为六种，见表 6-7。

表 6-7　园林绿地划分

| 类　别 | 特点及范围 |
| --- | --- |
| 公共绿地 | 公共绿地也称公共游憩绿地，是指由市政建设投资修建，经过艺术布局，向公众开放并具有一定的设施和内容，以供群众进行游览、休息、娱乐、游戏等活动的绿地。它包括市、区级综合公园、儿童公园、动物园、植物园、体育公园、纪念性园林、名胜古迹园林、游憩林荫带等 |
| 街道绿地 | 街道绿地泛指道路两侧的植物种植。在城市规划中，专指公共道路红线范围内除铺装路面以外全部绿化及园林布置的内容，它对改善环境、减少污染、美化环境和提高交通效率和安全率有一定的意义。包括行道树、市区级道路两旁、分车带、交通环岛、立交口、桥头、安全岛等绿地 |
| 风景区游览绿地 | 风景区游览绿地是指位于市郊具有较大面积的自然风景区或文物古迹名胜的地方，经有关部门开发建设，设有一定的游览、休息和食宿服务设施，可供人们休疗养、狩猎、野营等活动的绿地。包括风景游览区、休养疗养区绿地等 |
| 生产绿地 | 生产绿地指专为城市绿化而设的生产科研基地，如苗圃、花圃、药圃、果园、林场等绿地 |
| 专用绿地 | 专用绿地是指私人住宅和工厂、企业、机关、学校、医院等单位范围内庭园绿地的统称，由单位和群众负责建造、使用和管理。专用绿地是在城市分布最为广泛的绿地形式，对改善城市生态环境作用明显，它包括居住区绿地、公共建筑及机关学校用地内的绿地、工业企业和仓库用地内的绿地等 |
| 防护绿地 | 防护绿地为防御、减轻自然灾害或工业交通等污染而建的绿地，对改善城市自然条件和卫生条件具有重要作用。如卫生防护林、风沙防护林、水源涵养林、水土保持林等 |

### (三)园林绿地的布局原则

(1)小城镇园林绿地系统规划应结合城镇其他部分的规划，综合考虑，全面安排。绿地在城镇中分布很广，潜力较大，园林绿地与工业区布局、公共建筑分布、道路系统规划应密切配合、协作，不能孤立地进行。

(2)小城镇园林绿地系统规划，必须因地制宜，从实际出发。我国地域辽阔、幅员广大，各地区城镇情况错综复杂，自然条件及绿化基础各不相同。因此，小城镇绿地规划必须结合当地自然条件，现状特点。各种园林绿地必须根据地形、地貌等自然条件、城镇现状和规划远景进行选择,充分利用原有的名胜古迹、山川河湖,组成美好景色。

(3)充分利用地形、节约土地。在绿化规划中要充分利用河湖、山川、破碎地段以及不宜建筑的地段,将它们组织到小城镇园林绿地系统中去,不仅不影响绿化的质量,相反可节约土地。

(4)有利经营管理,创造社会效益与经济效益。园林绿化要考虑有利经营管理,在发挥其休息游览、保护环境、美化镇容村貌等功能的前提条件下,结合生产,创造财富,增加经济收入。因此,要从绿化的主题、功能、活动内容、植物种类以及自然资源的多重利用上做文章,使其在产生良好的环境效益的同时,也发挥其社会效用和经济效用,使小城镇绿化建设形成自身的内在发展动力。

(5)加强生态环境建设。为促进小城镇可持续发展,加强生态环境建设,创造良好的人居环境。坚持政府组织、群众参与、统一规划、讲求实效,以种植树木为主,建成植物多样、分布合理、利于生态、景观优美的小城镇绿地系统。

(6)小城镇园林绿地系统规划既要有远景的目标,也要有近期的安排,做到远近结合。规划中要充分研究小城镇远期发展的规模,根据居民生活水平逐步提高的要求,制定出远期的发展目标,不能只顾眼前利益,而造成将来改造的困难。同时还要照顾到由近及远的过渡措施。

### (四)园林绿地布局目的与要求

#### 1. 园林绿地布局目的

(1)满足居民方便地文化娱乐、休息游览的要求。

(2)满足居民生活和生产活动安全的要求。

(3)满足工业生产卫生防护的要求。

(4)满足小城镇艺术面貌的要求。

#### 2. 园林绿地布局要求

(1)布局合理。按照合理的服务半径,均匀分布各级公共绿地和居住区绿地,使居民都具有同样到达的条件。结合各级道路及水系规划,开辟纵横分布于小城镇的带状绿地,把各级各类绿地联系起来,相互衔接，组成连续不断的绿地网。

(2)指标先进。小城镇绿地各项指标不仅要分别近期与远期的，还要分别列出各类绿地的指标。

(3)质量良好。小城镇绿地种类不仅要多样化，以满足居民生活与生产活动的需要，还要有丰富的园林植物种类，较高的园林艺术造诣水平，充实的文化内容，完善的服务设施。

(4)环境改善。在居住区与工业区之间要设置卫生防护林带，设置改善小城镇气候的通风林带，以及防止有害风向的防风林带，起到保护与改善环境的作用。

### (五)园林绿地布局形式

(1)带状绿地布局。这种布局多数由于利用河湖水系、城镇道路、旧城墙等因素，形成纵横向绿带、放射状绿带与环状绿地交织的绿地网。带状绿地的布局形式容易表现小城镇的艺术面貌。

(2)块状绿地布局。这类布局出现在旧城改建中，目前我国多数地区情况属此。这种绿地布局形式，可以做到均匀分布，居民方便使用，但对构成小城镇整体的艺术面貌作用不大，对改善小城镇小气候条件的作用也不显著。

(3)楔形绿地布局。凡由郊区伸入小城镇中心的由宽到窄的绿地，称为楔形绿地。一般都是利用河流、起伏地形、放射干道等结合小城镇边缘农田防护林来布置。优点是能使小城镇通风条件好，有利于小城镇艺术面貌的体现。

(4)混合式绿地布局。前三种形式的综合运用。可以做到小城镇绿地点、线、面结合，组成较完整的体系。其优点是：可以使生活居住区获得最大的绿地接触面，方便居民游憩，有利于小气候的改善，有助于小城镇环境卫生条件的改善，有利于丰富小城镇总体与各部分的艺术面貌。

## 二、广场规划

众所周知，广场是现代城市中最具公共性和魅力的公共空间。对于小城镇而言，广场仍然是城镇空间构成的重要组成部分。广场不但可以满足小城镇空间构图的需要,更重要的是它能为居民提供一个交往、娱乐、休闲和集会等活动的公共场所。

**(一)小城镇广场的类型**

**1. 小城镇广场按性质和功能分类**

(1)行政广场。行政广场是小城镇广场分类的主要类型,多修建在小城镇行政中心所在地,是镇政府与小城镇居民组织公共活动或集会的场所。市政广场的出现是小城镇居民参与行政和管理小城镇的一种象征。它一般位于小城镇的行政中心,与繁华的商业街区有一定距离,这样可以避免商业广告、招牌以及嘈杂人群的干扰,有利于广场庄严气氛的形成。同时,广场应具有良好的可达性及流通性,通向市政广场的主要干道应有相当的宽度和道路级别。广场上的主体建筑物一般是镇政府办公大楼,该主体建筑也是室外广场空间序列的对景。为了加强稳重庄严的整体效果,市政广场的建筑群一般呈对称布局,标志性建筑亦位于轴线上。由于市小镇域市政广场的主要目的是供群体活动,所以广场中的硬质铺装应占有一定比例,周围可适当地点缀绿化和建筑小品。

(2)娱乐广场。小城镇的休闲娱乐广场是为人们提供安静休息、体育锻炼、文化娱乐和儿童游戏等活动的广场,一般包括集中绿地广场、水边广场、文化广场、公共建筑群内活动广场及居住区公共活动广场等。休闲娱乐广场可以是无中心的、片断式的,即每个小空间围绕一个主题,而整体性质是休闲的。因此,整个广场无论面积大小,从空间形态到建筑小品、座椅都应符合人的环境行为规律和人体尺度。广场中的硬质铺装与绿地比例要适当,要能满足人们日常室外活动的多种需求。小城镇的休闲娱乐广场要注重创造优美的小环境和适当的空间划分,为人们平日的交往、娱乐提供尺度适宜的室外空间。广场上还应有座椅、路灯、垃圾箱、电话亭、适量的建筑小品等设施。

休闲娱乐广场活用性广,使用频率高。虽然因其服务的半径不同,规模上有很大差异,但都应注重给人营造出宽松愉悦的氛围。

(3)交通集散广场。交通集散广场的功能主要是解决人流、车流的交通集散。这类广场中,有的偏重于解决人流的集散,有的偏重于解决车流、货流的集散,有的则对人、车、货流的解决均有较高要求。小城镇的人流、车流相对较少,也很少有较大规模的体育场、展览馆,因此,交通集散广场多出现在人流密集的长途车站及交通状况较复杂的地段。规模较大的交通广场,如站前广场,应考虑静态交通(包括停车面积和位置分布)、行车流线和行人活动流线的组织,以保证广场上的车辆和行人互不干扰,畅通无阻。在广场上建筑物附近设置公共交通停靠站、汽车停车场时,其具体位置应与建筑物的出入口协调,以免人、车混杂或交叉过多,使交通阻塞。在处理好交通集散广场的内部交通流线组织和对外交通联系的同时,应注意内外交通的适当分隔,以避免将外部无关的车流、人流引入广场,增加广场的交通压力。

此外,交通集散广场同样需要安排好服务设施与广场景观,不能忽视休息与游憩空间的布置,真正做到以人的使用需求为宗旨。

(4)纪念性广场。纪念性广场是具有特殊纪念意义的广场。一般可分为重大事件纪念广场、历史纪念广场、烈士塑像为主题的纪念广场等。此外,围绕艺术和历史价值较高的建筑、设施等形成的建筑广场也属于纪念性广场。纪念性广场应有特殊的纪念意义,提醒人们缅怀和纪念有一定意义和价值的事或人。由于小城镇规模较小,纪念性广场一般结合市政、休闲等功能,因此广场上除要具有一些有意义的纪念性设计元素,如纪念碑、纪念亭或人物雕像等,还应有供人们休息、活动的相应设施,如座椅、垃圾箱、灯、展板等。这类广场因其特殊的功能要求,需要营造相对安静的环境氛围,防止过多车流入内。在比例、尺度、空间组织以及观赏时的视线、视角等方面的把握要得当,遵循一定的关系。在强调纪念性广场特殊性的同时,要力求恰到好处,不可片面追求庄严、肃穆的气氛。

(5)商业广场。小城镇商店、餐馆、旅馆及文化娱乐设施集中的商业区,常常是人流最集中的地方,为了疏散人流和满足建筑上的要求,需要布置商业广场。

**2. 小城镇广场按平面组合形态分类**

(1)规则的几何型广场。规则的几何型广场包括方形广场(正方形、长方形)、梯形广场、圆形广场(椭圆形、半圆形)等。规则型的广场,一般多是经过有意识的人为设计而建造的。广场的形状比较对称,有明显的纵横轴线,给人们一种整齐、庄重及理性的感觉。有些规则的几何型广场具有一定的方向性和引导性,利用纵横线强调主次关系和轴线的收尾来形成广场的方向性。也有一些广场通过重要建筑及构筑物的朝向来引导其方向。

(2)不规则型广场。不规则型广场,有些是由广场基地现状(如道路或水系的限定、地形高差变化等)、周围建筑布局、设计观念等方面的需要而形成的;也有少数是由岁月的历练自然形成的,是人们对生活不断的需求和行为活动的长期性演变发展而成的,广场的形态多按照建筑物的边界而确定。

(3)复合型广场。复合型广场是以数个单一形态的广场组合而成,这种空间序列组合方法是运用对比、重复、过渡、转折、衔接等一系列美学手法,把数个单一形态广场组织成为一个有序、变化、统一的整体。这种组织形式可以为人们提供更多的功能合理性、空间多样性、景观连续性和心理期待性。在复合广场一系列的空间组合中,应有多重空间的变化交错,如起伏、抑扬、转折等,设置节点并加以烘托和渲染,使节点空间在其他次要空间的衬托下,得以突出,使其成为控制全局的高潮,也使广场的个性更加鲜明。

**(二)小城镇广场的主题与选址**

(1)广场主题的确定。不是所有的广场都需要有明确的主题。从类型看,纪念性广场、小城镇中心广场主题性比较强,而一般的文化休闲广场、商业广场则是以活动和使用为主。另外,通过培养一些有意义的、持久性的活动,可以体现广场的特色。

(2)广场地址的选择。广场应该选在小城镇的中心地段,最好与城市中重要的历史建筑或公共建筑相结合,通过环境的整体性来体现广场的主题和氛围。

**(三)小城镇广场规划基本内容**

(1)收集和整理资料。如广场位置、周围用地性质及建筑物概况;

调查广场周边道路交通状况,如车流人流的主要流向以及交通量大小;调查地上杆线及地下管线情况;收集地形图;标注需保留的古树名木的位置(注明其种类、规格和生长状况等),苗木供应情况等。

(2)确定广场功能,根据广场性质、自然地形等确定广场平面组合形式。

(3)进行技术设计和施工图设计。拟定广场的前导、发展、高潮、结尾的序列空间;拟定广场与周围其他空间,如道路、小巷、庭园、水体、山体等相连接的方式;拟定绿化、建筑物、构筑物、建筑小品、停车场、水体等数量、分布和布置形式;拟定广场地面铺装;绘制总平面图、竖向设计图、交通分析图、绿化景观分析图、管线综合图、建筑小品施工图、广场中建筑物的平面图和立面图。

(4)视需要决定是否绘制透视图、鸟瞰图、绿化种植设计图、广场周边建筑群的平面图和立面图。

(5)编写文字说明书和设计概算。

**(四)小城镇广场规划设计**

**1. 广场的面积与比例尺度**

(1)广场的面积。广场面积的大小与形状的确定,取决于功能要求、观赏要求及客观条件等方面的因素。

功能要求方面,如交通的广场,则取决于交通流量的大小、车流运行规律和交通组织方式等。集会游行广场,则取决于集会时需要容纳的人数及游行行列的宽度,使它在规定的游行时间内能将参加游行的队伍输送完毕。影剧院、体育馆、展览馆前的集散广场,则取决于在许可的集聚和疏散时间内,能满足人流、车流的组织要求。此外,广场面积尚须满足相应的附属设施的场地,如停车场、绿化种植、公用设施等。

观赏要求方面,应考虑人们在广场上对广场上的建筑物、纪念品、艺术品等有良好的视线、视距。在体型高大的建筑物的主要立面方向,宜相应地配置较大的广场。如建筑物的四面都有较好的造型,则在其四周需适当地配置场地,或利用朝向该建筑物的城镇街道来显示该建筑物的面貌。但建筑物的体型与广场间的比例关系,可因不同的要求、不同的手法来处理。有时在较小的广场上,布置较高大的建筑物,只要处理得宜,也能显示出建筑物更高大的效果。

广场面积的大小,还取决于用地条件、环境条件、历史条件、生活习惯条件等客观情况。如城镇位于山区,或在旧城市中开辟广场,或由于广场上有历史艺术价值的建筑和设施需要保存,广场的面积就受到客观条件的限制。又如气候温暖地区,广场上的公共活动较多,则要求广场有较大的面积;如广场的面积不够大时,则可迁走不必要的、能吸引大量人流的组成部分,或禁止车辆入内,以保证广场上的活动能正常进行。

一般在节约城镇用地的前提下,不应追求过大的广场面积。

(2)广场的比例尺度。广场的比例,有较多的内容,包括广场的用地形状;各边的长度尺寸之比;广场大小与广场上的建筑物的体量之比;广场上各组成部分之间相互的比例关系;广场的整个组成内容与周围环境,如地形地势、城镇道路以及其他建筑群等的相互的比例关系。广场的比例关系不是固定不变的,广场的尺度应根据广场的功能要求、广场的规模与人的活动要求而定。大广场中的组成部分应有较大的尺度,小广场中的组成部分应有较小的尺度。踏步、石级、栏杆、人行道的宽度,则应根据人的活动要求处理。车行道宽度、停车场地的面积等要符合人和交通工具的尺度。

**2. 广场的空间组织**

广场空间的组织,主要满足人们活动的需要及观赏的要求。人们的观赏有动静之分,人们的视点固定在一处的观赏是静态观赏。人们由这一空间转移到另一空间的观赏,便产生了位移景异的动态观赏。在广场的空间组织中,要考虑动态空间的组织要求。

人们在广场上观赏,人的视平线能延伸到广场以外的远处,空间是开敞的。如果人的视平线被广场四周的屏障遮挡,则广场的空间是比较闭合的。开敞空间中,使人视野开阔,壮观豪放,特别是在较小的广场上,组织开敞空间,可降低广场的狭隘感。闭合空间中,环境较安静,四周景物呈现眼前,给人的感染力较强。在实际工作中,可适当开合并用，使开中有合，合中有开。广场上有较开阔的地区，也有较幽静的地区。

广场空间的安排要与广场性质、规模，广场上的建筑和设施相适应。广场空间的划分，应有主有从、有大有小、有开有合，有节奏地组织，以衬托不同景观的需要。如有纪念性质的烈士陵园的广场空间，一般采用对称、严谨、封闭的处理手法，并以轴线引导人们前进，空间的变化宜少，节奏宜缓，希望造成肃穆的气氛。游息观赏性的广场空间，则变换可多，节奏可快，比较开敞自由，并在其中增设小品，烘托活泼气氛。

广场空间的景色，基本上有三层：近景、中景、远景。中景一般为主景，要求能看清全貌，看清细部及色彩。远景作背景，起衬托作用，能看清轮廓。近景作框景、导景，增强广场景深的层次。静观时，空间层次稳定；动观时，空间层次交替变化。有时要使单一空间变为多样空间，使静观视线转为动观视线，把一览无余的广场景色转变为层层引导、处处更新、曲折多变的广场景色。

**3. 广场上建筑物和设施的设置**

建筑物是构成广场的重要因素，广场上除了主要建筑物外，还有其他建筑和各种设施，它们在广场上组成有机的整体，主从分明，关系良好，满足各组成部分的关系要求。广场的性质往往是由广场上主要建筑物的性质决定的。因此，主要建筑物的布置是小城镇广场规划设计中的首要任务，其布置一般有下列三种方法。

(1)将主要建筑布置在广场中心时，它的体型必须是从四个方向观看都是完整的。

(2)主要建筑沿广场的主要轴线布置在广场周边或纵深处，建筑物主要立面朝向广场，这是最常见的布置方式。

(3)广场轴线不明显时，可根据建筑物的朝向、广场四周的道路性质决定主要建筑的位置。

广场中纪念性建筑的位置，主要根据纪念建筑物的造型和广场的形状来确定的。纪念物是纪念碑时，无明显的正背关系，可从四面观赏，宜布置在方形、圆形、矩形等广场的中心。当广场为单向入口时，则纪念物宜对着主要入口一面。在不对称的广场中，纪念物的布置应与整个广场构图取得平衡。纪念物的布置应不妨碍交通，并使人流与良好的观赏角度取得关联，并且需要有良好的背景，使其轮廓、色彩、气氛等更加突出，以增加艺术效果。广场上的照明灯柱与扩音设备等的设置应与建筑物、纪念物等密切配合。亭、廊、座椅、宣传栏等小品体量虽小，但与人活动的尺度比较接近，有较大的观赏效果，其位置应不影响交通和主要的观赏视线。

**4. 广场的交通流线组织**

有的广场还必须考虑广场内的交通流线组织问题，以及小城镇交通与广场内各组成部分之间的交通组织问题。组织交通的目的主要在于使车流通畅、行人安全、方便管理。广场内的行人活动区域，要限制车辆通行。

**5. 广场的地面铺装与绿化**

广场的地面是根据不同的要求而铺装的，如集会广场需有足够的面积容纳参加集会的人数，游行广场要考虑游行行列的宽度及重型车辆通过的要求，其他广场也需要考虑人行、车行的不同要求。广场的地面铺装要有适宜的排水坡度，能顺利地解决场地的排水问题。有时因铺装材料、施工技术和艺术处理等的要求，广场地面上必须划分网格或各种图案，增强广场的尺度感。铺装材料的色彩、网格图案等应与广场上的建筑，特别是主要建筑和纪念物等取得密切的配合，起到引导、衬托的作用。广场上主要建筑前或纪念物四周，可做适当重点处理，以示一般与特殊之别。在铺装时，要同时考虑地面下沟管系统的埋设，沟管的位置要不影响场地的使用和便于检修。

有绿化和绿化艺术较高的广场，不仅能增加广场的表现力，还具有一定的功能作用。在规整形的广场中多采用规则式的绿化布置；在非规整形的广场中，多采用自由式的规划布置；在靠近建筑物的地区宜采用规则式的绿化布置。绿化布置应不遮挡主要视线，不妨碍交通，并与建筑物组成优美的景观。绿化也可以遮挡不良的视线并作为地区的障景。

# 第四节 小城镇工业园区规划

## 一、小城镇工业园区的特点

工业园区是地方政府根据城镇发展规划和乡镇企业发展的需要，从改革投资环境入手，把小型、分散的工业通过合理的规划布局、标准厂房建设、厂房联建等形式在一定地域实现集中。小城镇工业园建设在一定程度上可以优化和调整城镇的产业结构，改善企业的生产经营条件，并为企业提供社会化服务，形成各具特色，专业分工的"小企业，大集群"，彻底改变乡镇企业在发展过程中出现的"村村点火，户户冒烟"的状况和浪费资源、危及安全、污染环境等负面影响，促进乡镇企业上规模、上档次、上水平，从而实现合理布局、资源节约、优化环境、调整结构、增强地方实力、提高经济效益、社会效益和生态效益的目标。

小城镇工业园区建设不同于大城市工业园区建设，它主要体现如下内容。

(1)工业园区规模小。小城镇工业园区占地规模一般在 0.1～1 $km^2$，主要集中在 0.2～0.3 $km^2$。

(2)工业园区以中小企业为主，企业的职工人数一般在 60 人左右，资产规模以 80 万～150 万元为主。

(3)工业园区是小城镇的经济主体，是小城镇的城镇规划的主要功能区，通常组成城镇的工业区。

(4)工业园区具有很强的外向性特征。工业园区一般以引资为发展的主动力，企业的生产订单一般是大企业的转包为主，工业园区企业产品出口交货值占生产总值的 30%以上。

(5)影响工业园区吸引力主要因素依次为地方政府开明度、社区建设情况、土地优惠政策、园区规模大小。

(6)工业园区建设步骤具有很强的不确定性。这与小城镇自身区域吸引力比较弱，发展进程受引资的影响较大有关。

## 二、小城镇工业园区的主要类型

(1)综合型。最常见的工业园区类型。这种类型工业园区的发展模式以吸引外资为主,在发展的过程中十分注重招商引资活动,正所谓“全面出击,遍地撒网”,追求工业园区的成功。对于企业项目类型除有严重污染的项目外,一般都予以接受。这种工业园区占总体园区建设的70%左右。

(2)专业化型。一般是在城镇原有工业基础上发展起来的,它是把生产相同或相近的工业企业集中到一个工业园区,也有的是由一个核心企业为主,其规模一般比较大,在其周围布局一些配套工业,共同形成的工业园区。这种工业园区占总体的20%左右。

(3)农业产业化型。这种类型在城镇工业园区建设中处于附属地位,它主要是为发展当地的农业产业化而形成的企业群。企业群以农产品加工企业为主,即农业产业化的龙头企业构成。农业产业化型工业园的用地规模一般不是很大,而且它与地方的农业发展水平密切相关。因而,它小规模地分布在众多乡镇,大规模地分布(大企业存在)在有限的几个镇,形成工业园区。这种工业园区占总体的10%左右。

(4)生态型。随着国内外对新兴工业组织模式的研究和实践,生态产业打破传统产业发展模式,建立类似于自然生态系统高效利用资源的产业共生体系。利用工业生态学的理论和思想来规划和运行的生态型工业园区,可以说是小城镇可持续发展的一种理想模式。

## 三、小城镇工业区规划内容

(1)对于规模较小、项目明确的工业区,采取修建性详细规划的方法,根据项目的性质、规模、工艺流程要求等进行工业区总平面规划。

(2)对于成片开发的工业区,由于建设项目具有很大的不确定性,所以,采取控制性详细规划为主的方法,对工业区进行总体控制规划和地块控制规划。

## 四、小城镇工业区总体规划

(1)总体布局。工业区总体布局与小城镇现状、自然条件、工业厂房的基本要求等有密切关系。在规划中应立足现状,注重工业区与小城镇的整体协调。在工业布局上力求体现不同规模的工业企业入驻园区的灵活性和适应性;形象上力求体现建设环境的超前性和创新;生态上力求体现人与自然的和谐性和互动性。

(2)功能组织。工业区的功能租住应与小城镇总体规划相协调,与工业区分期建设相适应,成片推进,形成规模。规划实施过程应将不同类型、属性的工业相对集中布置在不同的地块。

(3)交通组织。作为小城镇建设的一个有机组成部分,工业区道路系统规划应与小城镇总体规划相衔接,以保证小城镇道路系统的统一、协调、顺畅。工业区内道路以方格网为宜,间距一般 200～300 m,以适应工业地块的组织。

(4)景观组织。工业区总体布局应从环境景观入手,以整体设计思想为指导,形成优良的环境景观。地块内工业厂房应形式多样,分隔自由灵活,可操作性强,便于各种规模企业入驻。要根据地形及工程实际需要,灵活布置厂区,丰富空间及沿路景观。

(5)绿化系统。一般而言,工业区内绿化系统可以划分为三个层次:规定性绿化区域、建议性绿化区域、弹性绿化区域。

## 五、小城镇工业区规划成果

(1)控制性详细规划。控制性详细规划的规划成果以规划文本和规划图则为主,规划说明书为辅。规划文本和图则包括总体控制规划和地块控制规划两部分,以总体布局和技术指标规定为主,是规划管理和建筑设计的主要技术依据。规划说明书介绍规划制定的背景与依据,供规划执行时参考。

(2)修建性详细规划。修建性详细规划的规划成果是规划图纸和说明书,规划图纸反映规划内容,说明书介绍规划背景、规划思路以及相关技术经济指标。

# 第五节　小城镇旧镇区改造规划

## 一、旧城区改造原因

(1)经济发展落后。处于相对不利的区位,其周边缺乏足够的经济"强场"辐射,又不具备一定的交通条件,加上自身的产业发展缺少内动力,镇区的生产力发展水平在较长的时期内停滞不前,导致城镇的物质空间建设失去经济支柱。居民生活也凝固在一个节拍上,成了"永恒的休止符"。

(2)历史文化名镇保护压力。集镇在某个时期处于相当发达的状态,集聚了大量历史文化遗产,在历史文化保护法律、法规的压力下,旧镇区同样存在多方面制约要素,如地方对古镇保护的方式、方法尚未定论或存在争议;地方没有经济实力保障历史文化名镇举措的实施,以至于在较长时间内,古镇区成为被遗忘的角落。

(3)新老镇区居住人口年龄构成非均布。城镇经济体制转变后,劳动分配及居民可支配收入的运转日趋市场化,由于社会的传统因素造成了高收入居民集中在年轻一带,加上农村住房商品化,大部分具有一定的经济条件的居民流向新镇区,老镇区成了"老年人居住的镇区",这种不平衡造成的局部老龄化,同样削弱了老镇区自身发展的动力。

(4)新镇区跳空发展,造成对老城建设的忽视。镇区经过长期的缓慢发展,在某一轮产业发展浪潮的冲击下,城镇自身缺少足够的资本积累,主要依靠外来资金的涌入,这种模式下的开发,在城镇发展的初级阶段,必然跳开老城,选择能够得到较低开发成本的空地建设,在较长的一段时间内,城镇建设的重点都不会转到老镇区,老镇区渐渐成为真正意义上的旧镇区。

## 二、旧村镇整治的意义

(1)可充分利用现有建设,节约资金。现有村镇大多是多年形成的，必然具有一些可利用的条件，如避风向阳、适于居住、地势高爽，排水通畅等，这些条件均可充分利用，避免造成不必要的浪费。

(2)旧村镇内现有四旁绿化可以在统一规划下充分利用，从而使村镇内绿化体系尽快形成，以利在较短时间内美化村容，改变面貌。

(3)由于改造是在原有村镇上进行的，可使原有村镇风貌得到保护。

(4)可不另占大片耕地。新选址建村镇，一般来说需要几年的时间才能建成，因此，旧村镇不能很快还田，形成新址旧基两处占地，不仅荒废了土地资源，有碍景观，还往往成为环境污染源。

## 三、旧村镇整治的原则

旧村镇整治是一项十分复杂的工作，既要顾及村镇现状条件，又要考虑远景发展；既要合理利用现有基础，又要改变旧村镇不合理的现象。

(1)规划要远近结合，建设要分期分批。旧村镇整治一方面要立足现状，从目前现实的可能性出发，拟定出近期整治的内容和具体项目，另一方面又要符合村镇建设的长远利益，体现出远期规划的意图。近期整治的项目应避免成为远期建设和发展的障碍。同时，为了达到远期规划的目标，旧村镇整治要有详细的计划，周密的安排，并分期分批，逐步实现，保证整个整治过程的连续性和一贯性。

(2)改建规划要因地制宜，量力而行。旧村镇整治应本着因地制宜，量力而行的方针。在决定改建规划的方式、规模、速度时，应充分了解当地的实际情况，如村民的经济实力，经济来源，有无拆旧房盖新房的愿望和能力。条件好的尽量盖楼房，条件差一些的也可以先盖一层，待条件改善以后再盖楼房。在改建过程中应避免三种错误做法：一是大拆大建，不顾村民的经济状况，强人所难，这样对村民的生活非常不利，也是难以实现的；二是不管实际情况如何，地形地貌如何，家庭构成如何，生产方式如何，强调千篇一律、千村一面、百镇同貌，没有地方特色；三是修修补补，没有远见。

(3)贯彻合理利用，逐步改善的原则。旧村镇整治应合理利用原有村镇的基础条件。凡属既不妨碍生产发展用地，又不妨碍交通、水利、居民生活的建设用地，且建筑质量比较好的，应给予保留，或按规划要求改建、改用，对近几年新建的住宅、公共建筑以及一些公用设施等要尽量利用，并注意与整个布局相谐调。但是对那些破烂不堪，有碍村镇发展，有碍交通，且位置不当，影响整体布局和村容镇貌的建筑，应当拆的就拆，必须迁的就迁，先迁条件差的、远的、小的，后迁条件较好的。此外，如有果园、池塘等有保留和发展价值的应结合自然条件，给予保留，这样既有利生产，又丰富了村镇景观。

### 四、旧镇改造的发展模式

(1)新镇区包围老镇。新镇区包围老镇是一种较易形成的发展模式。这是由于在城镇发展中，老城镇区具有一定的物质基础，有一定的向心力，容易吸引最初的投资。但是限于经济的原因，往往无法在一开始就进行大规模的旧城改造。这样，新城镇在老城镇周边逐渐生长，规模不断变大，甚至包围了老镇，以至于形成了"城中之城"，"城市中的贫民窟"，使得这些老城镇区与周边的新城形成了巨大的反差，因为基础设施差、房屋质量差、交通拥挤、产权纠缠不清等问题成为小城镇建设中的难点。在我国小城镇的建设发展中，走这样发展模式的城镇相当普遍。

(2)新镇、老镇独立发展。按照新镇、老镇独立发展的模式建设的小城镇有很多，比如云南的丽江，老城区四方街一带便完全成为古老纳西族人生活的基地以及旅游风景区，类似的例子还有浙江的周庄等。

这种模式有很多优势，比如：便于对古城镇文物进行保护，有利于延续城市文脉，新镇区的规划会更加合理等。因此，这种模式很适合于老镇区有较高保护价值的小城镇。但是，这种模式也存在很多问题，其中最为突出的有：

1)新城老城独立发展会扩大占地面积。

2)新城在脱离老城发展的初期，需要有大量投资，造成建设难度较大。

(3)新镇区与老镇区交融发展。我国大多数的小城镇,走的是这条新镇区与老镇区交融发展的道路。这条道路其实是城镇经济发展后自然形成的。

这种模式有其自身的优越性。小城镇建设中不能片面强调土地的经济效应,保护耕地应当常抓不懈。在苏南等发达地区,人均耕地已经不足半分,但是小城镇建成区仍旧在不断扩展,这些都是由于小城镇现有规模不够,现有土地容量不足所造成。因此,虽然旧区改造存在着很多困难,从长远的眼光来看,还是要比占用耕地建设新区更加经济而具可持续性。

对于一些旧城基础设施比较薄弱的小城镇来说,问题的关键在于资金。有些地方领导为了追求业绩,盲目地建设新房,甚至以"把马路两边盖起来"的思想指导建设,往往造成配套设施都跟不上,新区没有活力,很快老化。其实这些地区不应当盲目建设发展,应当根据地域的总体规划合理配置,集中发展。小城镇的建设,宜做精不宜做大。

而对于一些旧城有一定规模的小城镇而言,问题的关键在于如何让新城镇区与老城镇区有机地融合在一起,创造协调、统一、有活力的城镇。新镇区与老镇区融合,应该体现在两个方面,一个是功能结构上的融合,除了商业公共建筑的配置外,还包括用地性质、道路结构、绿化系统、基础设施等方面的融合;另一方面是建筑风貌上的融合,包括建筑高度的控制、色彩的协调、建筑符号运用的统一等。

但是,在很多需要保护古城的小城镇建设中,由于没有足够的资金建设新城,被迫选择了在老城中发展道路,造成对古城风貌的极大破坏。由于古城的道路、基础设施等条件不堪重负,迫使旧城的环境进一步恶化。例如绍兴古城的建设,就在发展中失掉了原有的古城风貌,对其基础与城镇风景造成了不可挽回的损失。

## 五、旧镇区改造的方式

(1)局部改造。对旧镇区的局部地段进行全面拆除改造,提高土地使用强度,完善功能和设施,适用于一般旧城镇改造,缓解镇区环境容量的压力,同时使镇区功能结构趋向合理。进行局部改建时必须考虑以下几点。

1)制定局部改建规划时,应以较大地区范围的详细规划为依据,明确对局部地区的改建要求,确定相应的技术经济和规划建筑艺术等方面的要求,这样可避免拆建的房屋成为今后再改建的“钉子”。

2)局部改建宜相对集中力量成组成群地改造,以利施工组织和建筑面貌的统一。

3)在局部拆建和抽建时,有时为了就地安置拆迁户和合理利用土地,对新建住宅的户型、平面组成、住户面积分配标准和建筑的形状等有一定的要求,往往不能一般地套用定型设计图纸,须单独设计。

4)要适当处理新建房屋与原有建筑在外观上的相互关系。对建筑的体型、立面处理、色彩等方面要注意新旧协调,有时还要全面考虑与周围环境的关系;特别在一些风景小城镇和历史名城的著名风景点和建筑保护区进行局部改建时,建筑的规划布置、层数、体型、色彩等应与周围的环境协调。

(2)全面改善。对旧镇区的建筑质量风貌做出全面评价,通过对地段内的不同建筑类型提出相应的改造要求,如拆除破旧、违章建筑;整饰风貌不协调的建筑;保护和修缮具有历史文化价值的建筑等方法来改造镇区的空间和环境景观,适用于历史文化名镇保护改造规划。

(3)整体更新。对于位于城镇新区内部的旧镇区,其用地功能服从小城镇总体规划,采用全部拆除重建的方法(特殊建筑除外),对镇区原有的用地功能结构进行调整。

(4)环境整治。对旧镇区的建筑色彩、场地、绿化及各项室外环境进行改变与更新,适用于各类新旧镇的改造。

(5)引导控制。提出旧镇区土地区划建议、建筑控制和环境容量指标,利用小城镇设计的理念,对旧镇区提出空间设计概念的引导性要求,使旧镇区在后续的自我成长中得以调整和完善。

## 六、旧镇区改造步骤

旧镇区改造是一项繁复的工作,恰当的工作方法将事半功倍。以下简要介绍一种对于旧区进行改造的工作方法。

**1. 调研**

在小城镇建设工作中，旧居住区的改造是非常繁重的一个部分，因为其中涉及很多对于现状的研究。对传统街区的调研是旧镇区改造工作的第一步，如何在纷乱复杂的现状中理出头绪，是调研工作中首先要解决的问题。调研的任务如下。

(1)资料考证，了解地段基本情况。由于旧镇区改造情况往往非常复杂，影响因素较多，不免会有一些意料之外的特殊情况对整个设计造成重大影响，所以必须注意在调研前期将地段基本资料收集完整，尽可能避免在初期遗留下问题。与此同时，也要时时关注地段内以及与地段相关的各种情况的变化，及时调整设计或做出恰当的反应。

(2)制定详细的调研计划。调研计划应包括确认调研组成员、行程、调研任务、调研成果整理方法等。

设计者只有在调研之前或者调研前期就对整个工作情况与调研情况有较为准确的预测，才能有效地组织起调研工作。通常来说，通过列表格的方式来整理记录调研成果是一种有效的方式，可以较为全面、系统地纪录调研情况。

调研计划应当是根据项目的最终成果要求而制定的，这就要求调研工作的组织者在一开始就对整个工作有基本的把握。这个工作做得越细越好。如果时间充裕，第一次的调研计划可以把握大方向为主，在调研中发现的问题可以经过资料汇总、讨论与论证之后，在下一步的调研中继续得到处理。待到第二次进行调研，最好能结合工作成果中的细枝末节一并考虑，因为调研工作一旦展开就会有很大的工作量，除非是一些情况非常复杂同时牵扯问题较多的项目，否则如果不能在一两次之内将地段情况全部了解清楚、透彻，再过多组织调研将会浪费很多宝贵时间和精力，给以后的工作带来不便。尤其是成果中需要哪些数据、哪些法律依据，一定要在前期明确地了解清楚。

制定调研计划之前，应当充分了解相关项目的经验。将一些经建成或正在投入建设的经验借鉴过来，将相关的数据与分析方式摘录出来，这将对调研工作起到很大的指导意义。在准备工作中，还应当提前制作好需要填写的各种调研表格。

(3)现场调研。现场调研内容应当包括环境调研、旧建筑等级评估、重点文物建筑测绘、居民访谈等。

环境是构成一个场所最重要的因素。很多建筑年久失修,由于建筑质量问题而不得不拆除。但是建筑周围的环境却是给居民留下永久记忆的载体。这种有记忆的环境同时也是非常宝贵的活跃小城镇设计的因素,应当加以充分利用而不是破坏。场地中的一道水、一座桥、一条小路乃至一个小丘、一棵树,都应当经过仔细的斟酌与设计,尽可能地保留街区原有的环境记忆。尽量避免将基地推平,一切从头来的做法。因此,在现场调研中,应当详细准确地记录下现场环境资料。

现场调研工作中应当充分认识到工作量的大小。对于重点文物,如果已经有了足够精细、权威的测绘图纸,就不要再重复工作,以免加大工作负担。如果工作量较大,应当分组进行。

在旧建筑的等级评估当中,应当注重对于等级标准的统一。如果在很大的范围内进行分组调研,每一组面临的状况可能会不尽相同,一些房屋质量较差的街区中最好的房子,相对于一些房屋质量较好的街区来说,可能只不过算是中等质量的。如果粗略地将地段内建筑划分为几个等级,就很容易导致等级标准不统一。可以事先确定详细的分级标准,有必要让所有调研人员参与到最初的在现场进行的标准制定中,详细直观地了解如何对建筑进行分级。对于分级标准的定义也应当用比较精确的描述,不能仅仅用“住宅状况良好”、“亟待修整”、“属于危房”这样含混不清的描述。此外,也可以通过给建筑的各项指标打分的方式来进行地段内建筑综合评估。

在调研工作中,经常要与当地居民有很多密切的接触,必要时还要进行居民访谈。由于规划工作往往是与居民的切身利益切实相关的,大多数情况下居民都比较热情,但是也不排除有些地区的居民由于对现有政策的不满而迁怒于调研人员,态度较为冷淡的情况。调研人员应当清醒地认识这两种情况,综合考虑各种因素处理问题。既不可偏听偏信,出于同情而盲目维护居民利益,也不可一味迎合甲方而置居民的需求于不顾。居民访谈工作是一项需要谈话艺术的工作，如果问不到点子上，就往往得不到想要了解的资料。因此，最好在访谈之前对于谈话内容有个大致的预测，在访谈过程中也要有足够的耐心。如果需要对一些问题进行统计，也可以采用分发表格的形式。

现场调研工作过程当中，应当注意随时对收集到的数据进行整理。及时通过清晰明确的方式整理数据是非常必要的。对于收集到的各种资料的相关信息，如照片拍摄时间与地点、文字资料出处等信息，要及时予以记录。由于每次调研都会收集尺量的数据，如果不及时进行整理，各种资料很快就会混成一团，理不出头绪。如果调研人员较多，就要在调研之前安排好资料的整理工作，可以设定一个分类整理的目录，让每个人都按照这个目录来整理自己收集到的资料，之后再进行汇总。只有这样，才能充分有效地收集到有用资料。

现场调研往往会出现很多始料不及的新情况，在工作中，调研工作者应当随时进行讨论，及时修正调研工作方向。

(4)整理调研资料，明确工作重点及下一步工作方向。在经过详细的调研与整理之后，改造中的一些具体问题便会浮现出来，只有抓住重点问题来确定工作的主要方向，才能有的放矢。

资料整理工作应当及时进行，并且应当由参与过调研，对于整个项目有整体把握的人来组织进行。资料整理过程中，既要全面又要抓住重点。

可以将调研所得数据与以往工作数据进行比较，以取得相关经验。也可以组织现场调研讨论，在现场得到的直观结论，常常是很实际的，应当予以充分的重视。

**2. 根据调研情况，确定旧镇区改造工作性质与内容**

小城镇每个地段都有其特殊的环境与状况，因此，旧镇区改造最重要的一项工作就是根据地段的实际情况来确定工作的性质与内容。

旧镇区改造对小城镇发展的影响主要表现为两个层次。

(1)调整旧镇区的用地性质，使小城镇用地总体布局结构随之变动，从根本上影响小城镇各个功能区块之间的组织关系与发展态势，从全局的角度提高小城镇发展的空间配置效益及经济效益、社会效益。

(2)保持用地性质与功能基本不变,扩大与改善旧镇区的环境容量与质量,增强旧镇区与小城镇其他功能区之间的相互作用,进而提高旧城区在城市系统中的功效。具体应当在哪一个层次上运作,应当根据小城镇的总体规划与地块的实际情况,综合比较而得出结论。

规划内容通常包括如下内容。

1)调查和表列规划区用地的性质、状况和规模。

2)依照城市总体规划和保护规划,在尽可能保护传统街区道路及空间结构的前提下,整治街区道路系统,包括道路走向、道路横断面形式和道路等级、停车场等交通系统必备的内容。

3)确定道路系统的道路交叉口坐标和标高。

4)评估并整合现状,分类分级别确定需要保护、改造和重建的建筑。

5)更新用地性质,并确定功能区块用地规模及性质。

6)提出各地块的主要控制指标和建议指标,并对所提出的指标进行解说。

7)按有关规定区确定规划区内的主要配套服务设施的规模、数量,并确定其用地位置和范围。

8)规划各项工程管网,包括给水、消防、污水、雨水、供电、电信工程。

**3. 整合调研资料与工作成果,将设计深入到每一个实施的细节**

(1)将居住区内或者周边有害、有污染的工业或设施进行搬迁,或者彻底改变其生产内容与方向,形成无污染的居住环境。

(2)调查老城区中的旧建筑,对于毁坏程度较高的实行拆除,对尚有保留价值的或者有历史意义的房屋进行维修、改善、更新或者拆除重建。

(3)整顿道路交通,改善交通环境。主要包括拓宽、拉直、废弃道路以及开辟新道路等。另外,还包括整修路面,增设公交线路、增设公交站点等。

(4)合理调整小区内商业、教育与公共服务设施的分布,设置统一规范的标志。

# 第六节　小城镇竖向规划

## 一、竖向规划的任务

(1)解决规划范围内各项用地的竖向设计标高和坡向,确定地面排水方式和相应的构筑物,使之能畅通地排除雨水。

(2)决定小城镇建筑物、构筑物、室外场地以及道路、铁路、防洪、水系主要控制点(道路交叉点、桥梁、排水出口等)的标高和坡度,并使之相互间协调。

(3)通过竖向设计,充分发挥各种地形的特点,增加可以利用的小城镇用地,如冲沟、破碎地等,经过适当的工程措施后加以利用。

(4)通过竖向设计调整平面布局和各类建筑安排,使之最能体现出地段特色,丰富小城镇空间艺术,并使土石方工程量最小。

(5)确定道路交叉口坐标、标高,相邻交叉口间的长度、坡度,道路围合街坊汇水线、分水线和排水坡向。主次干道的标高,一般应低于小区场地的标高,以方便地面水的排除。

(6)确定计算土石方工程量和场地土方平整方案,选定弃土或取土场地。避免填土无土源,挖方土无出路或土石方运距过大。

(7)合理确定小城镇中由于挖、填方而必须建造的工程构筑物,如护坡、挡土墙、排水沟等。

(8)在旧区改造竖向设计中,应注意尽量利用原有建筑物与构筑物的标高。

## 二、竖向设计前所需资料

在进行竖向设计时,需有下列资料。

(1)地形测量图,比例 1∶500 或 1∶1 000,图上有 0.25～1.00 m 高程的地势等高线及每 100 m 间距的纵横坐标、沼地、高丘、削壁等地形情况。

(2)建设场地的自然条件、地质构造和地下水位情况。

(3)房屋及构筑物的平面布置图。

(4)各种工业管道平面图及城市管道平面布置图。

(5)城市规划中的街道中心标高、坡度、距离。最好是纵断面图和横断面图,如设计工厂时要根据工艺过程和房屋要求设计街道的纵横断面。

(6)地表面雨水的排除流向,如流向低洼地、雨水总管、城市渠道等。必须了解洪水或高地雨水冲向基地,而影响基地的情况。

(7)填土时弄清土源,并考虑挖土时余土填在何处。

上述资料,应尽可能与有关单位取得协议文件。这些资料,可以根据设计阶段的内容,陆续取得。

## 三、竖向设计形式与步骤

### 1. 竖向设计形式

(1)连续式。用于建筑密度大、地下管线多、有密集道路的地区。连续式又分为平坡式和台阶式两种。平坡式用于≤2%坡度的平原地和虽有3%～4%坡度而占用地段面积不大的情况。台阶式适用自然坡度≥4%、用地宽度较小、建筑物之间的高差在1.5 m以上的地段。

(2)重点式。在建筑密度不大、地面水能顺利排除的地段,只是重点地在建筑物附近进行平整,其他部分都保留自然地形地貌不变。这种形式适用于独立的单幢建筑或成组建筑用地(组与组之间距离较远时的情况)。

(3)混合式。建筑用地的主要部分是连续式,其余部分用重点式。这是一种灵活处理的手法。

### 2. 竖向设计步骤

这里主要介绍设计等高线法应用于平坡式竖向布置。其具体步骤如下。

(1)首先了解和熟悉所取得的各种资料,并检查其质量。

(2)勘测现场,对现场地形深入了解。

(3)在总平面图上把城市街道系统的标高、坡度等注在图上。用设计等高线绘出各种断面的等高点至建筑红线。

(4)确定排水方向并划分水岭和排水区域,定出地面排水的组织计划。

(5)根据以下几点画出街坊内部设计等高线。

1)方向,要求能迅速排除地面雨水,由分水岭及排水区域构成设计地面。

2)位置,要求土方工程量最少。设计等高线与选择标高时,尽可能接近自然地面。

3)距离,根据技术规定,确定排水坡度和道路坡度。

4)建筑红线所确定的高程。

(6)以最合理的情况确定街道与房屋的关系,如图 6-11 所示,房屋外地坪标高应高于街道中心 170 mm,以免形成积水的低洼地段。

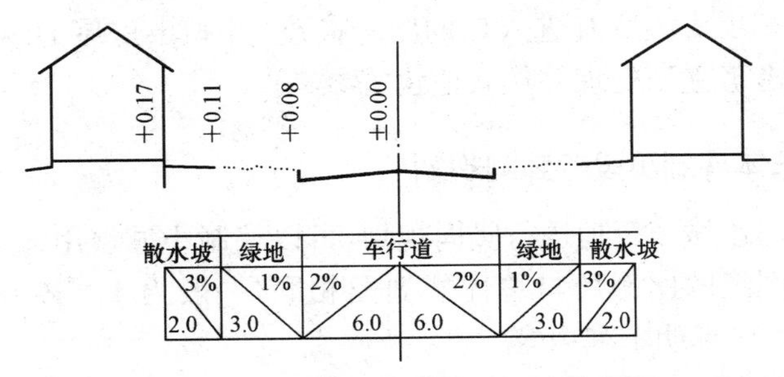


**图 6-11　街道与房屋之间的高程关系(单位:mm)**

(7)画出设计等高线通过街道和散水坡的等高点。

(8)根据设计等高线,用插入法求出街道各转折点标高及房屋四角标高。

(9)根据房屋的使用性质,定出内地坪与外地坪的最小差额,也就是内地坪标高等于外地坪标高加上最小差额。一般外地坪最小差额如下。

1)普通车间(无特殊的要求)　　150 mm

2)电石仓库　　300 mm

3)有站台的仓库　　1 000 mm

4)办公用行政房屋　　500～600 mm

5)宿舍和住宅　　300～600 mm

6)学校与医院　　450～900 mm

7)有关纪念性的建筑物根据建筑师的要求而定。

在确定内地坪时,必须保证在内外地坪最小差额时,能使外门从屋内向外开得出去。

(10)根据地形测量图与设计等高线计算土方工程量,如果土方工程量太大,超过技术经济指标时,应修改设计等高线,使土方接近平衡。

(11)在地形过陡,高地有雨水冲向房屋的情况下,应设计截水明沟,指出在截水后,水流向何处;或定出集水井位置、与城镇管道接合处标高或集水井井底标高。

(12)算出房屋所有进入口的踏步高度,并画出房屋的纵横断面,供建筑师考虑立面处理并作其他建筑参考。

## 四、总体规划阶段的竖向规划

需要对小城镇用地进行竖向规划,可以编制小城镇用地竖向规划示意图。图纸的比例尺与总体规划图相同,一般为 1∶10 000～1∶5 000,图中应标明下列内容。

(1)城镇用地组成及城镇干道网。

(2)城镇干道交叉点的控制标高,干道的控制纵坡度。

(3)城镇其他一些主要控制点的控制标高,铁路与城镇干道的交叉点、防洪堤、桥梁等标高。

(4)分析地面坡向、分水岭、汇水沟、地面排水走向。还应有文字说明及对土方平衡的初步估算。

在城镇用地评定分析时,就应同时注意竖向规划的要求,要尽量做到利用配合地形,地尽其用。要研究工程地质及水文地质情况,如地下水位的高低,河湖水位和洪水位及受淹地区。对那些防洪要求高的用地和建筑物不应选在低地,以免提高设计标高,而使填方过多、工程费用过大。

竖向规划,首先要配合利用地形,而不要把改造地形、土地平整看作是主要目的。

在城镇干道选线时，尽量配合自然地形，不要追求道路网的形式而不顾起伏变化的地形。对自然坡度及地形进行分析，使干道的坡度既符合道路交通的要求而又不致填挖土方太多，不要追求道路的过分平直，而不顾地形条件。地形坡度大时，道路一般可与等高线斜交，而避免与等高线垂直。也应注意干道不能无坡度或坡度太小，以免路面排水困难，或对埋设自流管线不利。城镇干道的标高宜低于附近居住区用地的标高，如沿汇水沟选线，对于排除地面水和埋设排水管线均有利。

对一些影响城镇总体规划方案关系较大的控制点的标高，要全面综合研究，必要时要放大比例尺，作一些规划方案的草图，以进行比较。

## 五、详细规划阶段的竖向规划

详细规划的竖向规划一般采用高程箭头法、纵横断面法、设计等高线法等。

### 1. 高程箭头法

根据竖向规划设计原则，确定出区内各种建筑物、构筑物的地面标高，道路交叉点、变坡点的标高，以及区内地形控制点的标高，将这些点的标高注在居住区竖向规划图上，并以箭头表示各类用地的排水方向。

高程箭头法的规划设计工作量较小，图纸制作较快，且易于变动与修改，为居住区竖向设计常用的方法。其缺点是比较粗略，确定标高要有丰富经验，有些部位的标高不明确，且准确性差。

### 2. 纵横断面法

此法是先在规划的居住区平面图上，根据需要的精度绘出方格网，然后在方格网的每一交点上注明原地面标高和设计地面标高。沿方格网长轴方向者称为纵断面，沿短轴方向者称为横断面。此法的优点，是对规划设计地区的原地形有立体的形象概念，易于考虑地形改造。其缺点是工作量大，花费时间多(图 6-12)。此法多用于地形比较复杂地区的规划。

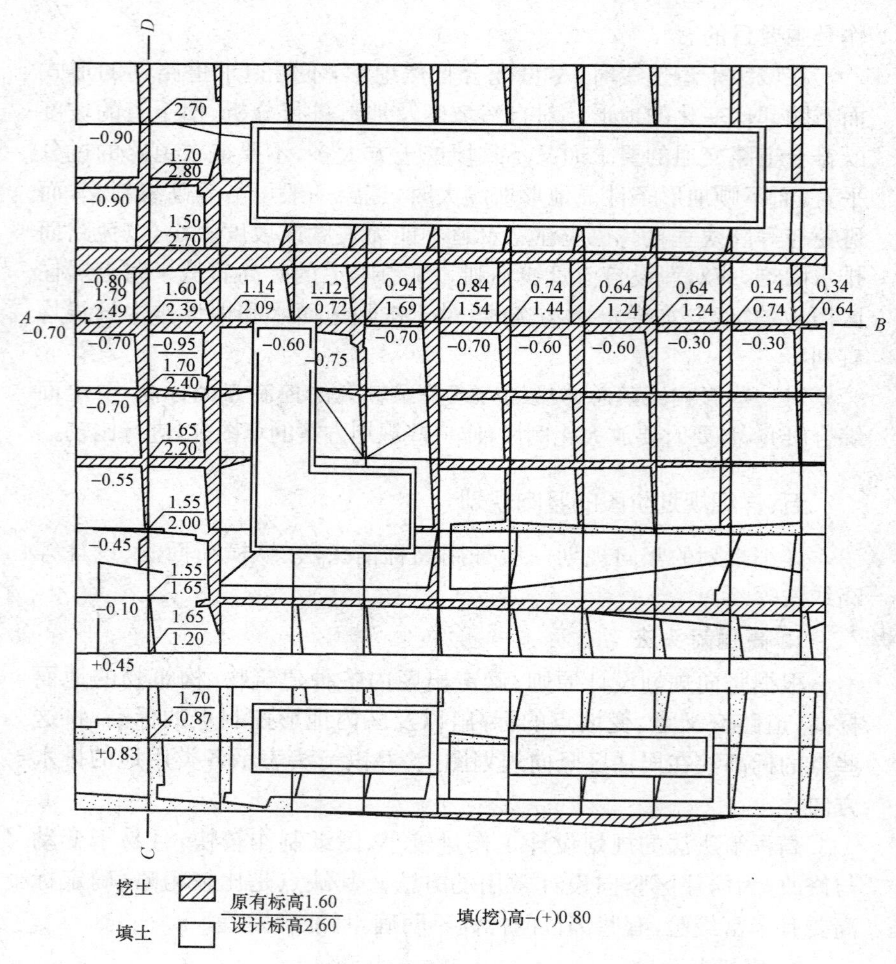


图 6-12 纵横断面法(单位:m)

纵横断面法工作步骤如下。

(1)在所规划设计的居住区(或街坊或更小的范围)的地形图上,以适当边长(如 10 m、20 m 或 40 m)绘制方格网。方格网尺寸的大小随规划的比例和所需的精度而异。图纸比例大(如 1∶500～1∶1 000),方格网尺寸小;反之,图纸比例小(如 1∶1 000～1∶2 000),则方格网尺寸大。

(2)根据地形图中自然等高线,用内插法求出各方格角点的自然标高。

(3)选定一标高作为基线标高,此标高应低于图中所有自然标高值。

(4)在另外的纸上放大绘制方格网,并以此基线标高为底,采用适当比例绘出方格网原地形的立体图。

(5)根据立体图所示自然地形起伏的情况,考虑地面排水、建筑排列及土方平衡等因素,确定地面的设计坡度和方格网顶点的设计标高。

(6)设计土方量。

(7)在土方平衡中,若填挖方总量不大,且填挖量接近平衡时,则可认为所确定的设计标高和各地的设计坡度恰当。否则,需要修改设计标高,改变设计坡度,按上述方法重新计算,直到达到要求为止。

(8)根据最后确定的设计标高,另用一张纸把各方格网顶点的设计标高抄注在图上,并按适当比例绘出规划设计的地面线。

**3. 设计等高线法**

设计等高线法多用于地形变化不太复杂的丘陵地区规划设计。其优点是能较完整地将任何一块设计用地或一条道路与原来的自然地貌作比较,随时一目了然地看出设计的地面或路(包含路口的中心点)的挖填方情况,以便于调整。设计等高线低于自然等高线为挖方,高于自然等高线为填方,所填、挖的范围也清楚地显示出来。

这种方法在判断设计地段四周路网的路口标高、道路的坡向坡度,以及路与两旁地高差关系时,更为有用。路口标高调整将影响到道路的坡度,也影响到路的两旁用地的高差,所以调整设计地段的标高时这种方法能起到整体的设计效果。

这种方法是一种整体性强、可以和规划平面设计同步进行的竖向设计方法,而不是先将规划设计做好,再做竖向设计。也就是在规划设计平面图上,在考虑平面使用功能的布置时,设计者不只考虑纵、横轴的平面关系,还要考虑垂直地面的 $Z$ 轴的竖向功能关系。它成为设计者在图纸中进入三度空间的思维和设计时的一种手段,它是一种较科学的竖向设计方法。

用设计等高线法进行居住区竖向规划的步骤如下(图 6-13)。

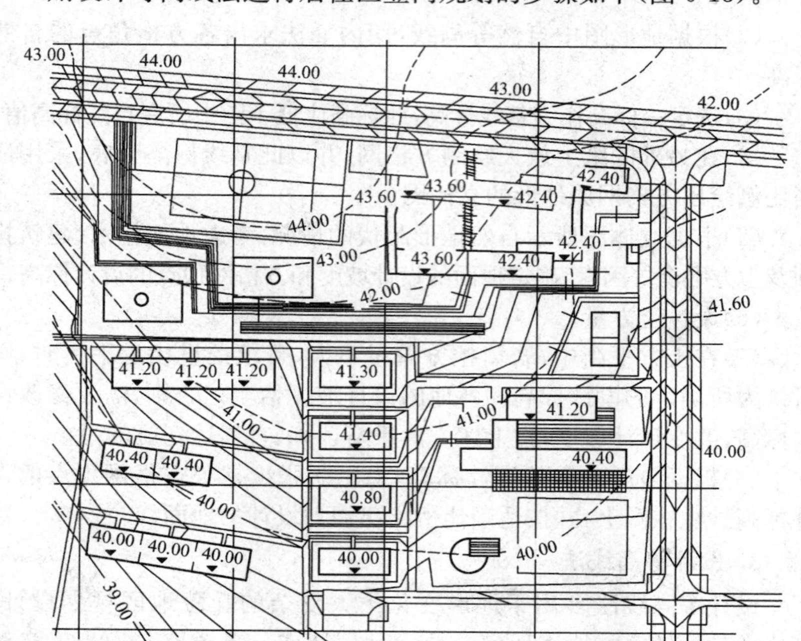


图 6-13　某居住小区用设计等高线法进行竖向规划

(1)根据居住区规划,在已确定的干道网中确定居住小区的道路线路,定出道路红线。

(2)对居住区每一条道路做纵断面设计,以已确定的城镇干道的交叉点的标高及变坡点的标高,定出支路与干道交叉点的设计标高,并求出每一条道路的中心线设计标高。

(3)以道路的横断面求出红线的设计标高。有时,道路红线的设计标高与居住区内自然地形的标高相差较大,在红线内可以做一段斜坡,不必要将居住区内地的设计标高普遍压低,以免挖方太多。

(4)居住小区内部的车行道由外面道路引入,起点标高根据相接的城镇道路的车行道边的设计标高而定。因为在交通上要求不高,允许坡度可以大一些(8%以下)。这样就能更好地配合自然地形,减少填挖土石方量,定出沿线的设计标高。

(5)用插入法求出街道各转折点及建筑物四角的设计标高。

(6)居住小区内用地坡度较大时,可以建一些挡土墙,形成台地,注明标高。

(7)居住小区的人行通道、坡度及线型可以更加灵活地配合自然地形,在某些坡度大的地段,例如大于10%,人行通道不一定设计成连续的坡面,可以加一些台阶,台阶一侧做坡道,以便推自行车上下坡道。

(8)根据不同的地形条件,居住小区内的地面排水可采用不同方式。要进行地形分析,划分为几个排水区域,分别向邻近的道路排水。地面坡度大时要用石砌以免冲刷,有的也可以用沟管,在低处设进水口。

经过上述步骤,便初步确定了居住区四周的红线标高和内部车行道、房屋四角的设计标高,就可以联结成大片地形的设计等高线。联结时要尽量与自然等高线相合,这就意味着该部分用地完全可以不改动原地形。全部做出设计等高线后,便可对经过竖向规划后的全部地形及建筑的空间布局一目了然。在实际应用中,可以按此原理去简化具体做法,即在地面上多标示一些设计标高,而不必联结成设计等高线。

## 六、小城镇建筑用地和建筑竖向布置

小城镇由工业用地、居住建筑用地、公共建筑用地、道路用地和公共绿地等所组成。用地又可分为生活用地和生产用地两大类,建筑同样可分为居住建筑、公共建筑和生产建筑及构筑物。地形起伏的山区丘陵地影响着各项用地的建筑和构筑物的布置。

### (一)城镇与道路的竖向关系

城镇用地被路和自然条件分割成块。有时也存在自然界线,如谷地和山峦以及冲沟和河流等。由道路和自然条件所围成的大小不同的用地,一般出现以下状况,将影响建筑布置和地面排水。

#### 1. 斜坡面用地

这类用地最为普遍。用地与道路之间出现高于道路的正坡面和低于道路的负坡面，两者皆有不同的坡度。从图 6-14(a)中可见，斜坡用地将使道路出现不同纵坡向和坡度，正坡面的地表水将排至路上。这类用地与道路之间出现一个夹角。

**2. 分水面用地**

分水线把用地分割成两个大小不同、坡向各异的用地，四周道路中的两条出现纵坡的转折点，两个斜坡面的地表水排泄各成体系，各排至分水线两侧的道路上[图 6-14(b)]。在详细规划中往往可以利用分水线设计成步行道。

**3. 汇水面用地**

汇水面用地与道路的关系同分水面用地有共同处，即将用地分成两块坡向不同的斜坡面。所不同的是其中两条道路的纵坡转折点在低处[图 6-14(c)]。此种用地有时须设置涵洞或桥，以便四周道路所围成的用地上地表水的排泄。详细规划设计中利用汇水线作步行道时，其两旁须设置排水沟。

**4. 山丘形用地**

这种类型用地常见于道路环绕山丘。山丘四周道路将出现多处纵坡转折点，山丘形用地的地表水将排泄至四周的环山道路上，如图 6-14(d)所示。

**5. 盆地形用地**

被四周道路所围的低洼盆地[图 6-14(e)]，除非有较大的汇水面形成自然水塘，增添生活环境美。否则，低洼处的积水对环境不利，只得采用回填的竖向规划措施，提高用地标高或疏导地表水的排泄。

**(二)建筑与地形的竖向关系**

根据建筑的使用功能及地区的气候因素不同，建筑与地形竖向关系将出现几种不同的竖向布置。

**1. 建筑半垂直等高线布置**

这类建筑的竖向布置一般出现在东南坡、西南坡、西北坡、东北坡面的用地上。即当建筑需要最佳南朝向时，会出现建筑与等高线成不同程度的半垂直状况，如图 6-15 中的点状居住建筑布置。

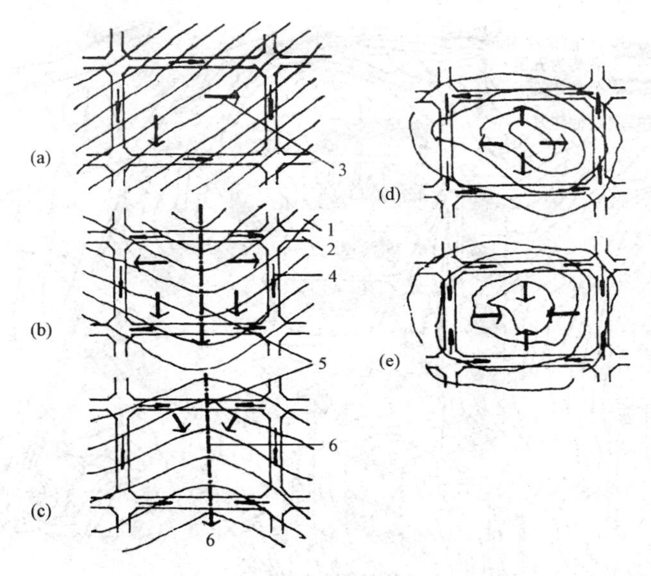


**图 6-14 城镇道路与用地关系**

(a)斜坡面用地;(b)分水面用地;(c)汇水面用地;(d)山丘形用地;(e)盆地形用地

1—等高线;2—道路;3—坡向;4—道路坡向;5—脊线、谷线;6—分水线

### 2. 建筑平行等高线布置

当建筑布置于南坡、北坡面时,都会出现建筑与地形等高线平行,如图 6-15 中幼儿园、中学等建筑布置。

### 3. 建筑垂直等高线布置

建筑布置于东坡面、西坡面时,建筑与地形等高线垂直或斜交,如图 6-15 中的一组条状居住建筑布置。

## (三)建筑竖向布置方式

由于建筑布置与地形之间出现半垂直等高线、平行等高线和垂直等高线三种关系,因而产生出以下几种建筑竖向布置方式。

### 1. 平坡式建筑布置竖向法

当丘陵地的坡面为纵坡小于 2%的大片缓坡地时,常出现建筑的平坡式竖向布置。这时坐落于地表上的建筑需抬高建筑四周的勒脚,

图 6-15　建筑与地形的竖向关系

1—中学;2—托儿所;3—幼儿园;4—理发室、浴室

5—热交换站;6—液化气调压站;7—粮店;8—副食品店

来适应地面的变化。它是对自然地貌改变最少的一种竖向布置法。

**2. 台阶式建筑布置竖向法**

台阶式用地的建筑布置,适用于纵坡面坡度介于 2%～4%之间的用地。即当 1.0 m 长的用地中地面升高 2～4 m 时,就须结合挖取部分土方与填出部分土方形成台阶用地,每个台阶用地之间,用自然放坡或挡土墙分隔,各台阶用地仍有最小的排水纵坡。

**(四)道路竖向设计**

从建筑用地与道路网的关系来说,建筑物室外标高,一般应高于周围次要道路的标高，次要道路的标高要高于主干道中心标高，标高差值可在 15～30 cm 之间。

道路纵向坡度的确定要根据地形情况来考虑，一般最大纵坡度在干道为 6%，一般道路为 8%。大量自行车行驶的坡段在 3%以下的坡度比较舒适。至 4%以上、坡长超过 200 m 时，非机动车行驶就比较困难。另外，为利于地面水的排除和地下管道的埋设，道路的最小纵坡度不宜小于 0.3%。

相邻两个纵坡，坡度差大于 2%的凸形交点，或大于 0.5%的凹形交点，必须设置圆形竖曲线，最小半径分别为 300 m 或 100 m。

人行道的纵坡不能大于 8%，大于 8%的应设置踏步。对于北方严寒地区，积雪时间较长的小城镇，控制人行道纵坡还可再低一些。

车行道的横坡一般都是双向的，坡向两侧排水沟，一般横坡控制为 1%～2%。镇区停车场的坡度最大不应超过 4%，一般以 0.3%～3%为宜。

**(五)土方工程**

竖向布置对整平场地的土方工程有如下要求。

(1)计算填土和挖土的工程量。

(2)使土方工程经济合理。

(3)使填方与挖方接近平衡。

**1. 方格网法计算土方量**

土方量计算，采用方格网法的较多，其步骤如下。

(1)划分方格，并绘制土方量计算方格网。根据地形复杂情况和规划阶段的不同要求，将居住区划分为若干个边长为 10 m、20 m、40 m 或边长大于 40 m 的正方形，并用适当比例绘制土方量计算方格网，如图 6-16 所示。

(2)标注地形图和竖向规划设计图。用插入法计算各方格角点的自然标高和设计标高，并标注在土方量计算方格网图上($\frac{\text{设计标高}}{\text{自然标高}}$)。

(3)设计施工高度。计算各方格角点的施工高度，并标注在土方量计算方格网图上。

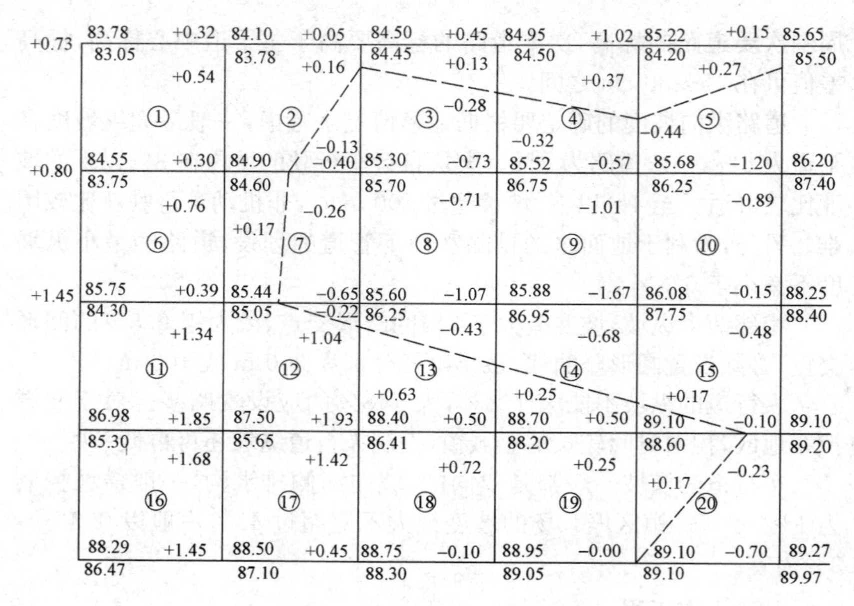


**图 6-16　土方量计算方格网图**

$$施工高度=设计标高\pm自然标高$$

上式“＋”表示填方，“－”表示挖方。

(4)找出“零”点，确定填挖分界线。在计算方格网中，某一方格内相邻两角，一为填方一为挖方时，其间必有一“零”点存在。将方格中各零点连接起来，即可得出填挖分界线。

“零”点的求法，有数解法和图解法两种。无论采用何种方法求“零”点时，均假定原地面线是直线变化的。

1)数解法。从图 6-17(a)所示两相似三角形得

$$\frac{x}{h_1}=\frac{a-x}{h_2}$$

经整理后得 $x=\dfrac{ah_1}{h_1+h_2}$

将图中各值代上式，则得 $x=\dfrac{20\times0.16}{0.16+0.24}=\dfrac{3.20}{0.4}=8\ \text{m}$

2)图解法。在图 6-17(b)上，根据相邻两角点的填挖数值，在不同

方向量取相应的单位数，以直线相连，则该直线与方格的交点即为“零”点。

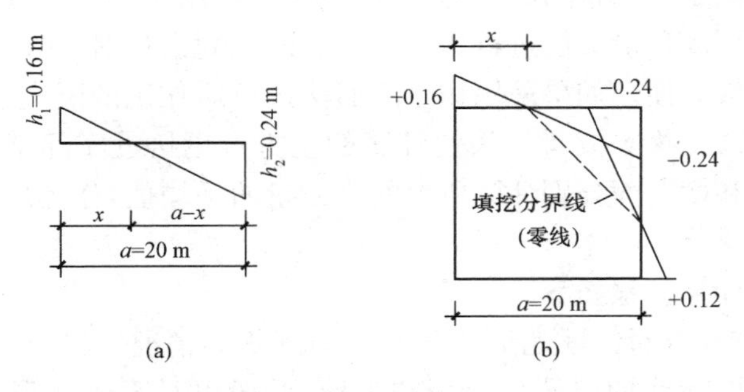


图 6-17　求土方量“零”点线图

(5)土方量计算根据每个方格的填挖情况分别计算土方量，然后，将各方格的填方和挖方量汇总，即得整个居住区的填方量和挖方量。计算时最好采用列表计算，以便于检查、校对，表 6-8 为计算表格的一种形式。根据计算方法不同，还可以制成其他表格形式。

表 6-8　方格网土方量计算表

| 方格编号 | 平均填挖高度(m) | | 填挖面积(m²) | | 土方量(m³) | | 备注 |
|---|---|---|---|---|---|---|---|
| | 填(+) | 挖(−) | 填(+) | 挖(−) | 填(+) | 挖(−) | |
| | | | | | | | |
| | | | | | | | |
| | | | | | | | |
| | | | | | | | |

各方格的填挖方量计算采用平均高度法。即：

$$V_{f(c)}=F_{f(c)}\cdot h_{f(c)}$$

式中　$V_{f(c)}$——为方格中填方体积($V_f$)或挖方体积($V_c$)($m^3$)；

$F_{f(c)}$——为方格中填方面积($F_f$)或挖方面积($F_c$)($m^2$)；

$h_{f(c)}$——为方格中填方(或挖方)部分的平均填方(或挖方)高度(m)。

**2. 断面法计算土方量**

断面法是一种常用的土方计算方法，它常用于线路工程的土方计算。当采用高程箭头法进行居住区的竖向规划设计时，用断面法计算土方量比较方便。如果采用纵横断面法进行居住区的竖向规划时，也可采用此法计算土方量。为使计算的土方量更接近实际情况，此时，以纵断面和横断面分别计算所得的土方量的平均值，作为居住区的土方量。

具体计算步骤如下。

(1)布置断面根据地形变化和竖向规划的情况，在居住区竖向规划图上画出断面的位置。断面的走向，一般以垂直于地形等高线为宜。断面位置，应设在地形(原自然地形)变化较大的部位。断面数量、地形变化情况对计算结果的准确程度有影响。地形变化复杂时，应多设断面；地形变化较均匀时，可减少断面。要求计算的土方量较准确时，断面应增多；作初步估算时，断面可少一些。

(2)作断面图根据各断面的自然标高和设计标高，在坐标纸上按一定比例分别绘制各断面图。绘图时垂直方向和水平方向的比例可以不相同，一般垂直方向放大 10 倍。

(3)计算各断面的填挖面积断面的填挖面积，可由坐标纸上直接求得；或划分为规则的几何图形进行计算，也可用求积仪计算。

(4)计算填挖方量(土方量)相邻两断面间的填方或挖方量，等于两断面的填方面积或挖方面积的平均值，乘以其间的距离。计算公式为

$$V=-\frac{1}{2}(F_1+F_2)L$$

式中　$V$——相邻两断面间的填(挖)方量($m^3$)；

$F_1$——为“1”断面的填(挖)方面积($m^2$)；

$F_2$——为“2”断面的填(挖)方面积($m^2$)；

$L$——相邻两断面间的距离(m)。

# 第七章　小城镇规划建设管理

## 第一节　小城镇规划建设管理概述

### 一、小城镇规划建设管理目标

小城镇规划建设管理目标是保证小城镇的持续发展和满足小城镇经济、社会持续发展的科学合理规划建设要求。具体来说，小城镇规划建设管理应保证以下目标的实现。

(1)保证小城镇发展战略目标的实现。小城镇规划是小城镇未来发展的战略部署，是小城镇发展战略目标的具体体现。小城镇规划建设管理则是通过日常的管理保证规划目标的实现，从而保证小城镇发展战略目标的实现。要做到这一点，就要求小城镇规划建设管理过程中的所有决策和决定，都必须围绕着小城镇发展战略目标，依据目标手段链的方式而做出，从而使每一项建设都是为了实现战略目标而进行。

(2)保证镇(乡)政府公共政策的全面实施。小城镇规划建设管理是政府对小城镇规划、建设和发展进行干预的手段之一。城乡规划是政府实现城乡统筹和可持续发展的公共政策，小城镇规划是政府上述公共政策的组成部分。因此，小城镇规划建设管理就是在管理过程中保证各类公共政策在实施过程中的相互协同，为公共政策的实施做出保证。小城镇规划建设管理要求做到以下两点。

1)要将政府的各项公共政策纳入规划过程之中，使小城镇规划能够预先协调好各项政策与规划之间的相互关系，并在规划编制的成果中得到反映。

2)要在小城镇建设和发展管理过程中，充分协调好各项政策在实施过程中可能出现的矛盾，避免为实施一项政策而使另一项政策受损而对社会整体利益造成损害，充分发挥小城镇规划的宏观调控和综合协调作用。

(3)保证镇(乡)社会、经济、环境整体效益的统一和社会利益的实现。在市场经济体制下,对于小城镇建设的市场行为者而言,其行为的基础和决策的依据是对经济效益的追求。这种追求可以对小城镇发展起到积极的推动作用,但如果以此作为唯一的尺度或过度地片面追求经济利益,往往会对社会、经济和环境等方面带来负面影响。小城镇规划建设管理应保证小城镇社会、经济、环境、效益的统一和社会整体利益的实现。基于社会的整体利益和经济、社会、环境整体效益,必须由政府对小城镇建设发展进行宏观调控和综合协调。小城镇规划是政府对小城镇经济建设宏观调控和综合协调的重要手段。规划是政府指导调控城市建设的重要手段。

## 二、小城镇规划建设管理任务

小城镇规划建设管理任务是通过在国家宏观政策法规和上级城乡规划行政主管部门的业务指导下,由县(市)人民政府和镇(乡)人民政府组织编制镇(乡)规划,并依据小城镇规划相关法规、标准和批准的小城镇规划,对小城镇规划区范围内土地的使用和各项建设活动的安排实施控制、引导、监督及违规查处等行政管理活动,实现小城镇的持续健康发展。

从我国城镇管理的运作机制来看,小城镇的规划建设管理主要在宏观、中观、微观三个层面上展开,具体表现为以下几点。

(1)由国务院规划建设行政主管部门主管全国范围内的小城镇规划建设管理工作。

(2)由县级以上地方人民政府规划建设行政主管部门负责本行政区域内的小城镇规划建设管理工作。

(3)由镇(乡)人民政府或政府规划建设行政主管机构负责镇(乡)村规划建设管理工作。

## 三、小城镇规划建设管理基本特点

小城镇规划建设管理的基本特点主要有以下几个方面。

(1)小城镇规划建设管理是一项政策性很强的工作。小城镇政府的基本职能之一,就是把小城镇规划好、建设好、管理好。小城镇规划建设管理的最终目的是为了促进经济、社会、环境的协调发展,保证小城镇有序、稳定、可持续发展。小城镇规划建设管理是政府行为,必须遵循公共行政的基本目标和管理原则。在规划建设管理中,为了小城镇的公共利益和长远利益需要而采取的控制性措施,也是一种积极的制约,其目的是使各项建设活动纳入小城镇发展整体的、根本的和长远的利益轨道。小城镇规划建设管理过程中的各项工作都可能会涉及小城镇建设的战略部署,对小城镇生产、生活环境产生长远的影响,并且几乎涉及小城镇经济、社会、文化等各个方面和小城镇政府的各个部门。小城镇规划建设管理必须以国家和地方的方针政策为依据,以法律法规为准绳,依法行政、依法行使管理的职能。

(2)小城镇规划建设管理是一项综合性的管理工作。小城镇规划建设管理的综合性,不仅体现在其内容的包罗万象(例如涉及气象、水文、工程地质、抗震、防汛、防灾等方面的内容;涉及经济、社会、环境、文物保护、卫生、绿化、建筑空间等方面的内容;涉及基础设施工程管线、交通、农田水利、公共设施等方面的内容;涉及法律法规、方针政策以及小城镇规划等规定的各方面的内容),还体现在整个规划建设管理的过程中,不管是局部的还是整体的规划建设管理,都应从总体的规划和战略协调上进行综合性的管理、组织,协调好小城镇功能的发挥,保证小城镇的有序发展和整体发展目标的实现。在此过程中,小城镇规划建设管理中的所有决策都必须遵循以社会、经济、环境综合效益为核心的基本原则,促进小城镇的可持续发展。

(3)小城镇规划建设管理是一项区域性的管理工作。小城镇是一个开放的系统。伴随着我国市场经济体制的建立和城市化水平的不断提高,区域内小城镇的发展越来越受到经济一体化、区域整体化、城乡融合等趋势的深刻影响。区域内外由于市场一体化所导致的经济一体化,不仅对各小城镇的产业结构、产品结构、技术结构、投资结构、劳动力结构等方面产生深刻的影响,而且还由于上述影响,导致各小城镇在区域内的竞争优势和不利因素也发生了变化。这些变化在不同程度上影响甚至决定着小城镇发展的方向、目标和规模。为了适应经济结构的这一变化，要求各小城镇在土地利用和空间结构等方面做出相应调整，要求基础设施区域统筹规划、联合建设、资源共享，并使区域内基础设施（水利防汛、给水排水、交通、通信、能源等）的布局最有利于区域的整体发展。在各小城镇间、各部门间、各行业间乃至各区域间通过相互协调，调剂余缺，使各小城镇的协作建设形成综合的整体效益，从而保障真正意义上的持续发展的实现，是小城镇政府及其建设行政主管部门行使宏观与微观管理的基本职能之一。

（4）小城镇规划建设管理是一项多样性的管理工作。由于小城镇发展的基础条件、经济条件不同，决定了小城镇不同建设阶段和建设阶段目标，同时不同地区、不同性质类别、不同规模小城镇规划建设本身也有许多不同，这些体现在小城镇规划建设管理方面，就具有管理多样化的特性。一个小城镇的形成与发展，总是与其外部周边环境紧密相连。资源、交通、对外联系等条件的不同，区位条件的不同，不仅使小城镇的内部管理结构存在差异。小城镇的发展方向、发展重点、发展水平亦不尽相同。

（5）小城镇规划建设管理是一项长期性的管理工作。城镇化和城乡一体化是一个长期的过程。这说明了小城镇的存在将是长期的，其规划建设管理也必定是长期的。这种长期性体现在规划方面，应立足战略的高度，以长远思路、长远规划来指导小城镇的建设。体现在建设方面，要想解决农村剩余劳动力，实现农村现代化这个长远目标，就必须通过不断加强小城镇的建设来实现，这种小城镇建设的长期性决定了管理的长期性。因此，小城镇规划建设管理必须坚持立足当前、放眼长远、远近结合、慎重决策的原则。

（6）小城镇规划建设管理是一项动态性的管理工作。现代小城镇作为一个有机体，无论是立足于单一城镇还是区域城镇群的角度，其局部或单体的运转都会影响到整体的运行，同时事物在不断变化，小城镇规划要素、规划建设条件和情况在不断变化，因此，必须以动态的、整体的理念进行小城镇规划，并在建设中坚持长远的、动态的管理原则，管理好小城镇局部的规划与建设，协调好小城镇总体的运行，最终保证小城镇各项发展战略目标的实施。

## 四、小城镇规划建设管理内容

(1)小城镇规划编制管理。小城镇规划编制管理是指县人民政府和镇(乡)人民政府为实现一定时期经济、社会发展目标,为镇民创造良好的工作和生活环境,依据有关法律、法规和方针政策,明确规划组织编制的主体,规定规划编制的内容,设定规划编制和上报程序的行政管理行为。

(2)小城镇规划审批管理。小城镇规划审批管理就是在规划编制完成后,由规划编制单位按照法定程序向法定的规划机关提出规划报批申请,法定的审批机关按照法定的程序审核并批准规划的行政管理行为。编制完成的规划,只有按照法定程序批准后,才具有法定约束力。也只有实行严格的分级审批制度,才能保证小城镇规划的严肃性和权威性。规划的审批不同于其他设计的审批,也要注重对规划定量性内容的审核。在审核过程中,需针对不同类型、规模的小城镇规划,在审批要点和深度上有所不同。

(3)小城镇规划实施管理。

1)建设项目选址规划管理。根据《城乡规划法》、《建制镇规划建设管理办法》和《村镇规划建设管理条例》的有关规定,镇乡政府或政府规划建设行政主管机构对小城镇规划区范围内的新建、扩建、改建工程项目,首先实施建设项目选址的规划管理。为了保证各类建设项目能与小城镇规划密切结合,使建设项目的建设按规划实施,也为了提高建设项目选址和布局的科学合理性,提高项目建设的综合效益。建设项目选址管理具体内容如下。

①城乡规划行政主管部门应当了解建设项目建议书(项目可行性研究报告)阶段的选址工作,各级人民政府计划行政主管部门在审批项目建议书(项目可行性研究报告)时,对拟安排在城市规划区内的建设项目,要征求同级人民政府城乡规划行政主管部门的意见。

②城乡规划行政主管部门应当参加建设项目设计任务书(项目可行性研究报告)阶段的工作,对确定安排在城市规划区内的建设项目

从城市规划方面提出选址意见书，设计任务书（项目可行性研究报告）报请批准时，必须附有城乡规划行政主管部门的选址意见书。

2）建设用地规划管理。小城镇建设用地的规划管理是建设项目选址规划管理的继续，是小城镇规划实施管理的重要组成部分。它的基本任务是根据小城镇规划和建设工程的要求，按照实际现状和条件，确定建设工程可以使用的用地。在满足建设项目功能和使用要求的前提下，经济合理地使用土地。既保证小城镇规划的实施，又促进建设的协调发展。小城镇建设用地的规划管理对建设用地实行严格的规划控制是规划实施的基本保证。小城镇建设用地规划管理的内容如下。

①控制土地使用性质和土地使用强度。

②确定建设用地范围。

③调整小城镇用地布局。

④核定土地使用其他管理要求。

3）建设工程规划管理。进行各项城镇建设，实质是小城镇规划逐步实施的过程。为了确保小城镇各项建设能够按照规划有序协调地进行，要求各项建设工程必须符合小城镇规划，服从规划管理。因此，对建设工程实行统一的规划管理，是保证小城镇规划顺利实施的关键。建设工程规划管理是指小城镇规划行政主管部门根据规划及有关法律、法规和技术规范，对各类建设工程进行组织、控制、引导和协调，使其纳入规划的轨道，并核发《建设工程规划许可证》的行政管理。主要包括以下几个方面的内容。

①建筑工程规划管理。

②市政交通工程规划管理。

③市政管线工程规划管理。

④审定设计方案。

⑤核发建设工程规划许可证。

⑥放线、验线。

4）小城镇规划实施监督检查管理。

监督检查贯穿于小城镇规划实施的全过程，它是规划实施管理工作的重要组成部分。小城镇规划监督检查的具体内容包括以下几个方面。

①对土地使用情况的监督检查。

②对建设活动的监督检查。

③查处违法用地和违法建设。

④对建设用地规划许可证和建设工程规划许可证的合法性进行监督检查。

⑤对建筑物、构筑物使用性质的监督检查。

(4)小城镇土地管理。小城镇土地管理是指国家和地方政府对小城镇土地进行管理、监督和调控的过程。内容如下。

1)土地的征用、划拨和出让。

2)受理土地使用权的申报登记。

3)进行土地清查、勘测。

4)发放土地使用权证,制定土地使用费标准,向土地使用者收取土地使用费。

5)调解土地使用纠纷;处理非法占用、出租和转让土地等。

(5)小城镇房地产管理。主要包括依据有关政策法规进行小城镇房地产管理,小城镇房地产开发管理,房地产市场管理,房地产产权产籍管理,小城镇房屋出售、出租和交换管理,小城镇房屋维修管理,小城镇物业管理等内容。

(6)小城镇建设工程质量管理。按国家现行的有关法律、法规、技术标准、文件、合同对工程安全、适用、经济、美观等特性的综合要求,对工程实体质量的管理。

(7)小城镇环境管理。就是指运用经济、法律、技术、行政、教育等手段,限制人类损害环境质量的活动,并通过全面规划使经济发展与环境相协调,达到既要发展经济、满足人类的基本需要,又不超出环境的允许极限。

(8)小城镇人口管理。主要包括小城镇人口规模和人口素质的管理,劳动力就业的管理以及人口管理制度的改革与创新等内容。

(9)小城镇规划建设管理体制创新。总结国内外的实践经验,建立与现代小城镇规划建设发展相适应的管理体制，包括健全小城镇规划建设管理组织，强化法制化、规范化、科学化的小城镇规划建设管理制度，完善小城镇规划建设管理机制，改革小城镇建设的领导体制，建立适合小城镇发展的政策保障机制等方面。

### 五、小城镇规划建设管理基本方法

#### 1. 行政管理方法

行政管理方法是自有城镇管理机构以来最为古老的管理方法之一，它是指依靠行政组织，运用行政力量，按照行政方式来管理小城镇规划建设活动的方法。具体地说，就是依靠各级行政机关的权威，采用行政命令、指示、规定、指令性计划和确定规章制度、法规等方式，按照行政系统、行政区划、行政层次来管理规划建设的方法。它的主要特点是以鲜明的权威和服从作为前提。这种权威性源于国家是全体人民利益和意志的代表，它担负着组织、指挥、调控和监督小城镇规划建设活动的任务。因此，行政手段在规划建设管理中具有重要的作用，它是执行小城镇规划建设管理职能的必要手段。行政方法的强制性源于国家的权威，它的有效性，更有赖于它的科学性。科学的行政管理手段，必须以客观规律为基础，使国家所采取的每一项行政干预措施和指令，尽可能符合和反映客观规律及经济规律的要求。

行政管理方法用于以下方面的小城镇规划建设管理。

(1)研究和制定小城镇规划与建设的战略目标及发展目标，编制小城镇各类规划。

(2)研究拟定小城镇规划建设的各项条例和制度。

(3)进行行政管理的组织与协调。

(4)对小城镇规划建设活动进行监督，保证小城镇规划的实施和建设目标的实现。

#### 2. 法律管理方法

在社会主义市场经济建设中，依法治市不仅成为我国小城镇规划建设管理中越来越重要的管理方法，并且已构成小城镇现代化建设的重要目标，是保障小城镇规划建设在社会主义法制的轨道上顺利进行的有力工具。法制是衡量一个社会文明进步水平的重要标志。小城镇管理的法律方法就是通过制定一系列的规范性文件,规定人们在小城镇规划建设活动中的权利与义务,以及违反规定所要承担的法律责任来管理建设的方法。维护广大城镇居民的根本利益是法律管理方法的出发点,它具有权威性、综合性、规范性和强制性等特点。

用法律方法管理小城镇建设,主要有以下几个方面。

(1)依法管理好小城镇规划的实施,保证小城镇建设目标的实现。

(2)依法管理好土地的利用,保证合理布局,节约用地。

(3)依法管理好建筑设计和施工,确保建设项目的工程质量。

(4)依法建设和管理好小城镇环境,建设一个环境优美、生态良好的社会主义新型城镇。

(5)依法处理和调解小城镇建设活动中的各种纠纷,保证小城镇建设的正常秩序和建设活动的协调发展。

**3. 经济管理方法**

随着社会主义市场经济体制的建立和城镇文明的进步,小城镇规划建设管理的经济管理方法和手段日益突出,并适用于管理的方方面面。这一方法是指依靠经济组织,运用价格、税收、利息、工资、利润、资金、罚款等经济杠杆和经济合同、经济责任制等,按照客观规律的要求对小城镇建设、发展实行管理与调控,其管理方法的实质是通过经济手段来协调政府、集体和个人之间的各种经济关系,以便为小城镇高效率运行提供经济上的动力和活力。运用经济方法来管理小城镇建设。具体的做法有以下几种。

(1)运用财政杠杆,对城镇不同设施的建设,实行财政补贴和扶持政策,实行"民办公助",国家或地方财政给予一定的补助,以调动建设的积极性。

(2)运用税收杠杆,即通过征收土地使用税、乡镇建设维护税等,为小城镇公用设施筹集建设与维护资金。

(3)运用价格杠杆,实行公用设施"有偿使用"和"有偿服务",从中积累一定的资金,促进和加快小城镇公用设施的发展。

(4)运用信贷杠杆,支持小城镇综合开发和配套建设。

(5)运用奖金、罚款杠杆,如运用奖金鼓励好的建设行为,以调动广大群众的积极性;运用罚款,制止违章者,以戒歪风。

**4. 宣传教育方法**

当今城镇,特别是小城镇中所出现的生态与社会经济发展的不协调问题,主要是人们不正确的经济思想和经济行为造成的。因此,要解决这个问题,重要的就是要端正人们的经济思想和经济行为。所以,必须加强宣传教育,提高人们的生态环境意识和综合效益意识。宣传教育方法,作为实现社会、经济和环境三大效益统一的基础管理方法,具有十分重要的作用。它是指在小城镇建设活动中采取各种形式,宣传小城镇建设的方针、政策、法规,小城镇规划、建设目标,以教育群众,实现预定的小城镇建设目标的一种方法。开展宣传教育工作的形式是多种多样的,一般有学习讨论、广播、板报、展览、示范、实例处理等形式,在运用时,应根据小城镇建设的实际进行选择。

**5. 技术服务方法**

技术服务方法是指小城镇规划建设管理部门,无偿或低收费解决居民在小城镇建设中遇到的有关规划、建设、管理等方面问题的一种技术性方法。在小城镇建设中,技术服务的内容主要如下。

(1)为建房户提供设计图纸,进行概预算、决算,房屋定位放线、找平,施工质量检查,房屋竣工验收以及管理小城镇房产、环境、建设档案等。

(2)通过这些技术服务,使小城镇建设达到高质量、高水平、高效益。

## 第二节　小城镇规划编制管理

### 一、小城镇规划编制阶段及编制管理

**1. 小城镇规划及编制阶段**

小城镇必须按规划建设,小城镇规划是指导小城镇合理发展、建设和管理小城镇的重要依据。

编制小城镇规划主要分总体规划和详细规划两个阶段进行。市域、县(市)域城镇体系规划指导小城镇总体规划的编制,小城镇总体规划指导小城镇详细规划的编制。

**2. 小城镇规划编制管理**

小城镇规划编制管理是为保证高质量、高标准和科学合理编制小城镇规划,依据有关的法律、法规和方针政策,明确小城镇规划组织编制的主体,规定编制的内容要求,设定小城镇规划编制程序和上报程序,保证小城镇规划能够依照法规、标准规范编制的管理过程,也是县、镇人民政府城乡规划行政管理部门、管理机构对小城镇规划编制全过程进行政府行为的行政管理过程。

小城镇规划编制管理环节主要包括规划编制的组织管理、协调管理和评议管理。

(1)小城镇规划编制的组织管理。县级或镇(乡)级人民政府及其城乡规划行政管理部门,根据县域城镇在一定时期内经济和社会发展目标,委托规划编制单位编制相应小城镇规划的编制组织工作。

(2)小城镇规划编制的协调管理。县级或镇(乡)级人民政府及其城乡规划行政管理部门在小城镇规划编制过程中,为协调各方面利益关系和实现区域和小城镇空间资源的优化配置,对规划设计提出具体要求和具体规划设计条件的指导,以及进行相关部门的规划协调工作。

(3)小城镇规划编制的评议管理。县级或镇(乡)级人民政府及其城乡规划行政管理部门组织专家,根据小城镇规划编制要求,对规划方案的科学性、合理性、可操作性等进行综合评议,以确保规划编制质量和指导下一阶段规划编制。

## 二、小城镇规划编制程序及相关内容

小城镇规划编制的工作程序及相关内容一般应包括以下几个方面。

(1)拟定规划编制计划任务书。小城镇规划编制任务委托前,首先根据小城镇规划编制的需要,由组织规划编制的人民政府规划管理部门,拟定规划编制计划任务书,内容如下。

1)规划编制理由。

2)规划编制依据。

3)规划编制内容、范围、基本要求。

4)经费来源等。

计划任务书报县、镇人民政府批准。总体规划编制应报上级主管部门批准。

(2)制定规划编制要求,挑选和确定规划设计单位。政府规划管理部门制定规划编制要求,明确委托任务的性质、规划内容、规划范围与基本要求;调查考察挑选规划设计单位,协商与委托有相应规划设计资质的规划设计单位承担规划编制任务(包括招标选择委托规划设计单位),委托方应提供较完善的任务书总体规划(应含上级主管部门的批准文件),被委托方应向委托方提供有效的资质证明。

(3)协商规划设计任务,签订规划合同书。委托方和被委托方根据相关法规,就委托规划设计项目的内容、深度、范围、适用的技术标准规范、工作进度、成果内容及相应技术审查、审批程序进行协商,协商结果作为委托方成果验收的依据。

在技术协商基础上,商务协商并签订正式合同书。

(4)协调规划编制中的重大问题。在小城镇总体规划方案阶段,应重视协调涉及各部门的规划编制中的重大问题。例如小城镇总体规划与土地利用规划、区域规划、城镇体系规划之间的衔接协调,社会经济发展战略协调人口、资源、环境之间规划,用地布局、基础设施协调,近期建设与远期规划的协调等,在深入调查研究基础上可以采取相关部门座谈会、专题论证和政府组织各方面专家论证会,协调规划编制中的若干重大问题。

小城镇详细规划要协调处理好上一层次的规划关系,特别是处理好地段周围环境的关系协调,同时也要重视与文化、教育、文物保护、商业、园林、交通市政各部门的规划协调。

(5)评议规划中间成果。县(市)域城镇体系规划的纲要成果、上级主管部门组织有关部门和专家进行评议和协调。

小城镇总体规划纲要阶段在专题论证和方案比选基础上,纲要成果由当地人民政府组织召开专门的纲要审查会议，对规划方案和重大原则进行评议和审查，提出明确的审查意见及修改意见，形成正式的会议纪要。

小城镇详细规划中间成果规划方案评议由委托方组织方案汇报会。被委托方向委托方汇报方案，听取地方有关专业技术人员、建设单位和规划管理部门意见，并就一些规划原则问题作必要说明；委托方、规划管理部门对规划方案的技术性、科学性、可操作性以及其他各种因素进行分析评议，提出修改意见，规划方案经修改和意见反馈，再次交流，直至双方达成共识。

(6)验收规划成果。小城镇规划应根据规划编制正式合同和规划上报批审的要求，由政府规划管理部门验收规划成果。

1)县(市)域城镇体系规划。提交验收的成果包括城镇体系规划文件和主要图纸，要求内容系统完整，指标体系科学合理，文件图纸清晰规范。

①规划文件包括规划文本和附件。

规划文本要求提出本次规划的目标、原则和内容的规定性、指导性要求；阐明县(市)域城镇化水平，人口、产业布局调整和城乡统筹发展战略，城镇和县(市)域之间关系，有关城镇发展的技术政策、城乡协调发展政策，城镇体系分级、定位、定性、定规模，县(市)域交通设施、基础设施(水资源、电力、通信)、社会设施(教育、文体医疗卫生、市场体系等)、环境保护、生态保护区及风景旅游区的总体布局等。

附件要求对规划文本做出具体解释，包括综合规划报告、专题规划报告和基础资料汇编。

②主要图纸。包括城镇现状建设和发展条件综合评价图，城镇体系规划图，县(市)域社会及工程基础设施配置图等。

③图纸比例：县域 1∶100 000 或根据实际需要定。

2)小城镇总体规划。提交总体规划成果包括总体规划文件和主要图纸。总体规划文件包括规划文本和附件。规划说明及基础资料收入附件。

总体规划文本经批准后将成为小城镇规划建设实施管理的基本

依据，要求条款简练、明确，文字规范、准确，以利实施操作。

①文本内容的要求如下。

总则：说明本规划编制的依据、原则、规划年限、规划区范围。

小城镇经济社会发展和建设目标：预测规划期内经济发展水平，提出国内生产总值目标，产业结构调整目标和科技、文体、卫生及社会保障等方面发展目标。

小城镇性质：根据区位条件、资源特点、经济社会发展水平及行政建制等因素，确定小城镇性质、主要职能和发展方向。

小城镇规模：根据经济、社会发展要求和资源条件，分析人口的自然增长和迁村并点情况，人口向小城镇集聚，流动人口、暂住人口发展趋势实际情况和城镇化发展水平，预测规划期内人口规模，根据人口规模确定小城镇用地和建筑规模。

小城镇总体布局：阐明小城镇空间布局调整与发展的总体战略，确定小城镇用地布局原则、布局结构与布局要点，明确小城镇居住、公共设施、工业、仓储等各项用地的布局调整与发展原则。

小城镇综合交通规划：明确小城镇交通发展战略与发展目标，分别提出对外交通（公路、铁路、水路），镇区道路交通（交通结构、道路网系统、主要交叉口、停车场、广场、公共交通）的规划建设要求。

居住社区建设规划：根据人口规模和居住水平，确定规划期住宅建设标准、规模、布局旧区改造和新区建设的方针、社区组织原则、配套建设要求及其开发建设政策。

镇区绿地系统规划：明确绿地分类，以公共绿地为主，绿地系统规划要求提出绿地率、绿地覆盖率、人均绿地等规划指标。

小城镇基础设施规划：

a. 给水规划，提出和确定规划期用水标准、用水量预测和水源、水厂、供水管网规划要求。

b. 排水规划，提出污水量预测、雨水量计算、排水体制、污水处理、雨污水利用和合理排放的规划要求。

c. 供电规划，提出用电负荷预测、电源与电力平衡、电压等级与电网、主要供电设施的规划要求。

d. 通信规划，提出用户预测、局所、信息通信网、管道以及邮政、广播电视的规划要求。

e. 燃气规划，提出用气量预测、气源、燃气供应系统、燃气输配系统的规划要求。

f. 供热规划，提出热负荷预测、热源、供热管网的规划要求。

g. 环卫规划，提出生活垃圾量和工业固体废物量预测、垃圾收运、处理与综合利用、环卫设施的规划要求等。

生态建设与环境保护规划：提出生态环境评价及其环境保护规划目标和质量控制标准，确定生态建设重点、生态敏感区划分、环境功能区划分、环境治理和保护措施等规划要求。

防灾减灾规划：

a. 防震减灾规划，提出确定规划期防震减灾规划目标、设防标准、疏散场地通道、生命线系统保障和防止次生灾害的规划要求。

b. 防洪规划，提出防洪标准、设防范围、防洪设施和防洪措施规划要求。

c. 消防规划，提出规划目标、消防设施、消防措施规划要求。

d. 防其他灾害规划，提出防其他灾害的规划要求。

小城镇历史环境保护规划：对于历史文化名镇保护要阐明历史文化的价值和特色，提出保护目标和原则，确定保护内容、重点和范围，以及保护措施等规划要求；对非历史文化名镇主要提出保护历史文化遗存（文物古迹、历史街区及风景名胜等）的保护规划要求。

旧镇改造规划：明确旧镇改造原则（标准与容量、保护与更新），提出改造措施、对策与步骤（用地结构调整、交通、市政环境综合整治）。

近期建设规划：阐明近期建设规划原则与目标，重点和范围，提出近期镇区人口，用地规模与土地开发投放量规划；提出镇区基础设施和其他各项建设的规模与布局以及环境、绿化建设规划要求；提出其中重点项目的投资估算。

实施规划措施：提出规划立法、公众参与、规划管理、总体规划与近期局部建设的协调，房地产开发，基础设施产业化经营等的措施以及其他实施规划管理的政策建议。

附则:明确文本的法律效力,规划的解释权以及其他(规划执行时间等方面要求。

附表:总体规划用地汇总表,镇区建设用地平衡表,镇区道路一览表等。

②规划说明书。规划说明书是论述性文件,对总规划文本的要点和每一项规划内容作具体说明和解释。

规划说明书包括文本要点的具体内容及其依据理由,各项规划的现状分析、预测、规划要点说明。

规划说明书可附表或插图。

③图纸要求。镇区现状图、用地评定图、总体规划图、道路交通规划图、各项专业规划图及近期建设图。图纸比例:1∶5 000。

3)小城镇控制性详细规划。小城镇控制性详细规划文本要求条款简练、明确。其中的地块划分和使用性质、开发强度、配套设施、有关技术规定等规定性(限制性)、指导性条款要求,以及有条件的规划许可条款,经批准后将成为土地使用和开发建设的法定依据。

①文本的内容。

总则:阐明制定规划的目的、依据和原则,主管部门和管理权限。

土地使用和建筑管理通则:

a. 各种使用性质用地的适建要求。

b. 建筑间距的规定。

c. 建筑物后退道路红线距离的规定。

d. 相邻地段的建筑规定。

e. 市政公用设施、交通设施的配置和管理要求。

f. 其他有关通用规定。

地块划分以及各地块的使用性质、规划控制原则、规划设计要点。

各地块控制指标条款。控制指标分为规定性、指导性以及有条件的规划许可条款。

a. 规定性条款一般为以下各项:用地性质;建筑密度(建筑基底总面积/地块面积);建筑控制高度;容积率(建筑总面积/地块面积,一般不含地下车库和设备层建筑面积);绿地率(绿地总面积/地块面积);

交通出入口方位；停车泊位及其他需要配置的公共设施。

b. 指导性条款一般为以下各项：人口容量（人/$hm^2$）；建筑形式、体量、风格要求；建筑色彩要求；其他环境要求。

c. 有条件的规划许可条款一般指容积率变更的奖励和补偿。

有关名词解释：

a. 地块，指由镇区道路或自然界线围合的大小不等的镇区用地。

b. 容积率，指地块建筑毛密度，也即地块总建筑面积与其用地面积之比。

c. 建筑密度，指地块内所有建筑的基底面积与地面用地面积之比。

d. 建筑限高，指地块内建筑物地面部分最大高度限制值。

e. 绿地率，指地块内各类绿地的总面积与地块用地面积之比。

②规划说明书。对规划文本作具体解释。

③图纸要求。包括规划地区现状图、控制性详细规划图纸。图纸比例：1∶1 000～1∶2 000。

4）小城镇修建性详细规划。修建性详细规划成果分为规划文件和规划图纸两部分。要求成果的图纸和文字说明要对立，名词要统一。

①规划文件。规划文件为规划设计说明书。

②规划图纸。主要包括区位图、现状图、规划总平面图、道路交通规划图、竖向规划图、绿地规划图、工程管网规划图及鸟瞰图（或规划模型示意图）。图纸比例：1∶500～1∶2 000。

（7）申报规划成果。经政府规划管理部门验收认可的规划成果可申报规划审批，小城镇总体规划成果先由上级主管部门组织召开专家评审会或成果审查会评审，小城镇详细规划一般先由申报委托专家组织的成果汇报会审查，重要小城镇详细规划先申报专家评审会评审。

（8）在总体规划报送审批前，组织规划编制的县、镇人民政府应当依法采取有效措施，充分征求社会公众的意见。

在详细规划的编制中，应当采取公示、征询等方式，充分听取规划涉及的单位、公众的意见。对有关意见采纳结果应当公布。

（9）总体规划调整，应当按规定向规划审批机关提出调整报告，经认定后依照法律规定组织调整。

详细规划调整，应当取得规划批准机关的同意。规划调整方案，应当向社会公开，听取有关单位和公众的意见，并将有关意见的采纳结果公示。

县人民政府所在地镇的规划编制程序及相关内容参照《城市规划编制办法》(中华人民共和国建设部令第 146 号)。

镇控制性详细规划编制与审批按《城市、镇控制性详细规划编制审批办法》(中华人民共和国住房和城乡建设部令第 7 号)。

## 三、小城镇编制工作阶段划分

### 1. 小城镇规划编制工作阶段划分

(1)县(市)域城镇体系规划和镇区总体规划编制工作阶段一般分为以下五个阶段。

1)项目准备。

2)现状(现场)调查。

3)纲要编制。

4)成果汇编。

5)上报审批。

(2)小城镇详细规划编制工作阶段一般分为以下五个阶段。

1)项目准备。

2)现场踏勘与资料收集。

3)方案阶段。

4)成果编制。

5)上报审批。

(3)小城镇规划编制阶段成果评审。

1)县(市)域城镇体系规划和镇区总体规划的阶段成果评审。

①纲要方案阶段成果评审。县(市)域城镇体系规划纳入县(市)级人民政府驻地镇的总体规划评审，镇域规划纳入其建制镇总体规划评审。

会议审查：当地人民政府召开专门的纲要审查会议，对规划方案和重大原则进行审查，提出明确的审查意见及修改意见，形成正式的会议纪要。

根据会议纪要对审查会确定的方案进行修改，由委托方报请县人民政府或上级规划行政主管部门批复。审查批复后的纲要作为编制规划正式成果的依据。

②正式成果阶段成果评审。总体规划成果一般由上级规划行政主管部门组织召开成果专家评审会和成果审查会后，再上报审批。成果审查会和专家评审会由委托方负责。

2）小城镇详细规划阶段成果评议。

①方案阶段成果汇报评议。由编制单位向委托方汇报规划方案构思，听取有关专业技术人员、建设单位和规划管理部门意见，并对按双方交流达成的修改意见修改后的方案再次交流、修改，直至双方达成共识，转入成果编制阶段。

②正式成果阶段成果审查。一般由镇人民政府或政府规划行政主管采用成果汇报会审查，重要的小城镇详细规划一般要经专家评审再上报审批。成果汇报会和专家评审会由委托方负责。

## 四、规划编制单位的考核与资质管理

小城镇规划编制单位的考核与资质管理直接关系到小城镇规划编制的水平和质量，关系到我国小城镇规划市场的有序竞争和小城镇规划、建设、管理工作的互相促进和良性循环，它也是小城镇规划编制管理工作的一个重要组成部分。我国小城镇目前规划队伍建设基础还十分薄弱，小城镇规划未能像城市规划那样引起社会普遍重视，全国仅少数省市近年成立了村镇规划设计单位，且整体实力还相当薄弱，规划设计人员严重缺乏，规划水平也普遍较低；有的县则由正式编制人员很少、技术力量更是薄弱的规划办公室或非正规的规划咨询部门承担小城镇规划；另一方面由于小城镇规划收费普遍较低，等级较高的城市规划设计单位一般很少介入小城镇规划，特别是中西部地区小城镇规划，加上小城镇规划建设管理落后、基础薄弱，目前小城镇无证规划和超越证书等级规定可承担的规划设计范围或以其他规划设计单位名义承揽规划任务的现象较为突出，小城镇规划队伍建设，以及规划编制单位的考核与资质管理存在不少问题。

因此，加强小城镇规划编制单位的考核与资质管理，应该首先从“小城镇，大战略”的战略高度重视小城镇规划，提高全社会小城镇规划编制的法规意识，具体有以下几点。

(1)不准任何无证单位或部门承接小城镇规划，管理办法明确规定：“凡从事城市规划设计活动的单位，必须按照规定申请资格证书，经审查合格并取得《城市规划设计证书》后方可承担城市规划设计任务。任何无证单位均不得承担城市规划设计任务”。

(2)申请《城市规划设计证书》必须具备下列基本条件。

1)有符合国家规定，依照法定程序批准设定独立机构的文件。

2)有明确的名称、组织机构、法人代表和固定的工作场所、健全的财务制度。

3)符合规定的城市规划设计证书的分级标准。

(3)城市规划设计单位的资格，实行分级审批制度。申请甲级资格的单位经省、自治区、直辖市城市规划行政主管部门初审，并签署意见后，报国家城市规划行政主管部门，经国家城市规划资格审查委员会审定，住建部颁发《城市规划设计证书》；申请乙级资格的单位，由各省、自治区、直辖市城市规划行政主管部门审查，报住建部城市规划司审定，住建部颁发《城市规划设计证书》；申请丙、丁级资格的单位，经当地城市规划行政主管部门初审并签署意见后，报省、自治区、直辖市城市规划资格审查委员会审定，由各省、自治区、直辖市城市规划行政主管部门颁发资格证书，并将取得证书单位名单报送国家城市规划行政主管部门备案。

(4)城市规划设计资格每三年由原初审部门进行一次检查或复查，对确实具备条件升级的单位可按规定办理升级手续；对不具备所持证书等级条件的，应报原发证部门降低其资格等级或收回其证书。

(5)城市规划设计单位如撤销，应到原发证部门办理证书注销手续，城市规划设计单位合并应按管理办法的有关规定重新申请城市规划设计资格证书。

(6)持有城市规划设计资格证书的单位应承揽与本单位资格等级

相符的规划设计任务；跨省、自治区、直辖市承揽规划设计任务的单位应持证书副本到任务所在地的省一级城市规划行政主管部门进行申报，认可后方可承担规划设计任务。

(7)城市规划设计单位提交的设计文件，必须在文件封面注明单位资格等级和证书编号，审查规划设计文件时要核实城市规划设计单位的资格。

(8)城市规划设计证书是从事城市规划设计的资格凭证，只限持证单位使用，不得转让，不得超越证书规定范围承揽任务。

(9)县(市)域城镇体系规划、县城镇总体规划一般由取得乙级证书以上的城市规划设计单位承担，当地总体规划也可由取得丙级证书的当地城市规划设计单位承担。

(10)县人民政府所在地镇外的其他县(市)域小城镇总体规划(含镇域规划)，可由取得丙级证书以上的城市规划设计单位承担。

(11)小城镇详细规划，可由取得丁级证书以上的城市规划设计单位承担。

另外，加大小城镇规划投入力度，加强管理队伍和规划队伍建设，为规范小城镇规划编制市场，理顺编制体制与管理关系创造条件。同时，县、镇人民政府城乡规划行政主管部门(机构)委托小城镇规划编制，应加强对规划设计单位的考察和选择，对重要规划设计宜采取招标方式，择优选择规划设计单位。

## 第三节　小城镇规划的审批管理

### 一、小城镇规划审批的目的

根据《城乡规划法》和《城镇体系规划编制审批办法》等规定，小城镇规划编制完成后，应由小城镇规划组织编制单位按照法定程序，向法定的规划审批机关提出规划报批申请，法定审批机关按照法定程序审核批准小城镇规划。小城镇规划审批的目的如下。

(1)赋予经审核批准规划的法律效力。根据我国城乡建设的有关法律法规，编制完成的小城镇规划只有按法定程序报经批准后，才有法律效力，才能成为社会共同遵守的行为准则和行为规范。

(2)提高小城镇规划编制质量，确保规划的科学性、合理性、规范性和可操作性。小城镇规划审批管理本身是对小城镇规划编制的质量进行监督检查和合格验收过程，也是对小城镇性质、人口用地规模、发展方向、社会经济发展目标、基础设施建设和生态环境保护等，是否符合客观规律进行决策的过程，也是对小城镇规划相关问题和各方面权益各部门意见的协调过程。

按照小城镇规划审批法定程序，上报审批前一般都要先经专家评审一总体规划成果，一般由上级主管部门组织召开成果专家评审会和成果审查会后再上报审批。重要的小城镇详细规划也要经专家评审会审查再上报审批，同时报送前还要充分征求社会公众和有关单位的意见。因此，小城镇规划审批也是组织专家对规划进行评审和科学论证，对规划编制质量技术把关，以及公众参与、规划公布和信息反馈，确保规划的科学性、合理性、规范性、操作性的过程。

(3)保证小城镇规划实施过程能适应小城镇社会经济发展变化的需要。小城镇规划可以根据小城镇的社会经济发展变化需要做出调整和变更，并经法定程序和规定，审查批准，从而保证规划实施能符合小城镇社会、经济发展变化的情况，更好地实现小城镇规划社会经济发展目标。

## 二、小城镇规划的分级审批

根据《城乡规划法》和《城镇体系规划编制审批办法》等法规的相关规定，小城镇规划实行分级审批。

### 1. 与小城镇相关的城镇体系规划审批

全国城镇体系规划，由国务院城市规划行政主管部门报国务院审批。

省域城镇体系规划，由省或自治区人民政府报经国务院同意后，由国务院城市规划行政主管部门批复。

市域、县域城镇体系规划纳入城市和县级人民政府驻地镇的总体规划，依据《中华人民共和国城乡规划法》实行分级审批。

跨行政区域的城镇体系规划，报有关地区的共同上一级人民政府审批。

**2. 小城镇总体规划的审批**

(1)县级人民政府所在地镇的总体规划，报所在省、自治区、直辖市人民政府审批，其中市管辖的县级人民政府所在地镇的总体规划，报市人民政府审批。

(2)县级人民政府所在地镇以外县(市)管辖小城镇总体规划报县(市)人民政府批准。

县、镇人民政府根据小城镇经济、社会发展需要做出局部调整的小城镇总体规划应报同级人民代表大会常务委员会和原批准机关备案；涉及小城镇性质、规模、发展方向和总体布局重大变更的小城镇总体规划，须经同级人民代表大会或者其常务委员会审查同意后，报原批准机关审批。

(3)小城镇镇域规划纳入所在小城镇的总体规划，按小城镇总体规划审批。

**3. 小城镇详细规划的审批**

(1)县级人民政府所在地镇的详细规划由县级人民政府审批。

(2)县(市)级人民政府所在地以外的小城镇详细规划由县(市)人民政府城乡规划行政主管部门审批。

## 三、小城镇规划审批程序

(1)成果审查。

(2)上报审批。

小城镇规划按不同规划实行分级审批，不同规划因审批内容、要求和主体不同，而审批程序操作不尽相同。

**1. 小城镇总体规划审批程序**

(1)审查报批条件。小城镇总体规划向审批机关报请审批时，组织规划编制的人民政府规划行政主管部门应首先审查报批的规划成果是否符合报批条件。审查报批的规划成果包括总体规划文件和主要图纸(县级人民政府所在地镇总体规划报批成果含县域城镇体系规划文件和主要图纸成果),其中规划文本作为向上级审批机关提交的规划审批报告。

(2)论证评审规划成果。经审查符合报批条件的小城镇总体规划成果,可进入论证评审规划成果程序。

县人民政府所在地镇的总体规划(含县域城镇体系规划),由上级主管部门组织,县人民政府或政府的城乡规划行政主管部门负责,会同专家和县有关方面的各行政主管部门,召开成果专家评审会和成果审查会,按有关政策法规和标准规范对规划成果进行论证评审,并将有关论证、评审意见报请县人民政府审核。

县人民政府所在地镇以外的其他建制镇总体规划(含镇域村镇体系规划),由县人民政府城乡规划行政主管部门组织,镇人民政府负责,会同专家和有关方面各主管部门召开或果专家评审会和成果审查会,按有关政策法规和标准规范对规划成果进行论证评审,并将有关论证评审意见报请镇人民政府审核。

(3)政府组织审核。县人民政府组织更大范围审核,对县人民政府所在地镇的总体规划,提出修改意见,规划成果经修改、审核后通过。

县人民政府所在地以外其他建制镇的总体规划和详细规划,由镇人民政府组织更大范围的审核,经修改、审核后通过。

(4)报请人民代表大会或其常务委员会审议。县人民政府所在地镇的总体规划,在县级人民政府向上级人民政府报请审批前须经县人民代表大会或者其常务委员会审议。

县人民政府所在地以外的其他建制镇总体规划,在镇人民政府报请县人民政府审批前须经镇人民代表大会或者其常务委员会审议。

(5)批准小城镇总体规划。县、镇人民政府按法定程序,上报有权审批小城镇总体规划的上级人民政府批准小城镇总体规划。

(6)公布批准的小城镇总体规划。小城镇总体规划一经批准,即由县、镇人民政府采用适当方式予以公布,并付诸实施。

小城镇总体规划公布应删去需要保密的内容。

**2. 小城镇详细规划审批程序**

(1)审查报批条件。小城镇详细规划向审批机关报请审批时,规划委托方和镇人民政府规划行政主管机构应首先审查报批的规划成果是否符合报批条件。审查报批的规划成果:控制性详细规划包括规划文本、规划说明书和规划图纸;修建性详细规划包括规划设计说明书和规划图纸。

(2)评议会审规划成果。县(市)人民政府城乡规划行政主管部门组织,由小城镇人民政府或其他规划编制委托方负责,召开规划涉及的相关管理部门和单位共同参加的成果汇报会,对规划成果进行协调评审。对其中重要的控制性详细规划召开专家评审会,对规划成果进行论证评审,提出评审意见,尚需修改的,由组织编制部门会同规划设计单位进行修改,直至达到要求。

(3)批准规划。县(市)人民政府或其规划行政主管部门根据相关法律、法规以及各部门的会审和专家论证评审意见,进行审查批准。

对于一些小城镇用地项目建设敏感的规划设计,宜在规划批准前,以召开座谈会或征求书面意见的形式,充分听取规划建设所在地区的单位和民众的意见,积极稳妥推进规划编制和审批管理的公众参与,把一些难处理的规划审批问题提前解决,促使规划审批进一步公正、公开。

(4)公布批准的规划。县城镇和县城镇外详细规划经县(市)人民政府或其规划行政主管部门批准后,由镇人民政府采用适当形式公布批准的规划,接受公众对规划实施的监督。

公布规划的内容可以是全部内容或部分主要内容。

## 第四节　小城镇规划实施管理

### 一、规划设计条件确定原则

小城镇建设项目规划设计条件确定管理是对小城镇规划区内的各项用地和建设提出限制性和指导性的规划设计条件,作为规划设计应遵循的准则的规划实施管理。

拟定规划设计条件应遵循下列原则。

(1)符合小城镇总体规划和详细规划有关用地和建设的技术规定。

(2)经济效益、社会效益、环境效益的统一。

(3)合理利用土地,节约用地,保护耕地。

(4)保护生态环境、历史文化遗产和文物古迹。

(5)注重建筑和空间环境协调。

(6)注重小城镇自然景观、人文景观特色。

(7)强调小城镇基础设施统筹规划,联建共享。

(8)符合小城镇防灾、抗灾要求。

## 二、建设项目选址管理相关规定和依据

原建设部和原国家计委 1991 年 8 月 23 日发布的《建设项目选址规划管理办法》第 3 条规定:“县级以上人民政府城市规划行政主管部门负责本行政区域内建设项目选址和布局的规划管理工作”。

小城镇建设项目选址管理工作由县(市)人民政府城乡规划行政主管部门负责。对确定安排在城镇规划区内的建设项目从城镇规划方面提出选址意见书。设计任务书报请批准时,必须附有城镇规划行政主管部门的选址意见书。

建设项目选址意见书包括以下内容。

(1)建设项目的基本情况。主要是建设项目名称、性质,用地与建设规模,供水与能源需求量,采取运输方式与运输量,以及废水、废气、废渣的排放方式和排放量。

(2)建设项目规划选址的主要依据。

1)经批准的项目建议书。

2)建设项目与小城镇规划布局的协调。

3)建设项目与小城镇交通、通信、能源、市政、防灾规划的衔接与协调。

4)建设项目配套的生活设施与小城镇生活居住及公共设施规划的衔接与协调。

5）建设项目对于小城镇环境可能造成的污染影响，以及与小城镇环境保护规划和风景名胜、文物古迹保护规划的协调。

（3）建设项目选址、用地范围和具体规划要求。

## 三、建设用地规划管理

### 1. 建设用地规划管理的主要内容

（1）通过审核修建性详细规划和设计方案，控制土地使用性质和使用强度。

（2）审核建设工程设计总平面图，确定建设用地范围。

（3）调整小城镇用地布局，特别是旧镇区不合理用地调整。

（4）核定土地使用其他规划管理要求，如建设用地可能涉及的规划道路、绿化隔离带等。

### 2. 建设用地规划许可证核发程序

小城镇建设用地规划许可证是建设单位向县（市）人民政府土地管理部门申请土地使用权必备的法律凭证。其核发过程包括以下程序。

（1）建设项目选址核发程序。

（2）规划设计条件核发程序。

（3）不涉及需要审查修建性详细规划的项目，由建设单位送审建设工程设计方案，规划行政主管部门重点审核土地使用性质、土地使用强度及其他规划指标是否与建设项目选址意见书的规划设计要求一致，对用地数量和具体范围予以确认后，核发建设用地规划许可证。

（4）涉及需要审查修建性详细规划的建设项目，建设单位需按规划设计条件提出修建性详细规划成果，规划主管部门重点审核同上述（3）的内容，审定后核发建设用地规划许可证。

（5）在镇规划区内以划拨方式提供国有土地使用权的建设项目，经有关部门批准、核准、备案后，建设单位应当向县人民政府城乡规划主管部门提出建设用地规划许可申请，由县人民政府城乡规划主管部门依据控制性详细规划核定建设用地的位置、面积、允许建设的范围，核发建设用地规划许可证。

（6）按出让、转让方式取得建设用地，首先由县（市）人民政府城乡规划行政主管部依据控制性详细规划提出出让、转让地块的位置、范围、使用性质和规划管理的有关技术指标要求，县(市)人民政府土地行政主管部门按照上述要求通过招标或其他方式和土地受让单位签订土地出让或转让合同，合同的内容必须包括按规划主管部门要求做出的严格规定，受让单位凭合同向规划行政主管部门申办建设用地规划许可证，规划行政主管部门审查后，核发建设用地规划许可证。

**3. 建设用地规划许可证内容更改的规定**

(1)建设用地规划许可证局部错误问题更改。建设单位提出更改申请，规划行政主管部门审核确认，可对局部错误问题进行更改，并在证件修改处加盖校对章。

(2)建设用地规划许可证建设单位名称变更。建设单位应持计划管理部门变更建设单位名称的计划文件，原建设单位同意变更建设用地规划许可证中建设单位名称的证明或双方的协议书、原审批文件向规划行政主管部门申请，经规划主管部门审查同意后，进行变更。

(3)建设用地规划许可证申请范围及其用地或建筑性质变更。小城镇建设项目为下列情况之一的，应按规定申请《建设用地规划许可证》。

1)新建、迁建需要使用小城镇土地的。

2)扩建需要使用本单位以外的土地的。

3)改变土地使用性质的。

4)建设临时使用土地或调整、置换土地的建设工程。

5)国有土地使用权出让、转让地块的建设工程。

小城镇规划建设用地性质或建筑性质变更，必须经过法定程序，根据小城镇建设和经济发展具体情况，在不违反小城镇规划用地布局基本原则的前提下，确需对局部地块使用性质或建筑性质调整改变的，必须经县(市)人民政府城乡规划行政主管部门核定并报请县(市)人民政府批准。

核定用地性质或建筑性质变更原则。

(1)必须符合小城镇规划，包括总体规划和详细规划。

(2)遵循社会、经济、环境三效益统一的原则。

(3)遵循科学布局、合理用地、节约用地原则。

审批用地性质或建筑性质变更程序如下。

(1)用地使用单位或开发建设单位提出变更申请,报规划行政主管部门。

(2)规划行政主管部门根据小城镇规划和相关法律法规审查批准,报县(市)人民政府备案。

(3)重点地段的项目报县(市)人民政府审批。

(4)影响小城镇总体布局规划用地性质变更,需报规划审批部门审批。

## 四、建设工程规划管理

### 1. 建设工程规划许可证的依据

小城镇建设工程规划许可证是县(市)人民政府城乡规划行政主管部门实施小城镇规划,按照小城镇规划要求,管理各项建设活动的重要法律凭证。在城市、镇规划区内进行建筑物、构筑物、道路、管线和其他工程建设的,建设单位或者个人应当向城市、县人民政府城乡规划主管部门或者省、自治区、直辖市人民政府确定的镇人民政府申请办理建设工程规划许可证。

申请办理《建设工程规划许可证》,应当提交使用土地的有关证明文件、建设工程设计方案等材料。需要建设单位编制修建性详细规划的建设项目,还应当提交修建性详细规划。对符合控制性详细规划和规划条件的,由城市、县人民政府城乡规划主管部门或者省、自治区、直辖市人民政府确定的镇人民政府核发《建设工程规划许可证》。

城市、县人民政府城乡规划主管部门或者省、自治区、直辖市人民政府确定的镇人民政府应当依法将经审定的修建性详细规划、建设工程设计方案的总平面图予以公布。

### 2. 小城镇建筑工程规划管理内容

小城镇建筑工程规划管理,主要对各项建筑工程,着重从以下几个方面提出规划设计要求,并对其设计方案进行审核。

(1)建筑使用性质的控制。对建筑使用性质予以审定,保证建筑物使用性质符合土地使用性质相容的原则，确保土地使用符合小城镇规划合理布局的要求。建筑物使用性质的审核主要是审核建筑平面使用功能。

(2)建筑容积率的控制。根据不同类型建筑的占地或建筑面积比例和准许容积率值，审核建筑总面积是否超过准许的建筑总面积，区别单项建筑工程和地区开发建筑工程的不同，剔除基地公共部分用地不作计算容积率的基地面积，以控制开发总量，区别应计入和不计入容积率计算的建筑面积。对为社会公众服务提供开放空间实行容积率奖励方法，规范建筑基地面积、建筑面积等计算。

(3)建筑密度控制。在确保建设基地内绿地率、消防通道、停车、回车场地和建筑间距的前提下予以审定。

(4)建筑高度的控制。按已批相关小城镇详细规划或相关小城镇中心区城市设计的要求控制，对未编制上述相关规划设计应充分考虑下列制约因素。

1)视觉环境因素制约，一是沿小城镇中心区道路两侧建造的建筑高度控制；二是文物保护或历史建筑保护单位周围地区的建筑高度控制。

2)机场、微波等无线通信对邻近小城镇建筑高度的制约。

3)其他相关要求。如日照、消防、地质条件的制约。

(5)建筑间距的控制。重点考虑日照、消防安全、卫生防疫、施工安全、空间关系、工程管线等影响因素。

(6)建筑退让的控制。包括建筑退让地界距离、建筑退让道路规划红线距离、建筑退让铁路线距离、建筑退让高压电力架空线距离、建筑退让河道蓝线距离。

(7)建设基地绿地率控制。绿地率除应符合规定要求外，对于开发建设基地和面积较大单项建筑工程基地，还应设置集中绿地。

(8)建设基地出入口、停车和交通组织的控制。以不干扰镇区交通为原则。

(9)建设基地标高控制。一般应高于相邻镇区道路中心线标高0.3 m以上。

(10)建筑环境管理。按小城镇中心区城市设计要求，对建筑物高度、体量、造型、立面、色彩进行审核;在没有进行城市设计地区,对重要建筑造型、立面、色彩应进行专家评审,对于较大建设工程或者居住区,还应审核其环境设计。

(11)各类公建用地指标和无障碍设施的控制。对地区开发应根据批准的相关小城镇详细规划和有关规定,对中小学、幼托及商业服务设施的用地指标进行审核,并留有发展余地,同时审核地区开发和公共建筑相关的无障碍设施要求。

(12)符合有关专业管理部门综合意见的审核。建筑工程审核阶段,同时征求消防、环保、卫生防疫、园林绿化等主管部门的意见,对设计方案是否符合有关专业主管部门的综合意见进行审核。

**3. 小城镇市政管线工程规划管理的内容**

(1)管线的平面布置、竖向布置。所有管线位置均采用小城镇统一坐标系统和高程系统,沿道路红线平行敷设。管线平面布置和竖向布置各项要求应符合相关规范要求。

(2)管线敷设与行道树绿化的关系。架空线应充分考虑行道树的生长和修剪要求。

(3)管线敷设与市容景观的关系。各类电杆形式力求简洁,同类架空线尽可能同杆敷设,县城镇、中心镇中心区管线应尽量入地。

(4)综合协调相关管理部门意见。主要指市政管线工程穿越镇区道路、公路、铁路桥梁、河流、绿化地带及消防安全等方面要求的综合协调。

(5)其他管理。如雨、污水管排水口的设置、管线施工、临时管线安排等的协调。

**4. 小城镇市政交通工程规划管理内容**

(1)地面道路(公路)工程规划控制。道路走向及坐标控制、道路横断面布置的控制、镇区道路标高的控制、道路交叉口的控制、路面结构类型的控制、道路附属设施的控制。

(2)镇区桥梁、隧道等交通工程规划控制。镇区桥梁、隧道断面宽度及形式应与其衔接的镇区道路相一致。镇区桥梁结构选型及外观设计应充分注意小城镇景观风貌的要求。

# 第五节　小城镇建筑设计与施工管理

## 一、小城镇建筑设计管理

在小城镇建筑管理中，设计管理占有十分重要的地位，因此，国家对村庄和集镇建设的建筑设计进行管理是十分必要的，各级建设行政主管部门对村庄和集镇建设的设计管理内容大致有以下几个方面。

### 1. 建筑的规划管理

建筑的规划管理主要内容是按照村庄和集镇规划的要求，对规划区内的各项建筑工程（包括各类建筑物、构筑物）的性质、规模、位置、标高、高度、体量、体型、朝向、间距、建筑密度、建筑色彩和风格等进行审查和规划控制。

少数人认为只要控制了用地标准，节约了耕地，目的就达到了，至于房子地面标高多少，立面造型、颜色如何处理及与周围环境的关系等都无所谓的想法是十分错误的。只有严格进行建筑的规划管理，才能使小城镇建设有新貌。

### 2. 建筑设计图纸的审查

村庄和集镇的建筑设计图纸均应由建设行政主管部门审查。进行设计图纸审查时，建设行政主管部门首先要审查承担设计任务的单位是否符合国家有关建筑设计队伍的管理规定，有无越级设计或无证设计。这也就是对建筑设计单位的资质证书进行审查。

为解决当前小城镇规划与建筑设计工作任务繁重与小城镇规划设计力量严重不足的矛盾，原建设部印发了《关于颁发小城镇规划设计单位专项工程设计证书的通知》（简称《通知》）。《通知》规定：在鼓励现有规划设计院（所）更多地从事小城镇规划与建筑设计业务的同时，在有条件的单位和县（市）、镇设立专门为小城镇建设服务的规划设计室（所），设立专项工程设计证书。

首先，各乡镇村建设管理部门应对建设单位提供的图纸、该设计单位的资质和承担任务的范围进行审查。对于不符合标准的或未取得资格证书的单位或个人非法设计的，不予办理发放建设许可证。

其次，在进行设计图纸审查时，建设行政主管部门要审查设计方案，主要看：是否符合国家和地方的各项建筑设计指标，如民宅建设是否超过规定的宅基地标准等；是否符合国事和地方有关节约资源、抗御灾害的规定；是否符合建筑物所在村庄或者集镇规划的要求等。

最后，设计图纸经过审查批准后方可进行施工。设计图纸经批准后，对建筑物的平面布置、建筑面积、建筑结构等需做修改时，必须经原设计批准机关的同意，未经批准不得擅自更改。设计图纸未经批准，建设单位或个人不得开工，施工单位不得承接设计图纸未经批准的建筑工程。

## 二、小城镇建筑施工管理

### 1. 小城镇建设工程的招标投标管理

为了规范招标投标活动，保护国家利益、社会公众利益和招标投标活动当事人的合法权益，提高经济效益，保证项目质量，小城镇建设工程也要依照《中华人民共和国招标投标法》的规定进行招标投标。

（1）建设工程招标投标的范围。在我国境内进行下列工程建设项目（包括项目的勘察、设计、施工、监理以及与工程建设有关的重要设备、材料等的采购）必须进行招标。

1）大型基础设施、公用事业等关系社会公共利益、公众安全的项目。

2）全部或者部分使用国有资金投资或者国家融资的项目。

3）使用国际组织或者外国政府贷款、援助资金的项目。

4）法律或者国务院对必须进行招标的其他项目的范围有规定的，依照其规定。

（2）建设工程招标投标的原则。

1）招标投标活动应当遵循公开、公平、公正和诚实信用的原则。

2）任何单位和个人不得将依法必须进行招标的项目化整为零或者以其他任何方式规避招标。

3）依法必须进行招标的项目，其招标活动不受地区或者部门的限制。任何单位和个人不得违法限制或者排斥本地区、本系统以外的法人或者其他组织参加投标，不得以任何方式非法干涉招标投标活动。

(3)对建设工程招标的管理。

1)招标分为公开招标和邀请招标。公开招标，是指招标人以招标公告的方式邀请不特定的法人或者其他组织投标；邀请招标，是指招标人以投标邀请书的方式邀请特定的法人或者其他组织投标。国家和地方重点项目，如不适宜公开招标的，经批准，可以进行邀请招标。

招标人采用公开招标方式的，应当发布招标公告。招标公告应当载明招标人的名称和地址、招标项目的性质、数量、实施地点和时间以及获取招标文件的办法等事项。

招标人采用邀请招标方式的，应当向三个以上具备承担招标项目的能力、资信良好的特定的法人或者其他组织发出投标邀请书。

2)工程建设项目招标代理机构。工程招标代理机构是依法设立对工程的勘察、设计、施工、监理以及与工程建设有关的重要设备(进口机电设备除外)、材料采购等从事招标业务代理的社会中介组织。

国家对工程招标代理机构实行资格认定制度。国务院建设行政主管部门负责全国工程招标代理机构资格认定的管理。省、自治区、直辖市人民政府建设行政主管部门负责本行政区的工程招标代理机构资格认定的管理。

从事工程招标代理业务的机构，必须依法取得工程招标代理机构资格。工程招标代理机构资格分为甲、乙两级。

申请工程招标代理机构资格的单位应当具备下列条件。

①是依法设立的中介组织。

②与行政机关和其他国家机关没有行政隶属关系或者其他利益关系。

③有固定的营业场所和开展工程招标代理业务所需设施及办公条件。

④有健全的组织机构和内部管理的规章制度。

⑤具备编制招标文件和组织评标的相应专业力量。

⑥具有可以作为评标委员会成员人选的技术、经济等方面的专家库。

3)建设工程的招标文件。招标人应当根据招标项目的特点和需要编制招标文件。招标文件应当包括招标项目的技术要求、对投标人资格审查的标准、投标报价要求和评标标准等所有实质性要求和条件以及拟签订合同的主要条款。

国家对招标项目的技术、标准有规定的,招标人应当按照其规定在招标文件中提出相应的要求。招标项目需要划分标段、确定工期的,招标人应当合理划分标段、确定工期,并在招标文件中载明。

招标文件不得要求或者标明特定的生产供应者以及含有倾向或者排斥潜在投标人的其他内容。

招标人不得向他人透露已获取招标文件的潜在投标人的名称、数量以及可能影响公平竞争的有关招标投标的其他情况。招标人设有标底的,标底必须保密。

(4)对建设工程投标的管理。投标人是响应招标、参加投标竞争的法人或者其他组织。投标人应当具备承担招标项目的能力。对投标的管理内容如下。

1)投标人应当按照招标文件的要求编制投标文件。投标文件应当对招标文件提出的实质性要求和条件做出响应。招标项目属于建筑施工的,投标文件的内容应当包括拟派出的项目负责人与主要技术人员的简历、业绩和拟用于完成招标项目的机械设备等。

2)两个以上法人或者其他组织可以组成一个联合体,以一个投标人的身份共同投标。联合体各方均应当具备承担招标项目的相应能力。由同一专业的单位组成的联合体,按照资质等级较低的单位确定资质等级。

联合体各方应当签订共同投标协议,明确约定各方拟承担的工作和责任,并将共同投标协议连同投标文件一并提交招标人。联合体中标的,联合体各方应当共同与招标人签订合同,就中标项目向招标人承担连带责任。招标人不得强制投标人组成联合体共同投标,不得限制投标人之间的竞争。

3)投标人不得相互串通投标报价,不得排挤其他投标人的公平竞争,损害招标人或者其他投标人的合法权益。

4)投标人不得与招标人串通投标,损害国家利益、社会公众利益或者他人的合法权益。

5)投标人不得以低于成本的报价竞标,也不得以他人名义投标或者以其他方式弄虚作假,骗取中标。

(5)对开标、评标和中标的管理。

1)开标由招标人主持,邀请所有投标人参加。开标时间应当在招标文件确定的提交投标文件截止时间之后的同一时间公开进行,开标地点应当为招标文件中预先确定的地点。开标时,由投标人或者其推选的代表检查投标文件的密封情况,经确认无误后,由工作人员当众拆封,宣读投标人名称、投标价格和投标文件的其他主要内容。

2)评标由招标人依法组成的评标委员会负责。评标委员会成员的名单在中标结果确定前应当保密。评标委员会应当按照招标文件确定的评标标准和方法,对投标文件进行评审和比较;设有标底的,应当参考标底。评标委员会完成评标后,应当向招标人提出书面评标报告,并推荐合格的中标候选人。

中标人的投标应当符合下列条件之一:能够最大限度地满足招标文件中规定的各项综合评价标准;能够满足招标文件的实质性要求,并且经评审的投标价格最低;但是投标价格低于成本的除外。

3)中标人确定后,招标人应当向中标人发出中标通知书,并同时将中标结果通知所有未中标的投标人。中标人应当按照合同约定履行义务,完成中标项目。中标人不得向他人转让中标项目,也不得将中标项目肢解后分别向他人转让。但中标人按照合同约定或者经招标人同意,可以将中标项目的部分非主体、非关键性工作分包给他人完成。接受分包的人应当具备相应的资格条件,并不得再次分包。

**2. 小城镇建筑工程质量管理**

(1)工程质量管理的内容。小城镇建筑工程质量管理的目标是贯彻“百年大计,质量第一”和“预防为主”的方针,监督施工单位严格执行施工操作规程、工程验收规范和质量检验评定标准,预防和控制影响小城镇建筑工程质量的各种因素的出现,从而保证建筑产品的质量。

小城镇建筑工程质量监督管理主要应抓好以下几个方面工作。

1)施工质量监督。

①监督用于施工的材料、构配件、设备等物资是否合格。

②监督施工人员是否严格按操作规程和施工规范进行施工。如混凝土、砂浆的材料配合比分量是否称量;钢筋配置、绑扎、焊接是否合乎规定标准;混凝土工程是否严格按操作规程施工等。

③监督是否做好分项工程的质量检查工作。分项工程质量是分部工程和单项工程质量的基础,必须及时进行检查,发现问题,查明原因,迅速纠正,以确保分项工程施工质量。

2)预制构件质量监督。

①审核预制厂(场)的生产能力和技术水平。

②审查预制厂(场)是否严格按照项目设计的构件生产图纸或经省级以上主管部门审查批准的构件标准图纸进行生产。

③检查预制厂(场)是否严格按照施工规范进行作业。

④检查预制构件厂(场)是否有切实可行的质量保证措施和检验制度。

3)建筑工程检查验收。

①隐蔽工程的检查验收。指对那些在施工过程中,上一工序的工作成果将被下道工序所掩盖的工程部位进行的检查验收。例如,基础工程的土质情况、基础的尺寸、配置位置、焊接接头的情况和各种埋地管道的标高、坡度、防腐、焊接情况等。这些工程部位在下一道工序施工前,应由施工单位邀请建设单位、设计单位、城镇建设主管部门共同进行检查验收,并及时办理签证手续。

②分部分项工程检查验收。指施工安装工程在某一阶段工程结束或某一分部分项工程完工后进行的检查验收。如对土方工程、砌砖工程、钢筋工程、混凝土工程、屋面工程等的检查验收。

③工程竣工验收。指对工程建设项目完工后所进行的一次综合性的检查验收。验收由施工单位、建设单位、设计单位、城镇建设主管部门共同进行。所有建设项目和单项工程,都要严格按照国家规定进行验收,评定质量等级,办理验收手续,不合格的工程不能交付使用。

(2)建设工程施工与质量管理制度。原建设部及有关部门为规范工程建设实施阶段的管理,保障工程施工的顺利进行,维护各方合法权益,先后颁布了一系列法规、规定,构成了我国现行的建设工程施工和施工企业的管理制度。其主要内容如下。

1)项目报建制度。1994 年 8 月原建设部发布了《工程建设项目报建管理办法》。根据该管理办法规定:

①凡在我国境内投资兴建的房地产开发项目,包括外国独资、合资、合作的开发项目都必须实行报建制度,接受当地建设行政主管部门或其授权机构的监督管理。未报建的开发项目不得办理招投标和发放施工许可证,设计、施工单位不得承接该项工程的设计和施工。

②报建的程序为开发项目立项批准列入年度投资计划后,须向当地建设行政主管部门或其授权机构进行报建,交验有关批准文件。领取《工程建设项目报建表》,认真填写后报送,并按要求进行招标准备。

③报建内容主要包括工程名称;建设地点;投资规模;资金来源;当年投资额;工程规模;开工、竣工日期;发包方式;工程筹建情况共九项。

2)施工许可制度。为了加强对建筑活动的监督管理,维护建筑市场秩序,保证建筑工程的质量和安全,原建设部于 1999 年 10 月发布《建筑工程施工许可管理办法》(于 2001 年 7 月 4 日修正)。

①建筑工程施工许可管理的原则。

第一,在中华人民共和国境内从事各类房屋建筑及其附属设施的建造、装修装饰和与其配套的线路、管道、设备的安装,以及城镇市政基础设施工程的施工,建设单位在开工前应当向工程所在地的县级以上人民政府建设行政主管部门(以下简称发证机关)申请领取施工许可证。

第二,工程投资额在 30 万元以下或者建筑面积在 300 $m^2$ 以下的建筑工程,可以不申请办理施工许可证。

第三,按照国务院规定的权限和程序批准开工报告的建筑工程,不再领取施工许可证。

第四,必须申请领取施工许可证的建筑工程未取得施工许可证的，一律不得开工。任何单位和个人不得将应该申请领取施工许可证的工程项目分解为若干限额以下的工程项目，规避申请领取施工许可证。

②申领施工许可证的条件。建设单位申请领取施工许可证，应当具备下列条件，并提交相应的证明文件。

a. 已经办理该建筑工程用地批准手续。

b. 在城市规划区的建筑工程，已经取得建设工程规划许可证。

c. 施工场地已经基本具备施工条件，需要拆迁的，其拆迁进度符合施工要求。

d. 已经确定施工企业；按照规定应该招标的工程没有招标，应该公开招标的工程没有公开招标，或者肢解发包工程，以及将工程发包给不具备相应资质条件的，所确定的施工企业无效。

e. 已满足施工需要的施工图纸及技术资料，施工图设计文件已按规定进行了审查。

f. 有保证工程质量和安全的具体措施；施工企业编制的施工组织设计中有根据建筑工程特点制定的相应质量、安全技术措施，专业性较强的工程项目编制的专项质量、安全工程组织设计，并按照规定办理了工程质量、安全监督手续。

g. 按照规定应该委托监理的工程已委托监理。

h. 建设资金已经落实；建设工期不足一年的到位资金原则上不得少于工程合同价的50%，建设工期超过一年的，到位资金原则上不少于工程合同价的30%；建设单位应当提供银行出具的到位资金证明，有条件的可以实行银行付款保函或者其他第三方担保。

i. 法律、行政法规规定的其他条件。

③建筑施工许可证的管理。申请办理施工许可证，应当按照下列程序进行。

a. 建设单位向发证机关领取《建筑工程施工许可证申请表》。

b. 建设单位持加盖单位及法定代表人印鉴的《建筑工程施工许可证申请表》，并按规定的证明文件，向发证机关提出申请。

c. 发证机关在收到建设单位报送的《建筑工程施工许可证申请

表》和所附证明文件后，对于符合条件的，应当自收到申请之日起十五日内颁发施工许可证；对于证明文件不齐全或者失效的，应当限期要求建设单位补正，审批时间可以自证明文件补正齐全后作相应顺延；对于不符合条件的，应当自收到申请之日起十五日内书面通知建设单位，并说明理由。

建筑工程在施工过程中，建设单位或者施工单位发生变更的，应当重新申请领取施工许可证。

d. 建设单位申请领取施工许可证的工程名称、地点、规模，应当与依法签订的施工承包合同一致。施工许可证应当放置在施工现场备查。

e. 施工许可证不得伪造和涂改。

f. 建设单位应当自领取施工许可证之日起三个月内开工。因故不能按期开工的，应当在期满前向发证机关申请延期，并说明理由；延期以两次为限，每次不超过三个月。既不开工又不申请延期或者超过延期次数、时限的，施工许可证自行废止。

g. 对于未取得施工许可证或者为规避办理施工许可证将工程项目分解后擅自施工的，由有管辖权的发证机关责令改正，对于不符合开工条件的责令停止施工，并对建设单位和施工单位分别处以罚款。

3)建设工程质量监督管理制度。

①建设工程质量监督管理机构。

a. 国务院建设行政主管部门对全国的建设工程质量实施统一监督管理。

县级以上地方人民政府建设行政主管部门对本行政区域内的建设工程质量实施监督管理。县级以上地方人民政府交通、水利等有关部门在各自的职责范围内，负责对本行政区域内的专业建设工程质量的监督管理。

b. 国务院建设行政主管部门和国务院铁路、交通、水利等有关部门加强对有关建设工程质量的法律、法规和强制性标准执行情况的监督检查。

②建设工程质量监督管理的实施。

a. 建设工程质量监督管理，可以由建设行政主管部门或者其他有关部门委托的建设工程质量监督机构具体实施。

从事房屋建筑工程和市政基础设施工程质量监督的机构，必须按照国家有关规定经国务院建设行政主管部门或者省、自治区、直辖市人民政府建设行政主管部门考核；从事专业建设工程质量监督的机构，必须按照国家有关规定经国务院有关部门或者省、自治区、直辖市人民政府有关部门考核。经考核合格后，方可实施质量监督。

b. 县级以上地方人民政府建设行政主管部门和其他有关部门应当加强对有关建设工程质量的法律、法规和强制性标准执行情况的监督检查。在履行监督检查职责时，有权采取下列措施：要求被检查的单位提供有关工程质量的文件和资料；进入被检查单位的施工现场进行检查；发现有影响工程质量的问题时，责令改正。

c. 有关单位和个人对县级以上人民政府建设行政主管部门和其他有关部门进行的监督检查应当支持与配合，不得拒绝或者阻碍建设工程质量监督检查人员依法执行职务。

d. 供水、供电、供气、公安消防等部门或者单位不得明示或者暗示建设单位、施工单位购买其指定的生产供应单位的建筑材料、建筑构配件和设备。

e. 建设工程发生质量事故，有关单位应当在 24 小时内向当地建设行政主管部门和其他有关部门报告。对重大质量事故，事故发生地的建设行政主管部门和其他有关部门应当按照事故类别和等级向当地人民政府和上级建设行政主管部门和其他有关部门报告。任何单位和个人对建设工程的质量事故、质量缺陷都有权检举、控告、投诉。

4)建设工程质量保修办法。为保护建设单位、施工单位、房屋建筑所有人和使用人的合法权益，维护公共安全和公众利益，原建设部于 2000 年 6 月发布了《房屋建筑工程质量保修办法》，适用于我国境内新建、扩建、改建各类房屋建筑工程(包括装修工程)的质量保修。

房屋建筑工程质量保修，是指对房屋建筑工程竣工验收后在保修期限内出现的质量缺陷，予以修复。质量缺陷，是指房屋建筑工程的质量不符合工程建设强制性标准以及合同的约定。房屋建筑工程在保修范围和保修期限内出现质量缺陷，施工单位应当履行保修义务。

①房屋建筑工程质量保修期限。建设单位和施工单位应当在工程质量保修书中约定保修范围、保修期限和保修责任等，双方约定的保修范围、保修期限必须符合国家有关规定。

在正常使用下，房屋建筑工程的最低保修期限为：

a. 地基基础和主体结构工程，为设计文件规定的该工程的合理使用年限。

b. 屋面防水工程、有防水要求的卫生间、房间和外墙面的防渗漏，为5年。

c. 供热与供冷系统，为2个采暖期、供冷期。

d. 电气系统、给水排水管道、设备安装和装修工程为2年。

其他项目的保修期限由建设单位和施工单位约定。

房屋建筑工程保修期从工程竣工验收合格之日起计算。

②房屋建筑工程质量保修责任。

第一，房屋建筑工程在保修期限内出现质量缺陷，建设单位或者房屋建筑所有人应当向施工单位发出保修通知。施工单位接到保修通知后，应当到现场核查情况，在保修书约定的时间内予以保修。发生涉及结构安全或者严重影响使用功能的紧急抢修事故，施工单位接到保修通知后，应当立即到达现场抢修。

第二，发生涉及结构安全的质量缺陷，建设单位或者房屋建筑所有人应当立即向当地建设行政主管部门报告，采取安全防范措施；由原设计单位或者具有相应资质等级的设计单位提出保修方案，施工单位实施保修，原工程质量监督机构负责监督。

第三，保修完后，由建设单位或者房屋建筑所有人组织验收。涉及结构安全的，应当报当地建设行政主管部门备案。

第四，施工单位不按工程质量保修书约定保修的，建设单位可以另行委托其他单位保修，由原施工单位承担相应责任。

第五，保修费用由质量缺陷的责任方承担。

第六，在保修期内，因房屋建筑工程质量缺陷造成房屋所有人、使用人或者第三方人身、财产损害的，房屋所有人、使用人或者第三方可以向建设单位提出赔偿要求。建设单位向造成房屋建筑工程质量缺陷的责任方追偿。因保修不及时造成新的人身、财产损害，由造成拖延的责任方承担赔偿责任。

房地产开发企业售出的商品房保修，还应当执行《城市房地产开发经营管理条例》和其他有关规定。

(3)建设工程的竣工验收管理制度。竣工验收，是建设工程施工和施工管理的最后环节，任何建设工程竣工后，都必须进行竣工验收。单项工程完工进行单项工程验收；分期建设的工程，进行分期验收；全面工程竣工，进行竣工综合验收。凡未经验收或验收不合格的建设工程和开发项目，不准交付使用。

住房和城乡建设部于 2013 年 2 月发布了《房屋建筑和市政基础设施工程竣工验收规定》(简称《规定》)。凡在我国境内新建、扩建、改建的各类房屋建筑和市政基础设施工程的竣工验收(以下简称工程竣工验收)，应当遵守《规定》。

1)建设工程竣工验收的监督管理机构。国务院住房和城乡建设行政主管部门负责全国工程竣工验收的监督管理。县级以上地方人民政府建设行政主管部门负责本行政区域内工程竣工验收的监督管理，具体工作可以委托所属工程质量监督机构实施。

工程竣工的验收，由建设单位负责组织实施。

2)建设工程竣工验收的条件。建设工程符合下列要求方可进行竣工验收。

①完成工程设计和合同约定的各项内容。

②施工单位在工程完工后对工程质量进行了检查，确认工程质量符合有关法律、法规和工程建设强制性标准，符合设计文件及合同要求，并提出工程竣工报告。工程竣工报告应经项目经理和施工单位有关负责人审核签字。

③对于委托监理的工程项目，监理单位对工程进行了质量评估，具有完整的监理资料，并提出工程质量评估报告。工程质量评估报告应经总监理工程师和监理单位有关负责人审核签字。

④勘察、设计单位对勘察、设计文件及施工过程中由设计单位签

署的设计变更通知书进行了检查，并提出质量检查报告。质量检查报告应经该项目勘察、设计负责人和勘察、设计单位有关负责人审核签字。

⑤有完整的技术档案和施工管理资料。

⑥有工程使用的主要建筑材料、建筑构配件和设备的进场试验报告，以及工程质量检测和功能性试验资料。

⑦建设单位已按合同约定支付工程款。

⑧有施工单位签署的工程质量保修书。

⑨对于住宅工程，进行分户验收并验收合格，建设单位按户出具《住宅工程质量分户验收表》。

⑩建设行政主管部门及工程质量监督机构责令整改的问题全部整改完毕。

⑪法律、法规规定的其他条件。

3)建设工程竣工验收的程序。

①工程完工后，施工单位向建设单位提交工程竣工报告，申请工程竣工验收。实行监理的工程，工程竣工报告须经总监理工程师签署意见。

②建设单位收到工程竣工报告后，对符合竣工验收要求的工程，组织勘察、设计、施工、监理等单位组成验收组，制定验收方案。对于重大工程和技术复杂工程，根据需要可邀请有关专家参加验收组。

③建设单位应当在工程竣工验收 7 个工作日前将验收的时间、地点及验收组名单书面通知负责监督该工程的工程质量监督机构。

④建设单位组织工程竣工验收。

a. 建设、勘察、设计、施工、监理单位分别汇报工程合同履约情况和在工程建设各个环节执行法律、法规和工程建设强制性标准的情况。

b. 审阅建设、勘察、设计、施工、监理单位的工程档案资料。

c. 实地查验工程质量。

d. 对工程勘察、设计、施工、设备安装质量和各管理环节等方面做出全面评价，形成经验收组人员签署的工程竣工验收意见。

参与工程竣工验收的建设、勘察、设计、施工、监理等各方不能形成一致意见时，应当协商提出解决的方法，待意见一致后，重新组织工程竣工验收。

工程竣工验收合格后，建设单位应当及时提出工程竣工验收报告。工程竣工验收报告主要包括工程概况，建设单位执行基本建设程序情况，对工程勘察、设计、施工、监理等方面的评价，工程竣工验收时间、程序、内容和组织形式，工程竣工验收意见等内容。

负责监督该工程的工程质量监督机构应当对工程竣工验收的组织形式、验收程序、执行验收标准等情况进行现场监督，发现有违反建设工程质量管理规定行为的，责令改正，并将对工程竣工验收的监督情况作为工程质量监督报告的重要内容。

(4)建设监理管理制度。

1)建设监理制度简介。建设工程项目管理简称建设监理，国外统称工程咨询，是建设工程项目实施过程中一种科学的管理方法。建设监理是对建设前期的工程咨询，建设实施阶段的招标投标、勘察设计、施工验收，直至建设后期的运转保修在内的各个阶段的管理与监督。建设监理机构，是指符合规定条件而经批准成立、取得资格证书和营业执照的监理单位，受业主委托依据国家法律、法规、规范、批准的设计文件和合同条款，对工程建设实施的监理。社会监理是委托性的，业主可以委托一个单位监理，也可同时委托几个单位监理；监理范围可以是工程建设的全过程监理，也可以是阶段监理，即项目决策阶段的监理和项目实施阶段的监理。我国目前建设监理主要是项目实施阶段的监理。在业主、承包商和监理单位三方中，是以经济为纽带、合同为根据进行制约的，其中经济手段是达到控制建设工期、造价和质量三个目标的重要因素。

实施建设监理是有条件的。其必要条件是须有建设工程，有人委托；充分条件是具有监理组织机构、监理人才、监理法规、监理依据和明确的责、权、利保障。

2)建设监理委托合同的形式与内容。建设监理一般是项目法人通过招标投标方式择优选定监理单位。监理单位在接受业主的委托后，必须与业主签订建设监理委托合同，才能对工程项目进行监理。

建设监理委托合同主要有四种形式。

第一种形式是根据法律要求制定，由适宜的管理机构签订并执行的正式合同。

第二种形式是信件式合同，较简单，通常是由监理单位制定，由委托方签署一份备案，退给监理单位执行。

第三种形式是由委托方发出的执行任务的委托通知单。这种方法是通过一份份的通知单，把监理单位在争取委托合同时提出的建议中所规定的工作内容委托给他们，成为监理单位所接受的协议。

第四种形式就是标准合同。现在国际上较为常见的一种标准委托合同格式是国际咨询工程师联合会（FIDIC）颁布的《业主、咨询工程师标准服务协议书》。

3）工程建设监理的主要工作任务和内容。监理的基本方法就是控制，基本工作是“三控”、“两管”、“一协调”。“三控”是指监理工程师在工程建设全过程中的工程进度控制、工程质量控制和工程投资控制；“两管”是指监理活动中的合同管理和信息管理；“一协调”是指全面的组织协调。

①工程进度控制是指项目实施阶段（包括设计准备、设计、施工、使用前准备各阶段）的进度控制。其控制的目的是：通过采取控制措施，确保项目交付使用时间目标的实现。

②工程质量控制。实际上是指监理工程师组织参加施工的承包商，按合同标准进行建设，并对形成质量的诸因素进行检测、核验，对差异提出调整、纠正措施的监督管理过程，这是监理工程师的一项重要职责。在履行这一职责的过程中，监理工程师不仅代表了建设单位的利益，同时也要对国家和社会负责。

③工程投资控制。工程投资控制不是指投资越少越好，而是指在工程项目投资范围内得到合理控制。项目投资目标的控制是使该项目的实际投资小于或等于该项目的计划投资（业主所确定的投资目标值）。

总之，要在计划投资的范围内，通过控制的手段，以实现项目的功能、建筑的造型和质量的优化。

④合同管理。建设项目监理的合同管理贯穿于合同的签订、履行、

变更或终止等活动的全过程，目的是保证合同得到全面认真地履行。

⑤信息管理。建设项目的监理工作是围绕着动态目标控制展开的，而信息则是目标控制的基础。信息管理就是以电子计算机为辅助手段对有关信息的收集、储存、处理等。

⑥组织协调。协调是建设监理能否成功的关键。协调的范围可分为内部的协调和外部的协调。内部的协调主要是工程项目系统内部人员、组织关系、各种需求关系的协调。外部的协调包括与业主有合同关系的城建单位、设计单位的协调和与业主没有合同关系的政府有关部门、社会团体及人员的协调。

4)建设工程的监理内容。实行监理的建设工程，建设单位应当委托具有相应资质等级的工程监理单位进行监理，也可以委托具有工程监理相应资质等级并与被监理工程的施工承包单位没有隶属关系或者其他利害关系的该工程的设计进行监理。

①建设工程监理范围。下列建设工程必须实行监理。

a. 国家重点建设工程。

b. 大、中型公用事业工程。

c. 成片开发建设的住宅小区工程。

d. 利用外国政府或者国际组织贷款、援助资金的工程。

e. 国家规定必须实行监理的其他工程。

②建设工程监理单位的质量责任和义务。

第一，工程监理单位应当依法取得相应等级的资质证书，并在其资质等级许可的范围内承担工程监理业务。禁止工程监理单位超越本单位资质等级许可的范围或者以其他工程监理单位的名义承担工程监理业务。禁止工程监理单位允许其他单位或者个人以本单位的名义承担工程监理业务。工程监理单位不得转让工程监理业务。

第二，工程监理单位与被监理工程的施工承包单位以及建筑材料、建筑构配件和设备供应单位有隶属关系或者其他利害关系的，不得承担该项建设工程的监理业务。

第三，工程监理单位应当依照法律、法规以及有关技术标准、设计文件和建设工程承包合同，代表建设单位对施工质量实施监理，并对施工质量承担监理责任。

第四，工程监理单位应当选派具备相应资格的总监理工程师和监理工程师进驻施工现场。未经监理工程师签字，建筑材料、建筑构配件和设备不得在工程上使用或者安装，施工单位不得进行下一道工序的施工，未经总监理工程师签字，建设单位不拨付工程款，不进行竣工验收。

第五，监理工程师应当按照工程监理规范的要求，采取旁站、巡视和平行检验等形式，对建设工程实施监理。

5)建设监理程序与管理。

①建设监理程序。监理单位应根据所承担的监理任务，组建工程建设监理机构。承担工程施工阶段的监理，监理机构应进驻施工现场。

工程建设监理一般按下列程序进行。

a. 编制工程建设监理规划。

b. 按工程建设进度、分专业编制工程建设监理细则。

c. 按照建设监理细则进行建设监理。

d. 参与工程竣工预验收，签署建设监理意见。

e. 建设监理业务完成后，向项目法人提交工程建设监理档案资料。

②监理单位资质审查与管理。监理单位实行资质审批制度。《工程监理企业资质管理规定》对监理单位的资质审查、分级标准、申请程序、监理业务范围及管理机构与相应职责均做了详细的规定。扼要介绍如下。

监理单位的资质根据其人员素质、专业技能、管理水平、资金数量及实际业绩分为甲、乙、丙三级。

设立监理单位或申请承担监理业务的单位须向监理资质管理部门提出申请，经资质审查后取得《监理申请批准书》，再向工商行政管理机关注册登记，核准后才可从事监理活动。

③监理工程师的考试、注册与管理。监理工程师实行注册制度。《监理工程师资格考试和注册试行办法》规定监理工程师应先经资格考试，取得《监理工程师资格证书》，再经监理工程师注册机关注册，取

得《监理工程师岗位证书》，并被监理单位聘用，方可从事工程建设监理业务。未取得两证或两证不全者不得从事监理业务；已注册的监理工程师不得以个人名义从事监理业务。

### 3. 小城镇建设工程合同管理

小城镇建设工程合同是发包方（建设单位）和承包方（施工单位）履行双方各自承担的责任和分工的经济契约，也是当事人按有关法令、条例签订的权利和义务的协议。

（1）工程合同的内容。小城镇建设工程合同的主要内容包括：签订合同所依据的有关文件、资料、工程名称；工程地点、签约时间、签约双方单位名称；承包范围、建设工期；建设单位的权限施工图交付时间和责任、工程变更；明确变更工程设计权限以及当发生变更时向对方交付变更通知的时间及由此而承担的费用和工期上的责任；材料构配件、设备与供应的责任划分；交工验收的手续；工程造价、拨款和结算的方法、手续；保证金、保险金等规定；施工用地、发包单位提供水、电、道路以及房屋作为施工设施的规定；奖惩办法、奖惩范围、奖惩计算方法，包括有益于工程的发明创造和合理化建议的奖励规定以及违约赔偿；因发生特殊事件而中止和变更合同的规定与人力不可抗拒的灾祸责任的规定。

（2）工程合同的分类。

按合同的适用范围可分为以下内容。

1）工程勘察设计合同。

2）工程施工准备合同。

3）工程承包合同。

4）物资供应合同。

5）成品、半成品加工订货合同。

6）劳务及劳动合同。

合同按工程价格确定方式可分为：

1）固定总造价合同。

2）固定单位造价合同。

3）固定造价加酬金的合同。

合同按承包方式可分为：

1)工程总承包合同。

2)工程分包合同。通常有以下几种：机械施工工程分包合同、设备安装工程分包合同、分部(分项)工程分包合同、工程联合承包合同。此外，还有设计、施工一体承包合同等。

(3)工程合同管理。

1)合同的生效、失效和无效。建筑工程合同经双方签字盖章后即为生效。工程合同在履行全部条款并结清一切手续项目后，自动失效。如果工程合同经合同管理机关和人民法院确认，有下列情况之一者属无效合同：违反法律和国家政策，采取欺骗或威胁手段所签订的合同；代理人超越其权限，或以被代理人的名义而未经被代理人允许所签订的合同；违反国家利益、社会公共利益的合同。

合同被确认无效后，双方根据合同应承担相应的责任，如属一方的过错，那么有过错的一方应赔偿对方因此而蒙受的经济损失。

2)合同的变更和解除。工程合同签订后，不得因承办人或法定代表人的变更而变更或解除。

但属于下列情况之一者允许变更或解除：签约双方协商同意但并不损害国家利益和国家计划；签约合同所依据的国家计划被迫修改或取消；由于不可抗拒或签约一方虽无过失，但无法防止的外因致使合同无法履行；由于一方违约，使合同履行成为不必要。

因变更或解除合同使一方遭受损失的，除依法可以免除责任外，均应由责任方负责赔偿。

3)合同纠纷的调解与仲裁。工程合同在执行中发生纠纷时，签约双方应本着实事求是的原则加以协商解决。协商不成时，任何一方都可以向合同管理机关申请裁决。解决的办法有调解和仲裁两种方式。

调解是根据当事人的申请，由国家认定的合同管理机关依法主持，双方自愿协商达成协议的一种办法。当协商不成时，根据当事人一方的申请，由合同管理机关裁决处理称为仲裁。

4)工程索赔。工程索赔在施工过程中较多，由于发包方或其他方(非承包企业方面)的原因使承包企业在施工中付出了额外的费用，承包企业可通过合法的途径和程序要求发包方偿还损失。常见的索赔有工程变动索赔；施工条件变化索赔；工程停建、缓建索赔；材料涨价补偿；灾害风险索赔等。

**4. 小城镇工程建设施工安全生产管理**

小城镇工程建筑企业应当建立和遵守以下五项安全生产管理制度。

(1)建立安全生产责任制度。它要求企业的负责人要负责安全工作，生产班组要有不脱产的安全员，每个工人要自觉遵守规章制度，不违章作业。

(2)建立安全生产教育制度。如新工人要进行安全教育，机械、电气、焊接、司机等工种要通过培训、考核，取得合格证后才准许上岗操作。

(3)建立安全生产技术措施制度。

(4)建立安全生产检查制度。

(5)建立职工伤亡报告制度。

# 附录　中华人民共和国城乡规划法

（2007 年 10 月 28 日第十届全国人民代表大会常务委员会第三十次会议通过）

## 第一章　总　　则

**第一条**　为了加强城乡规划管理，协调城乡空间布局，改善人居环境，促进城乡经济社会全面协调可持续发展，制定本法。

**第二条**　制定和实施城乡规划，在规划区内进行建设活动，必须遵守本法。

本法所称城乡规划，包括城镇体系规划、城市规划、镇规划、乡规划和村庄规划。城市规划、镇规划分为总体规划和详细规划。详细规划分为控制性详细规划和修建性详细规划。

本法所称规划区，是指城市、镇和村庄的建成区以及因城乡建设和发展需要，必须实行规划控制的区域。规划区的具体范围由有关人民政府在组织编制的城市总体规划、镇总体规划、乡规划和村庄规划中，根据城乡经济社会发展水平和统筹城乡发展的需要划定。

**第三条**　城市和镇应当依照本法制定城市规划和镇规划。城市、镇规划区内的建设活动应当符合规划要求。

县级以上地方人民政府根据本地农村经济社会发展水平，按照因地制宜、切实可行的原则，确定应当制定乡规划、村庄规划的区域。在确定区域内的乡、村庄，应当依照本法制定规划，规划区内的乡、村庄建设应当符合规划要求。

县级以上地方人民政府鼓励、指导前款规定以外的区域的乡、村庄制定和实施乡规划、村庄规划。

**第四条**　制定和实施城乡规划，应当遵循城乡统筹、合理布局、节约土地、集约发展和先规划后建设的原则，改善生态环境，促进资源、能源节约和综合利用，保护耕地等自然资源和历史文化遗产，保持地方特色、民族特色和传统风貌，防止污染和其他公害，并符合区域人口发展、国防建设、防灾减灾和公共卫生、公共安全的需要。

在规划区内进行建设活动，应当遵守土地管理、自然资源和环境保护等法律、法规的规定。

县级以上地方人民政府应当根据当地经济社会发展的实际，在城市总体规划、镇总体规划中合理确定城市、镇的发展规模、步骤和建设标准。

**第五条**　城市总体规划、镇总体规划以及乡规划和村庄规划的编制，应当依据国民经济和社会发展规划，并与土地利用总体规划相衔接。

**第六条**　各级人民政府应当将城乡规划的编制和管理经费纳入本级财政预算。

**第七条**　经依法批准的城乡规划，是城乡建设和规划管理的依据，未经法定程序不得修改。

**第八条**　城乡规划组织编制机关应当及时公布经依法批准的城乡规划。但是，法律、行政法规规定不得公开的内容除外。

**第九条**　任何单位和个人都应当遵守经依法批准并公布的城乡规划，服从规划管理，并有权就涉及其利害关系的建设活动是否符合规划的要求向城乡规划主管部门查询。

任何单位和个人都有权向城乡规划主管部门或者其他有关部门举报或者控告违反城乡规划的行为。城乡规划主管部门或者其他有关部门对举报或者控告，应当及时受理并组织核查、处理。

**第十条**　国家鼓励采用先进的科学技术，增强城乡规划的科学性，提高城乡规划实施及监督管理的效能。

**第十一条**　国务院城乡规划主管部门负责全国的城乡规划管理工作。

县级以上地方人民政府城乡规划主管部门负责本行政区域内的城乡规划管理工作。

# 第二章 城乡规划的制定

**第十二条** 国务院城乡规划主管部门会同国务院有关部门组织编制全国城镇体系规划，用于指导省域城镇体系规划、城市总体规划的编制。

全国城镇体系规划由国务院城乡规划主管部门报国务院审批。

**第十三条** 省、自治区人民政府组织编制省域城镇体系规划，报国务院审批。

省域城镇体系规划的内容应当包括：城镇空间布局和规模控制，重大基础设施的布局，为保护生态环境、资源等需要严格控制的区域。

**第十四条** 城市人民政府组织编制城市总体规划。

直辖市的城市总体规划由直辖市人民政府报国务院审批。省、自治区人民政府所在地的城市以及国务院确定的城市的总体规划，由省、自治区人民政府审查同意后，报国务院审批。其他城市的总体规划，由城市人民政府报省、自治区人民政府审批。

**第十五条** 县人民政府组织编制县人民政府所在地镇的总体规划，报上一级人民政府审批。其他镇的总体规划由镇人民政府组织编制，报上一级人民政府审批。

**第十六条** 省、自治区人民政府组织编制的省域城镇体系规划，城市、县人民政府组织编制的总体规划，在报上一级人民政府审批前，应当先经本级人民代表大会常务委员会审议，常务委员会组成人员的审议意见交由本级人民政府研究处理。

镇人民政府组织编制的镇总体规划，在报上一级人民政府审批前，应当先经镇人民代表大会审议，代表的审议意见交由本级人民政府研究处理。

规划的组织编制机关报送审批省域城镇体系规划、城市总体规划或者镇总体规划，应当将本级人民代表大会常务委员会组成人员或者镇人民代表大会代表的审议意见和根据审议意见修改规划的情况一并报送。

**第十七条** 城市总体规划、镇总体规划的内容应当包括：城市、镇的发展布局，功能分区，用地布局，综合交通体系，禁止、限制和适宜建设的地域范围，各类专项规划等。

规划区范围、规划区内建设用地规模、基础设施和公共服务设施用地、水源地和水系、基本农田和绿化用地、环境保护、自然与历史文化遗产保护以及防灾减灾等内容，应当作为城市总体规划、镇总体规划的强制性内容。

城市总体规划、镇总体规划的规划期限一般为二十年。城市总体规划还应当对城市更长远的发展做出预测性安排。

**第十八条**　乡规划、村庄规划应当从农村实际出发，尊重村民意愿，体现地方和农村特色。

乡规划、村庄规划的内容应当包括：规划区范围，住宅、道路、供水、排水、供电、垃圾收集、畜禽养殖场所等农村生产、生活服务设施、公益事业等各项建设的用地布局、建设要求，以及对耕地等自然资源和历史文化遗产保护、防灾减灾等的具体安排。乡规划还应当包括本行政区域内的村庄发展布局。

**第十九条**　城市人民政府城乡规划主管部门根据城市总体规划的要求，组织编制城市的控制性详细规划，经本级人民政府批准后，报本级人民代表大会常务委员会和上一级人民政府备案。

**第二十条**　镇人民政府根据镇总体规划的要求，组织编制镇的控制性详细规划，报上一级人民政府审批。县人民政府所在地镇的控制性详细规划，由县人民政府城乡规划主管部门根据镇总体规划的要求组织编制，经县人民政府批准后，报本级人民代表大会常务委员会和上一级人民政府备案。

**第二十一条**　城市、县人民政府城乡规划主管部门和镇人民政府可以组织编制重要地块的修建性详细规划。修建性详细规划应当符合控制性详细规划。

**第二十二条**　乡、镇人民政府组织编制乡规划、村庄规划，报上一级人民政府审批。村庄规划在报送审批前，应当经村民会议或者村民代表会议讨论同意。

**第二十三条**　首都的总体规划、详细规划应当统筹考虑中央国家机关用地布局和空间安排的需要。

**第二十四条** 城乡规划组织编制机关应当委托具有相应资质等级的单位承担城乡规划的具体编制工作。

从事城乡规划编制工作应当具备下列条件，并经国务院城乡规划主管部门或者省、自治区、直辖市人民政府城乡规划主管部门依法审查合格，取得相应等级的资质证书后，方可在资质等级许可的范围内从事城乡规划编制工作：

(一)有法人资格；

(二)有规定数量的经国务院城乡规划主管部门注册的规划师；

(三)有规定数量的相关专业技术人员；

(四)有相应的技术装备；

(五)有健全的技术、质量、财务管理制度。

规划师执业资格管理办法，由国务院城乡规划主管部门会同国务院人事行政部门制定。

编制城乡规划必须遵守国家有关标准。

**第二十五条** 编制城乡规划，应当具备国家规定的勘察、测绘、气象、地震、水文、环境等基础资料。

县级以上地方人民政府有关主管部门应当根据编制城乡规划的需要，及时提供有关基础资料。

**第二十六条** 城乡规划报送审批前，组织编制机关应当依法将城乡规划草案予以公告，并采取论证会、听证会或者其他方式征求专家和公众的意见。公告的时间不得少于三十日。

组织编制机关应当充分考虑专家和公众的意见，并在报送审批的材料中附具意见采纳情况及理由。

**第二十七条** 省域城镇体系规划、城市总体规划、镇总体规划批准前，审批机关应当组织专家和有关部门进行审查。

## 第三章 城乡规划的实施

**第二十八条** 地方各级人民政府应当根据当地经济社会发展水

平，量力而行，尊重群众意愿，有计划、分步骤地组织实施城乡规划。

**第二十九条**　城市的建设和发展，应当优先安排基础设施以及公共服务设施的建设，妥善处理新区开发与旧区改建的关系，统筹兼顾进城务工人员生活和周边农村经济社会发展、村民生产与生活的需要。

镇的建设和发展，应当结合农村经济社会发展和产业结构调整，优先安排供水、排水、供电、供气、道路、通信、广播电视等基础设施和学校、卫生院、文化站、幼儿园、福利院等公共服务设施的建设，为周边农村提供服务。

乡、村庄的建设和发展，应当因地制宜、节约用地，发挥村民自治组织的作用，引导村民合理进行建设，改善农村生产、生活条件。

**第三十条**　城市新区的开发和建设，应当合理确定建设规模和时序，充分利用现有市政基础设施和公共服务设施，严格保护自然资源和生态环境，体现地方特色。

在城市总体规划、镇总体规划确定的建设用地范围以外，不得设立各类开发区和城市新区。

**第三十一条**　旧城区的改建，应当保护历史文化遗产和传统风貌，合理确定拆迁和建设规模，有计划地对危房集中、基础设施落后等地段进行改建。

历史文化名城、名镇、名村的保护以及受保护建筑物的维护和使用，应当遵守有关法律、行政法规和国务院的规定。

**第三十二条**　城乡建设和发展，应当依法保护和合理利用风景名胜资源，统筹安排风景名胜区及周边乡、镇、村庄的建设。

风景名胜区的规划、建设和管理，应当遵守有关法律、行政法规和国务院的规定。

**第三十三条**　城市地下空间的开发和利用，应当与经济和技术发展水平相适应，遵循统筹安排、综合开发、合理利用的原则，充分考虑防灾减灾、人民防空和通信等需要，并符合城市规划，履行规划审批手续。

**第三十四条**　城市、县、镇人民政府应当根据城市总体规划、镇总体规划、土地利用总体规划和年度计划以及国民经济和社会发展规划，制定近期建设规划，报总体规划审批机关备案。

近期建设规划应当以重要基础设施、公共服务设施和中低收入居民住房建设以及生态环境保护为重点内容，明确近期建设的时序、发展方向和空间布局。近期建设规划的规划期限为五年。

**第三十五条** 城乡规划确定的铁路、公路、港口、机场、道路、绿地、输配电设施及输电线路走廊、通信设施、广播电视设施、管道设施、河道、水库、水源地、自然保护区、防汛通道、消防通道、核电站、垃圾填埋场及焚烧厂、污水处理厂和公共服务设施的用地以及其他需要依法保护的用地，禁止擅自改变用途。

**第三十六条** 按照国家规定需要有关部门批准或者核准的建设项目，以划拨方式提供国有土地使用权的，建设单位在报送有关部门批准或者核准前，应当向城乡规划主管部门申请核发选址意见书。

前款规定以外的建设项目不需要申请选址意见书。

**第三十七条** 在城市、镇规划区内以划拨方式提供国有土地使用权的建设项目，经有关部门批准、核准、备案后，建设单位应当向城市、县人民政府城乡规划主管部门提出建设用地规划许可申请，由城市、县人民政府城乡规划主管部门依据控制性详细规划核定建设用地的位置、面积、允许建设的范围，核发建设用地规划许可证。

建设单位在取得建设用地规划许可证后，方可向县级以上地方人民政府土地主管部门申请用地，经县级以上人民政府审批后，由土地主管部门划拨土地。

**第三十八条** 在城市、镇规划区内以出让方式提供国有土地使用权的，在国有土地使用权出让前，城市、县人民政府城乡规划主管部门应当依据控制性详细规划，提出出让地块的位置、使用性质、开发强度等规划条件，作为国有土地使用权出让合同的组成部分。未确定规划条件的地块，不得出让国有土地使用权。

以出让方式取得国有土地使用权的建设项目，在签订国有土地使用权出让合同后，建设单位应当持建设项目的批准、核准、备案文件和国有土地使用权出让合同，向城市、县人民政府城乡规划主管部门领取建设用地规划许可证。

城市、县人民政府城乡规划主管部门不得在建设用地规划许可证中,擅自改变作为国有土地使用权出让合同组成部分的规划条件。

**第三十九条** 规划条件未纳入国有土地使用权出让合同的,该国有土地使用权出让合同无效;对未取得建设用地规划许可证的建设单位批准用地的,由县级以上人民政府撤销有关批准文件;占用土地的,应当及时退回;给当事人造成损失的,应当依法给予赔偿。

**第四十条** 在城市、镇规划区内进行建筑物、构筑物、道路、管线和其他工程建设的,建设单位或者个人应当向城市、县人民政府城乡规划主管部门或者省、自治区、直辖市人民政府确定的镇人民政府申请办理建设工程规划许可证。

申请办理建设工程规划许可证,应当提交使用土地的有关证明文件、建设工程设计方案等材料。需要建设单位编制修建性详细规划的建设项目,还应当提交修建性详细规划。对符合控制性详细规划和规划条件的,由城市、县人民政府城乡规划主管部门或者省、自治区、直辖市人民政府确定的镇人民政府核发建设工程规划许可证。

城市、县人民政府城乡规划主管部门或者省、自治区、直辖市人民政府确定的镇人民政府应当依法将经审定的修建性详细规划、建设工程设计方案的总平面图予以公布。

**第四十一条** 在乡、村庄规划区内进行乡镇企业、乡村公共设施和公益事业建设的,建设单位或者个人应当向乡、镇人民政府提出申请,由乡、镇人民政府报城市、县人民政府城乡规划主管部门核发乡村建设规划许可证。

在乡、村庄规划区内使用原有宅基地进行农村村民住宅建设的规划管理办法,由省、自治区、直辖市制定。

在乡、村庄规划区内进行乡镇企业、乡村公共设施和公益事业建设以及农村村民住宅建设,不得占用农用地;确需占用农用地的,应当依照《中华人民共和国土地管理法》有关规定办理农用地转用审批手续后,由城市、县人民政府城乡规划主管部门核发乡村建设规划许可证。

建设单位或者个人在取得乡村建设规划许可证后,方可办理用地审批手续。

**第四十二条**　城乡规划主管部门不得在城乡规划确定的建设用地范围以外做出规划许可。

**第四十三条**　建设单位应当按照规划条件进行建设；确需变更的，必须向城市、县人民政府城乡规划主管部门提出申请。变更内容不符合控制性详细规划的，城乡规划主管部门不得批准。城市、县人民政府城乡规划主管部门应当及时将依法变更后的规划条件通报同级土地主管部门并公示。

建设单位应当及时将依法变更后的规划条件报有关人民政府土地主管部门备案。

**第四十四条**　在城市、镇规划区内进行临时建设的，应当经城市、县人民政府城乡规划主管部门批准。临时建设影响近期建设规划或者控制性详细规划的实施以及交通、市容、安全等的，不得批准。

临时建设应当在批准的使用期限内自行拆除。

临时建设和临时用地规划管理的具体办法，由省、自治区、直辖市人民政府制定。

**第四十五条**　县级以上地方人民政府城乡规划主管部门按照国务院规定对建设工程是否符合规划条件予以核实。未经核实或者经核实不符合规划条件的，建设单位不得组织竣工验收。

建设单位应当在竣工验收后六个月内向城乡规划主管部门报送有关竣工验收资料。

## 第四章　城乡规划的修改

**第四十六条**　省域城镇体系规划、城市总体规划、镇总体规划的组织编制机关，应当组织有关部门和专家定期对规划实施情况进行评估，并采取论证会、听证会或者其他方式征求公众意见。组织编制机关应当向本级人民代表大会常务委员会、镇人民代表大会和原审批机关提出评估报告并附具征求意见的情况。

**第四十七条**　有下列情形之一的，组织编制机关方可按照规定的权限和程序修改省域城镇体系规划、城市总体规划、镇总体规划：

（一）上级人民政府制定的城乡规划发生变更，提出修改规划要求的；

（二）行政区划调整确需修改规划的；

（三）因国务院批准重大建设工程确需修改规划的；

（四）经评估确需修改规划的；

（五）城乡规划的审批机关认为应当修改规划的其他情形。

修改省域城镇体系规划、城市总体规划、镇总体规划前，组织编制机关应当对原规划的实施情况进行总结，并向原审批机关报告；修改涉及城市总体规划、镇总体规划强制性内容的，应当先向原审批机关提出专题报告，经同意后，方可编制修改方案。

修改后的省域城镇体系规划、城市总体规划、镇总体规划，应当依照本法第十三条、第十四条、第十五条和第十六条规定的审批程序报批。

**第四十八条**　修改控制性详细规划的，组织编制机关应当对修改的必要性进行论证，征求规划地段内利害关系人的意见，并向原审批机关提出专题报告，经原审批机关同意后，方可编制修改方案。修改后的控制性详细规划，应当依照本法第十九条、第二十条规定的审批程序报批。控制性详细规划修改涉及城市总体规划、镇总体规划的强制性内容的，应当先修改总体规划。

修改乡规划、村庄规划的，应当依照本法第二十二条规定的审批程序报批。

**第四十九条**　城市、县、镇人民政府修改近期建设规划的，应当将修改后的近期建设规划报总体规划审批机关备案。

**第五十条**　在选址意见书、建设用地规划许可证、建设工程规划许可证或者乡村建设规划许可证发放后，因依法修改城乡规划给被许可人合法权益造成损失的，应当依法给予补偿。

经依法审定的修建性详细规划、建设工程设计方案的总平面图不得随意修改；确需修改的，城乡规划主管部门应当采取听证会等形式，听取利害关系人的意见；因修改给利害关系人合法权益造成损失的，应当依法给予补偿。

# 第五章 监督检查

**第五十一条** 县级以上人民政府及其城乡规划主管部门应当加强对城乡规划编制、审批、实施、修改的监督检查。

**第五十二条** 地方各级人民政府应当向本级人民代表大会常务委员会或者乡、镇人民代表大会报告城乡规划的实施情况,并接受监督。

**第五十三条** 县级以上人民政府城乡规划主管部门对城乡规划的实施情况进行监督检查,有权采取以下措施:

(一)要求有关单位和人员提供与监督事项有关的文件、资料,并进行复制;

(二)要求有关单位和人员就监督事项涉及的问题做出解释和说明,并根据需要进入现场进行勘测;

(三)责令有关单位和人员停止违反有关城乡规划的法律、法规的行为。

城乡规划主管部门的工作人员履行前款规定的监督检查职责,应当出示执法证件。被监督检查的单位和人员应当予以配合,不得妨碍和阻挠依法进行的监督检查活动。

**第五十四条** 监督检查情况和处理结果应当依法公开,供公众查阅和监督。

**第五十五条** 城乡规划主管部门在查处违反本法规定的行为时,发现国家机关工作人员依法应当给予行政处分的,应当向其任免机关或者监察机关提出处分建议。

**第五十六条** 依照本法规定应当给予行政处罚,而有关城乡规划主管部门不给予行政处罚的,上级人民政府城乡规划主管部门有权责令其做出行政处罚决定或者建议有关人民政府责令其给予行政处罚。

**第五十七条** 城乡规划主管部门违反本法规定做出行政许可的,上级人民政府城乡规划主管部门有权责令其撤销或者直接撤销该行政许可。因撤销行政许可给当事人合法权益造成损失的,应当依法给予赔偿。

# 第六章　法律责任

**第五十八条**　对依法应当编制城乡规划而未组织编制，或者未按法定程序编制、审批、修改城乡规划的，由上级人民政府责令改正，通报批评；对有关人民政府负责人和其他直接责任人员依法给予处分。

**第五十九条**　城乡规划组织编制机关委托不具有相应资质等级的单位编制城乡规划的，由上级人民政府责令改正，通报批评；对有关人民政府负责人和其他直接责任人员依法给予处分。

**第六十条**　镇人民政府或者县级以上人民政府城乡规划主管部门有下列行为之一的，由本级人民政府、上级人民政府城乡规划主管部门或者监察机关依据职权责令改正，通报批评；对直接负责的主管人员和其他直接责任人员依法给予处分：

（一）未依法组织编制城市的控制性详细规划、县人民政府所在地镇的控制性详细规划的；

（二）超越职权或者对不符合法定条件的申请人核发选址意见书、建设用地规划许可证、建设工程规划许可证、乡村建设规划许可证的；

（三）对符合法定条件的申请人未在法定期限内核发选址意见书、建设用地规划许可证、建设工程规划许可证、乡村建设规划许可证的；

（四）未依法对经审定的修建性详细规划、建设工程设计方案的总平面图予以公布的；

（五）同意修改修建性详细规划、建设工程设计方案的总平面图前未采取听证会等形式听取利害关系人的意见的；

（六）发现未依法取得规划许可或者违反规划许可的规定在规划区内进行建设的行为，而不予查处或者接到举报后不依法处理的。

**第六十一条**　县级以上人民政府有关部门有下列行为之一的，由本级人民政府或者上级人民政府有关部门责令改正，通报批评；对直接负责的主管人员和其他直接责任人员依法给予处分：

（一）对未依法取得选址意见书的建设项目核发建设项目批准文件的；

（二）未依法在国有土地使用权出让合同中确定规划条件或者改变国有土地使用权出让合同中依法确定的规划条件的；

（三）对未依法取得建设用地规划许可证的建设单位划拨国有土地使用权的。

**第六十二条**　城乡规划编制单位有下列行为之一的，由所在地城市、县人民政府城乡规划主管部门责令限期改正，处合同约定的规划编制费一倍以上二倍以下的罚款；情节严重的，责令停业整顿，由原发证机关降低资质等级或者吊销资质证书；造成损失的，依法承担赔偿责任：

（一）超越资质等级许可的范围承揽城乡规划编制工作的；

（二）违反国家有关标准编制城乡规划的。

未依法取得资质证书承揽城乡规划编制工作的，由县级以上地方人民政府城乡规划主管部门责令停止违法行为，依照前款规定处以罚款；造成损失的，依法承担赔偿责任。

以欺骗手段取得资质证书承揽城乡规划编制工作的，由原发证机关吊销资质证书，依照本条第一款规定处以罚款；造成损失的，依法承担赔偿责任。

**第六十三条**　城乡规划编制单位取得资质证书后，不再符合相应的资质条件的，由原发证机关责令限期改正；逾期不改正的，降低资质等级或者吊销资质证书。

**第六十四条**　未取得建设工程规划许可证或者未按照建设工程规划许可证的规定进行建设的，由县级以上地方人民政府城乡规划主管部门责令停止建设；尚可采取改正措施消除对规划实施的影响的，限期改正，处建设工程造价百分之五以上百分之十以下的罚款；无法采取改正措施消除影响的，限期拆除，不能拆除的，没收实物或者违法收入，可以并处建设工程造价百分之十以下的罚款。

**第六十五条**　在乡、村庄规划区内未依法取得乡村建设规划许可证或者未按照乡村建设规划许可证的规定进行建设的，由乡、镇人民政府责令停止建设、限期改正；逾期不改正的，可以拆除。

**第六十六条**　建设单位或者个人有下列行为之一的，由所在地城市、县人民政府城乡规划主管部门责令限期拆除，可以并处临时建设工程造价一倍以下的罚款：

（一）未经批准进行临时建设的；

（二）未按照批准内容进行临时建设的；

（三）临时建筑物、构筑物超过批准期限不拆除的。

**第六十七条**　建设单位未在建设工程竣工验收后六个月内向城乡规划主管部门报送有关竣工验收资料的，由所在地城市、县人民政府城乡规划主管部门责令限期补报；逾期不补报的，处一万元以上五万元以下的罚款。

**第六十八条**　城乡规划主管部门做出责令停止建设或者限期拆除的决定后，当事人不停止建设或者逾期不拆除的，建设工程所在地县级以上地方人民政府可以责成有关部门采取查封施工现场、强制拆除等措施。

**第六十九条**　违反本法规定，构成犯罪的，依法追究刑事责任。

## 第七章　附　　则

**第七十条**　本法自 2008 年 1 月 1 日起施行。《中华人民共和国城市规划法》同时废止。

# 参 考 文 献

[1] 中华人民共和国建设部．GB 50188—2007 镇规划标准[S]．北京：中国建筑工业出版社，2007．
[2] 同济大学．城市规划原理[M]．北京：中国建筑工业出版社，1997．
[3] 王宁．小城镇规划与设计[M]．北京：科学出版社，2001．
[4] 裴航．村镇规划[M]．北京：中国建筑工业出版社，1988．
[5] 金兆森，张晖．村镇规划[M]．南京：东南大学出版社，1999．
[6] 李德华．城市规划原理[M]．3 版．北京：中国建筑工业出版社，2001．
[7] 赵勇，骆中钊，张韵，等．历史文化村镇的保护与发展[M]．北京：化学工业出版社，2005．
[8] 骆中钊，李宏伟，王炜．小城镇规划与建设管理[M]．北京：化学工业出版社，2005．